谨以此书

献给钢铁研究总院粉末高温合金研究
40年

粉末高温合金
Powder Metallurgy of Superalloys

［瑞士］格辛格（G. H. Gessinger） 著

张义文 等译

北 京

冶 金 工 业 出 版 社

2017

北京市版权局著作权合同登记号　图字：01-2017-7279 号

This edition of Powder Metallurgy of Superalloys：Butterworths Monographs in Materials by G. H. Gessinger is published by arrangement with ELSEVIER Ltd., of The Boulevard, Langford Lane, Kidlington, Oxford, OX5 1GB, UK.

　　此版本《粉末高温合金》（巴特沃斯材料专著）根据与爱思唯尔有限公司的协议出版，作者为格辛格。爱思唯尔有限公司的地址为英国牛津基德灵顿兰福德巷大街。

图书在版编目（CIP）数据

粉末高温合金/［瑞士］格辛格（G. H. Gessinger）著；张义文等译 . —北京：冶金工业出版社，2017. 12
　ISBN 978-7-5024-7685-4

　Ⅰ.①粉…　Ⅱ.①格…　②张…　Ⅲ.①耐热合金
Ⅳ.①TG132. 3

中国版本图书馆 CIP 数据核字（2017）第 294946 号

出 版 人　谭学余
地　　　址　北京市东城区嵩祝院北巷 39 号　邮编　100009　电话　(010)64027926
网　　　址　www. cnmip. com. cn　电子信箱　yjcbs@ cnmip. com. cn
责任编辑　俞跃春　杜婷婷　美术编辑　杨 帆　版式设计　孙跃红
责任校对　王永欣　责任印制　牛晓波
ISBN 978-7-5024-7685-4
冶金工业出版社出版发行；各地新华书店经销；北京建宏印刷有限公司印刷
2017 年 12 月第 1 版，2017 年 12 月第 1 次印刷
169mm×239mm；21.75 印张；419 千字；322 页
99. 00 元
冶金工业出版社　投稿电话　(010)64027932　投稿信箱　tougao@cnmip. com. cn
冶金工业出版社营销中心　电话　(010)64044283　传真　(010)64027893
冶金书店　地址　北京市东四西大街 46 号(100010)　电话　(010)65289081(兼传真)
冶金工业出版社天猫旗舰店　yjgycbs. tmall. com
　　　　　　　（本书如有印装质量问题，本社营销中心负责退换）

前　言

在 20 世纪 60 年代末期，粉末冶金已成为一种适合批量生产精密零件的低成本制造技术。另一方面，对于粉末冶金工作者而言，高温合金是一门带有几分神秘色彩的学科。在不到 5 年的时间里，一系列全新的技术构成了后来称之为高温合金粉末冶金的基础。惰性气体雾化、热等静压、等温锻造和氧化物弥散强化已被确定为高温合金加工的重要的和新颖的手段。对航空燃气涡轮和工业燃气涡轮的涡轮盘、涡轮工作叶片和导向叶片用高温合金的强度和承温能力不断提高的要求，推动着所有这些新技术的发展。

本书总结了过去 15 年间粉末高温合金领域中最重要的进展。这是第一部致力于该学科的专著。撰写本书之际，粉末高温合金技术已经达到成熟阶段，此后的进展步伐将要小得多。

尽管推荐的工艺路线看上去名目繁多，但是通过粉末冶金生产高温合金的基本原理却相对简单。在英国主要采用的最初的工艺路线是以真空烧结为基础的，但是该工艺几乎已被完全放弃。现代工艺路线在微观尺度上可以与变形工艺相媲美，烧结只起到次要的作用。同时，还存在从液滴直接转化成压坯的发展趋势，避开常规的固结技术。

更好地去理解制粉、粉末固结和热机械加工工艺，关键在于显微组织的核心作用及其与力学性能的对应关系。简单地说，在中温区，力学性能与晶粒尺寸关系曲线存在一个交叉点，不同合金之间略有不同。低于交叉点温度，细晶有利于获得最佳的力学性能，高于该交叉点温度则需要粗晶，通常是柱状晶粒组织。本书阐述了控制显微组织及其相关力学性能的方法。

本书中尽可能采用公制单位。显然，对于温度值，将华氏度转换为摄氏度（例如 1200 ℉ 转换为 649℃）可以获得一些非常"标准"的数值。

有大量的试验合金或工业合金已被开发或正在使用中。此类合金的名称、制造商及其化学成分已被列入本书末尾的附录中。

在编撰本书时，考虑到了冶金工程师、机械工程师以及大学的需求。因此，本书有望可以作为大学高温材料课程使用的必备教科书，也可以作为该领域工作者的参考书。

本书在相对较短的时间内完稿，这在快速发展领域是很有必要的。此事能够促成，主要得益于布朗勃法瑞有限公司（Brown Boveri & Co. Ltd.，BBC，瑞士）的慷慨相助，特别是该公司研究处主任 A. P. Speiser 教授的帮助。作者后来在位于 Baden-Dättwil 的布朗勃法瑞公司研究中心的物理冶金部担任主任，在此特感谢 A. P. Speiser 教授花费了大量时间协助编制本书，同时还感谢他安排我在渥太华的加拿大国家研究委员会（National Research Council，NRC）期间休假。另外还感谢加拿大国家科学研究委员会结构与材料研究室主任 W. Wallace 博士，在图书馆进行重要工作任务阶段为我提供了一间独立的办公室、一名得力助手以及财政资助。此外，特别感谢布朗勃法瑞涡轮增压部和中心实验室总经理 E. Jenny 博士给予的理解和鼓励。

同时，很多同事还通过直接参与、讨论或协助访问给予我诸多帮助。本书各个章节的 3 个主要贡献者完成了大量出色的工作，这奠定了本书的总体风格。他们分别是 W. Hoffelner 博士、布朗勃法瑞公司的 R. F. Singer 博士以及加拿大国家研究委员会的 R. Thamburaj 先生。

以下各位分别通过不同方式给予我帮助：A. M. Adair，R. Angers，J. S. Benjamin，R. C. Benn，M. G. Benz，M. Blackburn，W. J. Boesch， R. H. Bricknell， P. A. Clarkin， L. F. Coffin，J. A. Domingue， G. R. Dunstan， S. Floreen， Ch. Fox， P. Gilman，M. F. Henry，R. Hewitt， T. Howson， B. Jahnke， G. Jangg， A. Koul，G. W. Meetham， R. V. Miner， M. Nazmy， J. R. Rairden，A. M. Ritter， R. Ruthardt， G. Schröder， R. Spargue， N. S. Stoloff，R. Stoltz， C. Verpoort， C. Wüthrich。

如果没有布朗勃法瑞公司研究中心员工的重要贡献，本书难以顺利完成。其中我特别要提到的是 B. Nowatzek 夫人的工作热情、耐心与持之以恒，她完成了几个版本手稿的打字排版工作，同样优秀的还有 M. Zamfirescu 夫人，她的美工技巧非常出色，同时还要诚挚感谢 E. Schönfeld 先生的影印复制工作。

最后一点同样重要，我要感谢我的妻子 Beth 在过去一年里牺牲了很多个夜晚和周末陪伴我工作。

G. H. 格辛格博士（Dr Gernot H. Gessinger）

布朗勃法瑞有限公司中心实验室主任，巴登，瑞士

（Head, Central Laboratory, BBC Brown,

Boveri & Co. Ltd. , Baden, Switzerland）

1984 年 1 月

序 言 一

如果追溯到很久以前，比如，在 1928 年《大不列颠百科全书》出版年代，当时燃气涡轮（喷气发动机）用于航空运输的动力装置被认为是不可行的。当时很少有人相信，能制造出这样的动力装置使航空器飞得足够高、足够快。在第二次世界大战即将结束之时，惠特尔（Whittle）航空燃气涡轮发动机问世，这对英美两国的战事起了助动作用，从此开启了一个飞行器推进的新时代。

航空燃气涡轮发动机时代起始于钴基合金，如 Vitallium（来自于一种牙科合金，Co-Cr-Mo 合金）以及 S816 合金。但是很快人们又意识到，碳化物强化合金不具备长期耐久性所需的超温"恢复能力"。因此，尽管钴基合金曾是燃气涡轮应用中的首选材料，但是随后的合金开发工作表明，镍基高温合金具备理想的"恢复能力"，镍基高温合金将在燃气涡轮应用中占据优势。

在 20 世纪 40 年代末期和 50 年代初期，当时的研究人员认识到了有必要推进与该项重要应用相关的科学技术。在这些先行者中，预见到与高温燃气轮机材料相关的前景与冶金需求的人员分别为麻省理工学院（Massachusetts Institute of Technology）的 Nicholas J. Grant 教授、圣母大学（University of Notre Dame）的 Paul J. Beck 教授以及英国的 A. Taylor 博士和 R. W. Floyd 博士。他们开展了一系列基础性研究，特别是针对相图做了大量必要工作。在 20 世纪 50 年代，相计算法（PHACOMP）的概念因

H. J. Beattie, Jr. 以及对此高度重视的研究者而得到了发展，并在制备高温合金的化学控制中发挥了重要作用。

镍基高温合金的高温力学性能得益于 $\gamma'(Ni_3Al)$ 沉淀物的存在，该沉淀物与基体共格，且在相对较高的温度下能够保持稳定。需要注意的是，在整个 20 世纪 60 年代中期，合金设计者致力于通过提高 γ' 相体积分数来提高高温强度。目前常见 γ' 相体积分数为 60%。遗憾的是，γ' 相体积分数的提高，通常会加剧大型铸锭内的宏观偏析。在这样极端的情况下，导致这些作为新型涡轮盘材料的先进高温合金几乎不可锻造。

从概念上讲，粉末冶金提供了一种可避免出现严重宏观偏析的方法，它可有效地防止锭坯的开裂。由于该材料在其还是均质液体的状态下已被分成了细小的液滴，因此最大的偏析距离受限于固化液滴的大小（假设各单个粉末颗粒含有正确的成分）。早期致力于采用当时传统的粉末冶金技术制造高温合金的努力，因加工过程中的粉末氧化而受阻，由此导致拉伸断裂塑性较差。而突破性改进来自惰性粉末加工工艺的出现，在此工艺中，粉末制取、收集与致密化都在惰性气氛中进行。

普惠公司（Pratt & Whitney Aircraft，普拉特·惠特尼航空公司，简称普惠公司，美国）与环球独眼巨人公司（Universal Cyclops，美国）合作，环球独眼巨人公司拥有可在高纯氩气气氛下运行的加工设备，在 1965 年，首次尝试惰性粉末加工，并取得了显著的成果。首批粉末气体分析显示氧含量不到 100×10^{-6}。早期的高温合金真空冶金工作已表明，氧含量小于 100×10^{-6} 的合金具有良好的拉伸塑性和蠕变断裂塑性。通过对显微组织和锻造的研究显示，宏观偏析确实已被消除，合金可锻造。该项早期工作为先进的高温合金粉末冶金技术奠定了基础。制取纯度不断提高的预合金粉末的必需性，带动了当今雾化生产工艺的发展。

几乎与粉末生产同步开发的是新型高温合金的固结及后续成形-挤压+超塑性锻造（Gatorizing™）技术。粉末工艺制备的新型高温合金可以获得稳定的超细晶粒，可使材料产生超塑性变形。第一个在喷气发动机中运行使用的粉末冶金压气机盘和涡轮盘，即采用超塑性成形技术制造而成，这得益于 J. B. Moore 和 R. Athey以及普惠公司同仁的开创性工作。今天，仅在普惠公司的一个工厂，就有超过 20000 个零部件是按照挤压+超塑性锻造这一专利加工方法而生产的，简化了难变形高强度合金的锻造流程。

因此，粉末高温合金的主题专注于综合工艺及方法，本书即致力于该方面的研究。

维斯尼德尔（F. L. VerSnyder）

联合技术研究中心材料技术研究所副主任，东哈特福德，CT 06108，美国

（Assistant Director of Research for Materials Technology, United

Technologies Research Center, East Hartford, CT 06108, USA）

序 言 二

从 20 世纪 60 年代早期不断摸索开始，高温合金技术与粉末工艺的结合直到 20 世纪 70 年代末期才得以完成。这绝对可算作是高性能材料近代发展中最激动人心的大事件。对于高温合金而言，粉末工艺带来了性能水平更高和经济效益更好的前景；对于粉末冶金而言，高温合金已成为精湛技术进步的主要推动力。

然而，仅有热衷于此的小范围的业内先行者们才能够完全知晓这些发展潜力。对工业产权的安全维护妨碍了新思想的自由传播。人们从这些新成果中获得灵感，但很少有人能够充分掌握这两项技术，进而较为容易地接收这些方面的信息。

格辛格博士本人是高温合金粉末冶金工艺的重要贡献者，同时也是当前为数不多的能够编撰该方面书籍的人员之一。基于他在这两个领域的丰富经验以及对技术和经济可行性的合理判断，他完成了这本系统的专著，该书将从基本原理开始引导读者，直至当今的前沿领域。该著作不仅开辟一个材料与工程界中的复杂的新领域，同时是一本激励许多富有想象力的读者去自行探索的书籍。对他们，对该书，这就是最大的成功！

菲施迈斯特教授（Professor H. F. Fischmeister）

马克斯·普朗克金属研究所主任，斯图加特，原西德

（Director，Max-Planck-Institut für Metallforschung，

Stuttgart，West Germany）

译者前言

粉末高温合金是用粉末冶金工艺生产的高温合金。粉末高温合金按强化方式分为非弥散强化型粉末高温合金（以 γ′ 相析出强化为主，即通常所说的粉末高温合金）和氧化物弥散强化型粉末高温合金。

传统的铸锭冶金工艺，由于冷却速度慢，铸锭中某些元素和第二相偏析严重，热加工性能差，并且组织不均匀和性能分散性大，生产高合金化高温合金大型零件很困难。粉末高温合金在制粉过程中粉末颗粒是由微量液体快速凝固形成，成分偏析被限制在粉末颗粒内，消除了常规铸造中的宏观偏析，同时快速凝固粉末具有组织均匀和晶粒细小的突出优点，显著改善了合金的热加工性和组织均匀性，提高了合金的力学性能及其一致性。粉末高温合金是现代高性能航空发动机关键热端部件的必选材料，主要用于航空发动机的盘、轴、环形件等，氧化物弥散强化型粉末高温合金主要用于航空发动机热端静止部件。

粉末高温合金出现于 20 世纪 60 年代中期，最初是在铸造或变形高温合金的基础上略加调整成分发展而来。美国于 20 世纪 70 年代初首先将粉末高温合金用于军用航空发动机的压气机盘和涡轮盘，从此粉末高温合金进入了实际应用阶段。之后俄罗斯、法国、英国、中国陆续在军用航空发动机上使用了粉末高温合金涡轮盘。20 世纪 70 年代主要为工艺的发展阶段。进入 80 年代，根据粉末高温合金的工艺特点，通过成分设计，开始研发粉末高温合金，先后研制出 René88DT、N18、René104、RR1000 等在 700~750℃ 使用的粉末高温合金。经过近 50 年的发展，粉末高温合金已进入到一个非常成熟的阶段。目前有多种粉末高温合金用于先进的军用和民用航空发动机。

瑞士学者格辛格（G. H. Gessinger）所著的《Powder Metallurgy of Superalloys》一书于 1984 年由 Butterworth & Co. 公司出版。这是第一部关于粉末高温合金领域的专著。该书已由俄罗斯学者 B. C. Казанский 翻译成俄文（Порошковая Металлургия Жаропрочных Сплавов. Челябинск《Металлургия》，1988）出版。

本书分 4 篇，共 9 章。第 1 篇包括 1 章（第 1 章），第 1 章介绍了高温合金和粉末高温合金的发展历史，以及镍基、镍铁基、钴基高温合金中的组织、强化相和合金元素的作用。第 2 篇包括 5 章（第 2~6 章），第 2 章概述了惰性气体雾化、溶气雾化（真空雾化）和离心雾化等制粉方法的主要特点，以及各种粉末颗粒的组织特性、缺陷控制及消除措施等；第 3 章介绍了高温合金粉末的固结机制，以及作为制造工艺的各种固结技术；第 4 章介绍了粉末高温合金的显微组织特征、热机械加工方式及其加工原理，以及获得不同组织和性能特征所采用的热机械加工工艺；第 5 章介绍了粉末颗粒的显微组织以及微量合金化元素、组织对合金力学性能的影响，并主要论述了粉末高温合金的高温低周疲劳性能、高温疲劳裂纹扩展和蠕变裂纹扩展性能特点；第 6 章简要介绍了粉末高温合金的无损检测方法和质量控制要求，并概述了用于剩余寿命评估的早期疲劳损伤和表面微裂纹的检测方法。第 3 篇包括 1 章（第 7 章），第 7 章详细介绍了氧化物弥散强化高温合金的强化机制、粉末制取方法、粉末固结工艺和热机械加工工艺，以及典型氧化物弥散强化高温合金的力学性能、氧化和热腐蚀性能、发展趋势等。第4篇包括2章（第8章和第9章），第8章介绍了粉末高温合金和氧化物弥散强化合金相关的液相连接、固相连接和瞬时液相连接等连接技术，以及连接技术在发动机中的应用情况；第9章简要介绍了粉末高温合金和氧化物弥散强化合金在航空涡轮和地面涡轮中的应用情况，并进行了初步的经济评价分析。

本书主要阐述了欧美等西方国家在粉末高温合金领域的研究进展和成果，其不足之处是没有介绍俄罗斯在粉末高温合金领域的研制及应用情况。实际上，俄罗斯在粉末高温合金领域的研究几乎与欧美同步，但是与欧美采用的工艺路线存在显著区别，俄罗斯采用等离子旋转电极法制粉+热等静压成形工艺制造粉末高温合金盘、轴和环形件，并大批量应用于各种先进的军用和民用航空发动机。1984年俄罗斯学者 Белов А. Ф.、Аношкин Н. Ф.、Фаткуллин О. Х. 出版了《Структура и Свойства Гранулируемых Никелевых Сплавов》一书。该书总结了俄罗斯在粉末高温合金领域的研究成果，主要包括等离子旋转电极制粉工艺参数对粉末颗粒组织的影响，以及热等静压和热处理工艺参数对粉末高温合金组织和力学性能的影响。

从20世纪60年代到80年代初是粉末高温合金从实验室到生产以及应用的阶段，期间，粉末高温合金的制备工艺已经趋于成熟。作为一本粉末高温合金领域的专著，本书系统总结了20世纪80年代以前欧美粉末高温合金领域的重要进展情况。

最近30年，粉末高温合金的应用已经从航空扩展到航天、舰船和能源等诸多领域。围绕粉末高温合金的生产工艺和质量控制，出现了一些新工艺和新方法，但是本书中所阐述的粉末高温合金的基本原理及工艺路线仍然适用于现代粉末高温合金的生产，具有重要的参考价值。

本书适合于从事粉末高温合金研究工作的科研人员阅读，同时也适合作为大学高年级本科生和研究生的参考资料。需要说明的是，如无特别说明，本书中的粉末高温合金均是指非弥散强化型粉末高温合金（通常所说的粉末高温合金）。

本书的具体翻译分工为：前言、序言一、序言二由韩寿波翻译，张莹、刘小林校对。第1篇的第1章由邢鹏宇翻译，刘明东、刘小林校对。第2篇的第2章由张义文、刘建涛翻译，刘小林校对；第3章由张义文、张莹翻译，贾建、刘小林校对；第4章由韩寿波翻译，孙志坤校对；第5章由李科敏翻译，贾建、黄虎豹、张莹校对；第6章由孙志坤翻译，韩寿波校对。第3篇的第7章由张国星、刘明东、贾建翻译，张莹校对。第4篇的第8章由黄虎豹翻译，李科敏、刘小林校对；第9章由黄虎豹翻译，韩寿波、贾建校对。附录1由邢鹏宇翻译，钟治勇校对。附录2由邢鹏宇翻译，刘明东校对。附录3由邢鹏宇翻译，刘明东校对。索引由邢鹏宇、刘明东、张义文整理。全书由张义文统稿审校。

在本书的翻译过程中，对原书中的一些错误作了修正并采纳于译文中并作了注释。

由于译者水平所限，译文难免有理解偏差乃至错误之处，敬请读者指正并提出宝贵意见。

2017 年 9 月 25 日于钢铁研究总院

E-mail：yiwen64@cisri.com.cn

目　　录

第 1 篇　引　　言

第 2 篇　预合金粉末

第 3 篇　氧化物弥散强化高温合金

第4篇　连　　接

第 1 篇

引　言

1 引 言

镍铬合金、镍铁铬合金以及较少应用的钴铬合金是用于航空、船舶和地面动力系统高温部件的主要材料，它们也用于制造热加工工具和模具。这些合金的成功应用，是因为它们在高温下具有较高的长时蠕变强度和稳定性，在服役的侵蚀性环境中具有出色的耐腐蚀性（通常带有防护涂层）。通常，这类合金被称为"高温合金"。

镍基高温合金的高温力学性能归因于 γ' 析出相的存在。直到较高的温度，γ' 相与基体共格，并保持稳定[1]。虽然在钴基高温合金中形成稳定的 γ' 相已经取得了一些进展[3]，但碳化物仍是这类高温合金中的主要强化相[2]。物理冶金原理是高温合金研发的基础，在诸多优秀的综述中已经进行了详细的论述[4~9]，其涵盖的内容可能较本文更加全面。

1.1　高温合金的组织和化学成分

经过 40 多年的发展，现代高温合金的化学成分越来越复杂。航空和工业燃气涡轮设计师对提高发动机热效率的需求刺激了高温合金的发展，提高热效率是通过持续提高燃气涡轮进口温度来实现的，从而也提高了金属的温度。这导致了高温合金化学成分和工艺的发展，可以实现利用当今所知的所有的强化机制。高温合金是基于第Ⅷ B 族元素的高强耐热合金。根据形成基体的主要元素，通常将高温合金分为三种主要类型：镍基、镍铁基和铁基、钴基。

1.1.1　镍基高温合金的组织

镍基高温合金因其化学成分而成为最复杂的合金。所以这样说，镍基高温合金的研发与新的物理冶金原理的发展直接相关，并与其同步发展。如相计算（PHACOMP，phase computation）[10]理论模型被用于预测高温合金中存在的各种相以及预防如 σ 有害相的产生。

加入镍中的元素，根据其对强化和耐腐蚀性的贡献可以被分为不同的种类，见表 1.1。

表 1.1　镍基高温合金中的合金元素

类　别	元　素	作　用
基体形成元素	Co、Fe、Cr、Mo、W、V、Ti、Al	固溶强化（Al 和 Cr 提高耐腐蚀性）

类　别	元　素	作　用
γ' 相形成元素	Al、Ti、Nb、Ta	析出强化
碳化物形成元素	Cr、Mo、W、V、Nb、Ta、Ti、Hf	减少晶界滑动
晶界活泼元素	Zr、B	增强蠕变强度和断裂塑性

1.1.1.1　基体形成元素

镍基高温合金的主要优点是对合金元素具有很高的容纳性，其面心立方（fcc）结构可以保持到 $0.8T_M$（T_M 为合金的溶化温度）以及 $1\times10^5 h$。Co、Fe、Cr、Mo、W、V、Ti 和 Al 是 γ 基体中的固溶强化元素。Al 主要作为一种析出强化元素，同时也是一种强有效的固溶强化元素。W、Mo 和 Cr 是很强的固溶强化元素，而 Fe、Ti、Co 和 V 是弱固溶强化元素。从绝对意义上讲，固溶强化几乎与温度无关。析出强化效应随着温度的升高先增强后减弱，而固溶强化对高温强度的相对贡献甚至随着温度的升高而增强。Cr 虽然是次要的固溶强化元素，但是，如果添加量较多，它仍然能够对强度作出实质性的贡献。然而，添加 Cr 的主要目的是改善腐蚀性能。

1.1.1.2　γ' 相形成元素

如上所述，虽然 Al 和 Ti 是高温合金中有效的固溶强化元素，但其主要功能是与 Ni 结合，连同与 Nb 和 Ta 结合，形成 γ' 相。γ' 相是析出强化高温合金的主要强化相。

γ' 相具有 fcc 结构，其点阵常数与基体的晶格常数相差很小（0~1.5%，大多数合金的晶格常数差小于 1.5%）。两相间的共格关系通过四方畸变保持。这种共格特性使得析出物很容易均匀形核，同时，由于界面能较低，γ' 相在高温下具有长时稳定性。在更高的温度下，γ' 相会部分溶解，强化作用逐渐减弱。

1.1.1.3　碳化物形成元素

镍基高温合金中的碳化物主要在晶界上形成。Cr、Mo、W、V、Nb、Ta、Ti 和 Hf 是碳化物形成元素。高温合金中碳化物的作用相当复杂，从理论上看，了解的比 γ' 相要少一些。对高温力学性能存在两种竞争效应：弥散分布在晶界上的碳化物，通过阻碍晶界滑动，对断裂强度产生有益的作用，但某种形态的碳化物对塑性有不良的影响。由于碳化物形成元素从晶界附近基体的迁移，也会存在一种化学效应。合金的发展旨在利用碳化物来改善高温力学性能，同时，通过选择合适的形态来减小碳化物对塑性所产生的不利影响。

碳化物有四种基本类型。

MC 型碳化物首先在凝固过程中形成，较为粗大，既存在于晶界，也存在于晶内。从热力学上讲，HfC 是最稳定的化合物（碳化物），其次是 Ti、Ta、Nb 和 V 的碳化物。然而，实际上所观测到的析出顺序可能与所预测的不同[11,12]。添加 1.5%（质量分数）的 Hf，其有益作用非常明显[13]。在如 IN713LC 铸造合金中，中国汉字草体状 MC 型碳化物会变为弥散的颗粒形态；Hf 也分配到 γ' 相，使 γ' 相呈现出树枝状形态，而不是通常的立方状排列。其结果是，界面由平直状变成弯曲状。低温塑性由于碳化物形态的改变而得到改善，而锯齿状晶界改善高温下的蠕变抗力。添加 Hf 还促进高温合金进行定向凝固。

在低温下 MC 型碳化物可转变为更加稳定的 $M_{23}C_6$ 型碳化物。$M_{23}C_6$ 型碳化物显著影响高温合金的力学性能。$M_{23}C_6$ 型碳化物形成不连续的块状晶界析出物，这种形态在大多数情况下是有益的，因为它能够阻碍晶界滑移。连续的脆性晶界薄膜状 $M_{23}C_6$ 型碳化物对塑性产生极为有害的影响。应该知道，即使是块状晶界碳化物，也会通过破坏碳化物/基体界面或降低碳化物/基体界面结合力限制塑性。

Cr_7C_3 型碳化物通常在贫 Cr 的高温合金中以块状晶界析出物的形式存在。在更复杂的高温合金中，这些碳化物不稳定，转化为 $M_{23}C_6$ 型碳化物。

M_6C 型碳化物，除了在较高温度下更稳定之外，对力学性能的影响与 $M_{23}C_6$ 型碳化物类似。

高温合金中碳化物的种类取决于化学成分、温度和时间。凝固后直接形成的 MC 型碳化物通过以下冶金反应可以转变为低级碳化物：

$$MC + \gamma \longrightarrow M_{23}C_6 + \gamma' \tag{1.1}$$

$$MC + \gamma \longrightarrow M_6C + \gamma' \tag{1.2}$$

这些反应是有益的，利用它们在热处理期间形成不连续的晶界析出物。γ' 相是另一个反应产物，在碳化物周围形成包层，改善晶界层的韧性。

1.1.1.4 晶界活泼元素

添加少量的 Zr 和 B 能够显著提高蠕变性能和断裂韧性。虽然其原因不是很清楚，但是有人认为[14]，这些元素，由于其原子尺寸与基体的原子尺寸相差很大，偏析于晶界，填充空位，减缓晶界扩散。

1.1.2 镍铁基高温合金的组织[15,16]

含有大量 Ni 和 Fe 的析出强化合金形成了一类独特的高温合金。这类合金为奥氏体基体，含有 $w(Ni) = 25\% \sim 60\%$ 和 $w(Fe) = 15\% \sim 60\%$，其中强化相是 $\gamma'[Ni_3(Al, Ti)]$ 和/或 $\gamma''(Ni_3Nb)$。与镍基高温合金所不同，Al 只是次要的 γ' 相形成元素。γ'' 相的存在是铁镍基高温合金的特性。γ'' 相的一个重要特性是缓慢析出动力学，这解释了降低焊后应变时效开裂倾向的原因。

这类合金的固溶强化元素包括 Cr、Mo、W、Ti、Al 和 Nb。

这类合金中碳化物的形成类型与镍基高温合金中的类似。MC 型碳化物既可以粗大的不规则颗粒析出，也可以球状颗粒析出，这些与该合金良好的塑性相关。经过适当的热处理，可以形成球状的或块状的 $M_{23}C_6$ 型碳化物。

1.1.3　钴基高温合金的组织

钴基高温合金在高温合金的早期发展历史中起到了很大的作用，但是它比不上先进镍基高温合金的优良高温力学性能。与镍基高温合金相比，钴基高温合金在耐热蚀性上更有优势，而且在高温低应力条件下也能提供很好的组织稳定性，所以，他们在非转动件的应用上比较有吸引力。

钴基高温合金相对较差的力学性能可以解释为钴基没有镍基稳定。在钴基合金的发展过程中，人们试图引入在高温下保持稳定的共格 γ' 相，但是所有这些尝试都失败了。在钴基合金中加入 Ti 可以形成共格的 γ'（Co_3Ti）相，但由于基体发生转变，其热稳定性较差[3,17]。

钴基合金中合金元素是 Ni、Cr、W、Ti、Zr、Nb、Ta 和 C。Ni 的主要作用是稳定 fcc 基体结构，W 是最重要的固溶强化元素。钴基合金的主要强化来自于碳化物。因此，C 含量（质量分数）相当高（0.25% ~ 1.0%，而镍基高温合金中 C 含量（质量分数）为 0.05% ~ 0.20%）。$M_{23}C_6$ 型碳化物是钴基合金中最常见的碳化物，除了 Ni 元素以外，上述所提到的元素都有利于碳化物的形成。

由于钴价格的上涨，钴基合金的发展受到了严重的阻碍[18]，甚至在镍基高温合金中已经开始寻找钴的替代元素。

1.2　高温合金的发展历史

为了理解现代粉末冶金技术用于制造高温合金的原因，对高温合金的发展，特别是对粉末高温合金的发展，做一简要的历史回顾是必要的。

虽然镍铬合金［NichromeV 合金，含有（质量分数）80% Ni 和 20% Cr[19]］在 20 世纪初已为人所知，但真正意义上的合金研究始于 20 世纪 30 年代，由此大约在 1940 年产生了第一个可用的耐热合金。第一个航空燃气涡轮——英国惠特尔（Whittle）发动机，对改进高温合金的需求是高温合金发展的主要推动力[20]。用于涡轮工作叶片的第一个合金是奥氏体不锈钢，但不久就证实其并不合适。第一个镍基高温合金 Nimonic75 是源自添加 0.3%（质量分数）的 Ti 和 0.1%（质量分数）的 C 的 NichromeV 合金。

通过添加大量的合金元素，逐步利用所有已知的强化机制，合金的研究取得了快速的持续发展，如图 1.1 所示。在英国，Nimonic 系[21]合金得到了快速持续的发展：通过提高 Ti 含量得到 Nimonic80 合金，通过添加 Al，研发出第一个 γ′ 相强化的 Nimonic80A 合金；为了提高合金的承温能力，添加 Co（Nimonic90 合金）和 Mo（Nimonic100 合金）。

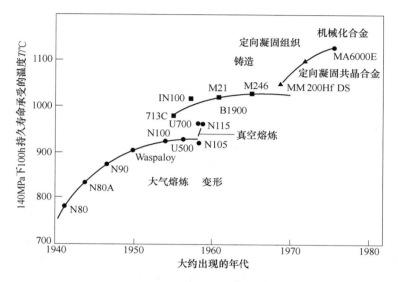

图 1.1　高温合金和工艺发展趋势

N80—Nimonic80 合金；N80A—Nimonic80A 合金；N90—Nimonic90 合金；

Waspaloy—Waspaloy 合金；N100—Nimonic100 合金；U500—Udimet500 合金；

N105—Nimonic105 合金；N115—Nimonic115 合金；U700—Udimet700 合金；

713C—IN713C 合金；M246—MAR-M24 合金；

MM 200Hf DS—含铪的 MAR-M200 定向凝固合金

美国研制出的第一个镍基高温合金是 Inconel X[22]，即 Inconel（15%Cr-7% Fe-78%Ni）的衍生合金。Inconel 的改进是添加了 Al、Ti、Nb 和 C。这个合金系的进一步发展最终演变为 Waspaloy 合金。

前苏联合金的发展计划[23]与美国的不同在于：由于 Mo 的供应有限，添加 W 和少量的 Co；Al 和 Ti 的含量保持在较低的水平；通过加入 V 来改善可锻性。

所有合金发展的共同追求是试图增加更多的 γ′ 相含量。最初使用大气熔炼工艺，后来被证明阻碍了合金的进一步发展。因此，在 20 世纪 50 年代早期，引入真空感应熔炼（vacuum induction melting，VIM）是一个很大的进步[24]。这点通过比较大气熔炼和真空熔炼合金的持久寿命可以清晰地看出来，如图 1.2 所示。真空熔炼合金的最佳成分位于较高的强化元素体积分数，但高于这一成分性能就会下降。Waspaloy 是早期采用真空熔炼的合金，其持久性能显著提高。

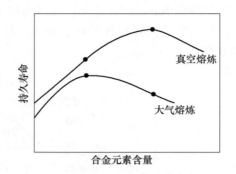

图 1.2 真空熔炼和大气熔炼合金的持久寿命与合金元素含量的关系[25]

（大气熔炼的合金在 940℃和 109MPa 下的最高水平为 60h，

而真空熔炼变形合金在 1038℃和 109MPa 下的最高水平为 30h）

（经 Metallurgical Society of AIME 同意引用）

进一步增加 γ′相含量的途径是取消高合金化高温合金的锻造，完全在真空下生产铸造合金。通过降低 Cr 含量，增加析出强化元素和固溶强化元素的含量，从而提高合金的使用温度。因为不需要固溶处理，所以铸造高温合金的热处理比变形高温合金的简单。铸造高温合金具有固有的不均匀性。虽然高温强度性能比较高，但是由于严重偏析，其塑性和疲劳抗力较低。

增加 γ′相体积分数以提高强度的努力一直持续到 1965 年，直到如 IN100 合金（"第一代"合金）的出现才结束。

直到 20 世纪 60 年代中期，高温合金发展的主要动力一直是航空发动机涡轮工作叶片等应用的需求，高温抗拉强度、短时蠕变断裂寿命和抗氧化性是其关键性能。另一方面，工业燃气涡轮设计师要求材料具有较高的长时蠕变性能和良好的热腐蚀性能，但是，最初他们乐于使用一些类似于航空发动机所使用的早期合金。

大约从 1965 年开始，在地面燃气涡轮长期使用过程中耐热腐蚀性不足致使产生与早期合金截然不同的第二代合金。第二代合金持久强度与早期合金相同，但通过提高 Cr 含量增加了耐腐蚀性，例如 IN738 和 IN939。这类合金研发的基本原理是利用某些难熔元素（如 W 和 Ta）来稳定 MC 型碳化物，从而延缓服役过程中的 $Cr_{23}C_6$ 型碳化物的形成，保留 Cr 在基体中，起到热腐蚀保护作用[26]。

这类合金发展的同时，自 20 世纪 60 年代晚期之后，工艺的发展取得了很大的进步。这包括铸造技术和凝固技术的进步，如定向凝固和单晶凝固等，主要提高热疲劳性能和蠕变断裂性能。早期新定向凝固共晶合金的研制成功为合金的发展展现了远大的前景，尽管这些研究进展能否得到商业应用仍有待观察。

　　由于铸造合金大型钢锭大范围偏析的限制以及进一步提高高温承温能力的迫切需要，使得粉末冶金方法越来越具有吸引力。

1.3　高温合金粉末冶金技术的发展历史

　　高温合金粉末冶金技术的发展历史和现状已被多个作者进行了综述[27~34]。

　　粉末高温合金第一次实验所使用的技术与已经发展和完善的铁基粉末冶金所采用的技术类似，即对元素粉与母合金粉的混合粉进行冷压成形，在合适的气氛中进行烧结，达到理论密度的 90% 以上。研发冷却涡轮工作叶片新方法的需要推动了粉末高温合金的首次应用。粉末冶金最初被提出作为在实践中实现发汗冷却的一种手段，从理论上讲具有优势[35]。由于多孔材料的强度不足和孔隙堵塞，这项应用被放弃了。Wemblay[36] 在通用电气公司（General Electric Company，美国）实验室的早期工作表明，使用由真空熔炼和球磨 Vitallium 系（类似于美国的 Stellite23 合金）的 Co-Cr-W 合金制取的合适的混合预合金粉，制得的烧结合金具有与该铸造合金相近的短时拉伸性能，但是主要由于残余孔隙的存在，蠕变断裂性能较差。通过联合压制粉末和适当布置镉金属丝，冷却通道被引入到制件中。在烧结之前，镉能够通过挥发而轻易去除。据推测，通过使用由烧结制造的冷却叶片，能使燃气入口温度比使用未冷却叶片的温度提高 270℃。尽管这项技术是一个相当大的进步，但是它既昂贵又复杂。

　　20 世纪 50 年代中期，英国继续尝试发展烧结材料。英国进行这种研究尝试的主要原因是英国的航空发动机设计师倾向于接受更加均匀、强度更高和抗疲劳的变形合金而不是高强的铸造合金，与此同时，美国并没有跟进相应的研究。另一方面，美国设计师对铸造合金的接受，绕开了合金开发中的可锻性这一限制。希望粉末冶金技术能够在铸造合金和变形合金之间建立一座桥梁，这是因为粉末冶金技术很有可能得到均匀的组织，同时避免产生脆性共晶区和晶粒度不均匀。

　　伯明翰轻兵器集团（Birmingham Small Arms Company，BSA，英国）研发中心[25] 对水雾化技术的成功开发，第一次提供了适用于制造烧结高温合金的预合金粉末。Nimonic90 和 Nimonic100 系合金粉末经冷压和真空烧结加工[37]，其结果是，与常规方法生产的变形合金相比，蠕变强度有所改善，而疲劳性能较差。有人提议用真空熔炼取代大气熔炼，通过提高合金元素含量，可以进一步改善蠕变强度。合金的进一步发展，导致命名为 Cosint 1000 合金的产生[38]，尽管其蠕变强度比不上那些最好的真空铸造合金，但可以与当时任何一种商用变形合金相媲美。这种方法存在的主要问题是水雾化带来的氧化物污染和产生细粉。接下来的工作集中在，在真空烧结之前采用等静压成形，然后应用液相烧结[39]。与常规的变形合金相比，基于 Nimonic115 合金成分的某种粉末高温合金具有良好的持久性能和抗拉强度，但塑性和冲击性能有所欠缺。

下一步的工作就是制取适合真空烧结的洁净粉末。然而，由于真空熔炼的改进，生产适合真空烧结的洁净粉末并没有取得如期的进展。由于大量合金元素的添加、真空冶炼的改进使得合金具有非常低的氧含量和优越的高温性能。

现在，粉末冶金技术在美国取得长足的发展。改进了清洁合金粉末雾化技术，大幅度减少了夹杂物含量[40]。由英国人的研究可知，即使是铸造合金成分，如果利用粉末冶金技术，其热加工性也有改善。现在，研究主要集中在生产真空烧结预成形坯，而后通过锻造进行固结和成形。最显著的成果就是锻造出完全致密的 IN718 合金航空发动机压气机叶片[41]，所有的性能指标，包括改善的疲劳性能等都满足技术规范要求。大概是因为成本效益不令人满意，这项发展又停止了。另一个原因是用粉末冶金技术生产航空发动机涡轮盘的迫切需求。普惠公司（Pratt & Whitney Aircraft，普拉特惠特尼航空公司，简称普惠公司，美国）[42]的工作表明，诸如 Waspaloy 和 René41 变形盘合金不具有涡轮盘所要求的高温强度。另一方面，如新型的具有更高强度的 Astroloy 合金，由于组织偏析和均匀性差，其力学性能分散性较大。偏析可以追溯到铸锭中的粗大的柱状晶粒组织。偏析问题可以通过使用预合金粉末加以解决。在 20 世纪 60 年代中期，普惠公司推出了一个名为"全惰性"粉末项目。最初的粉末是利用环球独眼巨人公司（Universal Cyclops，美国）旗下的创新公司（InFab）的全惰性设备生产出来的。用全惰性方法进行预合金粉末制取、收集和致密化，得到的坯料具有最小的宏观偏析，热加工性和温加工性得以改善，力学性能得以提高。粉末预成形坯的超塑性成形为高温合金的热加工开辟了一个新局面[43]。

除了为利用高合金化高温合金提供一个新的解决方案外，粉末冶金结合各种近净成形和净成形技术，在节约成本方面同样具有很大的潜力。在常规制造的高温合金部件中，原料重量是成品重量的 15 倍并不罕见。这意味着在精加工过程中产生大量的加工废料，这些加工废料很昂贵，必须回收。

近年来，采用粉末冶金的另一个动机变得更为重要，即需要提高材料利用率，进而节约战略元素。如果使用粉末材料，可降低原料库存，缩短加工废料的再循环利用时间。

尽管预合金粉末在喷气发动机盘件上的应用是粉末高温合金技术发展的主要动力，但仍然要论述其他两个主要的研究进展。

其中一个是快速凝固（rapid solidification rate，RSR）粉末的研究，使用强制对流获得的冷却速率高达 10^6 K/s。1974 年启动了由美国国防部高级研究项目局

（Defense Advanced Research Projects Agency，DARPA）资助的发展计划，该计划实施于普惠公司佛罗里达基地[44]，撰写本书时，该领域已经成为主要的发展计划。与盘件合金的发展相比，快速凝固仍然被认为是满足主流需求的令人关注的发展方向。然而，可以预见的是，高温合金的快速凝固工艺应用之一将是开发新一代涡轮工作叶片材料。

发展氧化物弥散强化（oxide dispersion strengthening，ODS）金属和合金是近年来明显的方向。这种合金能够在接近其熔化温度保持有效的长时力学性能，而此时其他的强化机制已经失效。弥散强化材料几乎都是用粉末冶金方法生产的。通用电气公司于 1910 年最早研制出的"延性钨"大概是生产出来的第一个氧化物弥散强化合金[45]。然而，直到 1949 年发明了弥散强化铝（sintered aluminium powder，SAP，烧结铝粉）[46]，人们才充分认识到氧化物弥散强化用于其他合金系的潜力，氧化物弥散强化理论得以发展。早期尝试用球磨法制备弥散强化镍不是很成功，因为无法将弥散颗粒混合到足够细小和均匀分布。大约在 1963 年报道了 TD-Ni 合金（thoria dispersion nickel，TD-Ni），即第一个商用弥散强化镍基合金和第一个商用粉末高温合金，是用化学方法制备的，之后出现其他氧化钍弥散强化合金（thoria dispersion alloys，TD alloys）[47,48]。各种选择性还原方法的目的都是进一步增加合金中合金元素的含量[49~51]。随着公开 Benjamin 发明的机械合金化工艺，这些研究戛然而止[52]。这种方法可以用来制备弥散强化高温合金，结合了低温和中温下 γ' 相析出强化和高温下 Y_2O_3 弥散强化。虽然这在当时是一个重大的科学突破，但是在早期这种加工方法的进一步发展还比较缓慢。当时，在美国和科技研究合作（Cooperation in Scientific and Technical Research，COST）框架下的欧洲都正在进行大量的开发项目。

粉末高温合金的发展带动了全新的主流制造工艺路线和非主流制造工艺路线的发展，如图 1.3 所示。可以看到，粉末成为制造半成品的基本原料。通过对固结技术和加工技术的广泛组合，生产的半成品或成品具有较宽范围的组织均匀性和力学性能均匀性。

与传统粉末冶金的压制、烧结方法相比，高温合金的当代粉末冶金技术与金属加工技术更加紧密相关。烧结铁合金结构件生产的原因是带来成本效益的净成形技术，在高温合金工艺中也实现了这种优势。

粉末冶金生产的钛合金、工具钢、不锈钢取得了类似于高温合金的发展。

新制造工艺的引入绝不是一个孤立的过程，一方面，新工艺影响与其相竞争的工艺，另一方面，新工艺也受到试图取代或阻止其应用的竞争工艺的影响：生产涡轮盘材料（turbine disk materials）的粉末冶金技术是与细晶铸造技术同步发展的（见 3.5.2 节），如真空电弧双电极重熔（vacuum arc double-electrode remelting，VADER）。

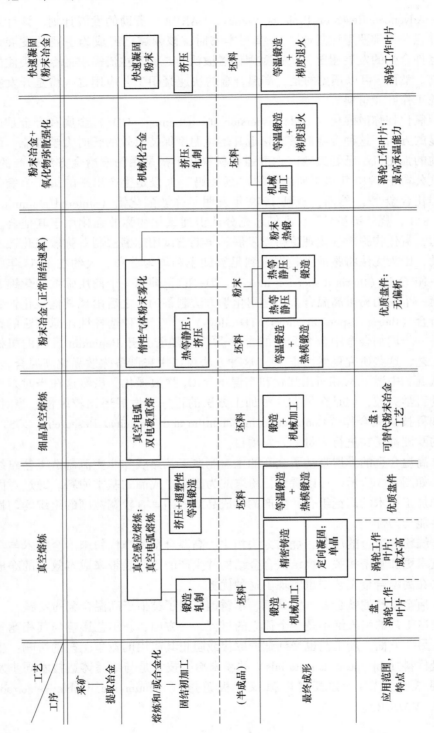

图1.3 高温合金的加工方法和主要工序

参 考 文 献

［1］Sims, C. T., *J. Metals*, 18, 1966, p. 1119.

［2］Sims, C. T., *J. Metals*, 21, 1966, p. 27.

［3］Sullivan, C. P., Donachie, M. J., Jr. and Morral, F. R., in *Cobalt Base Superalloys*-1970, Cobalt Information Centre, Brussels, 1970.

［4］Decker, R. F., in *Strengthening Mechanisms in Nickel Base Superalloys*, Climax Molybdenum Co. Symposium, Zurich, 5-6 May, 1969, p. 147.

［5］Symonds, C. H., *J. Australian Inst. of Metals*, 1971.

［6］Sims, C. T. and Hagel, W. C. (editors), *The Superalloys*, John Wiley, New York, 1972.

［7］Betteridge, W. and Heslop, J. (editors), *The Nimonic Alloys*, Edward Arnold, London, 1974.

［8］Sahm, P. R. and Speidel, M. O. (editors), *High Temperature Materials for Gas Turbines*, Elsevier Scientific Publications, Amsterdam, 1974.

［9］Meetham, G. W. (editor), *The Development of Gas Turbine Materials*, Applied Science Publishers, London, 1981.

［10］Boesch, W. J. and Slaney, J. S., *Metal Progress*, 86, 1964, p. 109.

［11］Dahl, J. M., Danesi, W. F. and Dunn, R. G., *Metall, Trans.*, 4, 1973, p. 1087.

［12］Decker, F. and Sims, C. T., in C. T. Sims and W. C. Hagel (editors), *The Superalloys*, John Wiley, New York, 1972, p. 33.

［13］Kotval, P. S., Veuables, J. D. and Calder, R. W., *Metall. Trans.*, 3, 1972, p. 452.

［14］Holt, R. T. and Wallace, W., *Int. Met. Reviews*, 21, 1976, p. 1.

［15］Muzyka, D. R., in C. T. Sims and W. C. Hagel (editors), *The Superalloys*, John Wiley, New York, p. 113.

［16］Muzyka, D. R., in H. Abrams, G. N. Maniar, D. A. Nail and H. D. Solomon (editors), *MiCon 78: Optimization of Processing, Properties, and Service Performance Through Microstructural Control*, ASTM STP 672, American Society for Testing and Materials, Philadelphia, Pennsylvania, 1979, p. 526.

［17］Walder, A. and Marty, M., in H. H. Hausner, H. W. Antes and G. D. Smith (editors), *Modern Developments in Powder Metallurgy*, Vol. 14, Plenum Press, New York, 1980, p. 115.

［18］Boesch, W. J. and Tien, J. K., in *Powder Metallurgy Superalloys*, Vol. 2, Metal Powder Report Publishing Services Ltd., Shrewsbury, England, 1980, Paper 6.

［19］Marsh, A. L., *UK Patent* 2129, 1906.

［20］Pfeil, L. B., cited in W. Betteridge and J. Heslop (editors), *The Nimonic Alloys*, Edward Arnold, London, 1974, p. 9.

［21］Betteridge, W. and Heslop, J. (editors), *The Nimonic Alloys*, Edward Arnold, London, 1974.

［22］Bieber, C. G. and Sumpter, W. F., *US Patent* 2570193, 1946.

[23] Wagner, H. J. and Prock, J. , Jr. , *Metal Progress*, 91, March 1967, p. 75.

[24] Darmara, F. N. , Huntingdon, J. S. and Machlin, E. S. , *J. Iron & Steel Inst.* , 191, 1979, p. 226.

[25] Tracey, V. A. , Poyner, G. T. and Watkinson, J. F. *J. Metals*, 13, 1961, p. 363.

[26] Decker, R. F. , in P. R. Sahm and M. O. Speidel (editors), *High Temperature Materials for Gas Turbines*, Elsevier Scientific Publications, Amsterdam, 1974, p. 49.

[27] Morral, F. R. *Planseeberichte f. Pulvermet.* , 20, 1972.

[28] Gessinger, G. H. and Bomford, M. J. *Int. Met. Reviews*, 19, 1974, p. 51.

[29] Clark, L. P. AGARD Report Number 627, 1975, p. 1–1.

[30] Wilcox, B. A. and Clauer, A. H. , in C. T. Sims and W. C. Hagel (editors), *The Superalloys*, John Wiley, New York, 1972, p. 197.

[31] Gessinger, G. H. , in D. Coutsouradis *et al.* (editors), *High Temperature Alloys for Gas Turbines*, Applied Science Publishers, London, 1978, p. 817.

[32] Gessinger, G. H. *Powd. Met. Int.* , 13, 1981, p. 93.

[33] Burke, J. J. and Weiss, V. (editors), *Powder Metallurgy for High-Performance Applications*, Syracuse University Press, Syracuse, New York, 1972.

[34] Tracey, V. A. and Cutler, C. P. *Powder Metallurgy*, 24, 1981, p. 32.

[35] *British Patent* 611 466, 1948.

[36] Buswell, R. W. A. , Pitkins, W. R. and Jenkins, I. , in *Symposium on High Temperature Steels and Alloys for Gas Turbines*, Iron and Steel Institute Special Report, No. 43, 1952, p. 258.

[37] Poyner, G. T. , Tracey, V. A. and Watkinson, J. F. , in *Powder Metallurgy*, Interscience Publishers, New York, 1961, p. 701.

[38] Sands, R. L. , in H. H. Hausner (editor), *Modern Developments in Powder Metallurgy*, Vol. 2, Plenum Press, New York, 1966, p. 219.

[39] Strachan, J. F. and Soler – Gomez, A. J. R. , in F. Benesovsky (editor), *Proc. 6th Plansee Seminar*, Reutte, Austria, 1968, p. 539.

[40] Moyer, K. H. , in H. H. Hausner (editor), *Modern Developments in Powder Metallurgy*, Vol. 5, Plenum Press, New York, 1971.

[41] Triffleman, B. , Wagner, F. C. and Irani, K. K. , in H. H. Hausner (editor), *Modern Developments in Powder Metallurgy*, Vol. 5, Plenum Press, New York, 1971, p. 37.

[42] Allen, M. M. , Athey, R. L. and Moore, J. B. *Metals Engineering Quarterly*, 10, 1970, p. 20.

[43] *US Patent* 3 519 503 July 7, (1970) .

[44] Holiday, P. R. , Cox, A. R. and Patterson, R. J. , in R. Mehrabian *et al.* (editors), *Proc. First Int. Conf. on Rapid Solidification Processing: Principles and Technologies*, Claitor's Publishing Division, Baton Rouge, Louisiana, 1977, p. 246.

[45] Fink, C. G. *Trans. Am. Electrochem. Soc.* , 17, 1910, p. 229.

[46] Irman, R. *Techn. Rundschau* (*Bern*), 36, 1949, p. 19.

[47] *US Patents* 2 972 529 and 3 019 103 Feb. 21, (1961); Jan. 30, (1962).

[48] Fraser, R. W., Meddings, B. and Evans, D. J. I. and Mackiw, V. N., in H. H. Hausner (editor), *Modern Developments in Powder Metallurgy*, Vol. 2, Plenum Press, New York, 1966, p. 87.

[49] Cheney, R. F. and Smith, J. S., in G. S. Ansell *et al.* (editors), *Oxide Disperson Strengthening*, Gordon and Breach, New York, 1968, p. 637.

[50] Treffelmann, B., in G. S. Ansell *et al.* (editors), *Oxide Dispersion Strengthening*, Gordon and Breach, New York, 1968, p. 675.

[51] Bohnstedt, U., Schüler, P. and Spyra, W. Z. *Werkstofftechnik*, 2, 1971, p. 259.

[52] Benjamin, J. S. *Metall. Trans.*, 1, 1970, p. 2943.

第 2 篇

预合金粉末

2　粉末的制取及其特性

合适的粉末制取方法和粉末表征新方法的发展是粉末高温合金的主要成就之一。与已有的工艺技术相比，借助于新的粉末压制和热机械加工技术，"颗粒"冶金为显微组织和力学性能提供了更大的调控空间。

2.1　"正常"凝固速率的预合金粉末

到目前为止，雾化是制取高温合金粉末的最重要的方法[1~3]。更准确地讲，"雾化"一词本身并不准确，更准确的术语应该是"熔体粉碎"，但是该术语实际上并没被采用。雾化是最古老的制粉技术之一，自20世纪30年代以来一直应用于铁粉生产。至今，雾化仍然是生产焊接粉末的主要方法。雾化技术被用于制取高温合金粉末的初衷也是源于降低高合金化高温合金偏析的需要[4]。

图2.1显示的是冷却速率对某种合金显微组织特性的影响[5]。冷却速率本身一部分是由熔体的尺寸决定的，此时的热量从熔体以传导方式传出，另外一部分则是由对流冷却所产生的附加的冷却速率决定的。从普通铸造工艺那样缓慢的冷却速率（小于10^2K/s）到高于10^2K/s的冷却速率的过程中，诸如显微偏析程度或树枝晶臂间距等显微组织特性，随着冷却速率的增大而减小，如图2.2所示。显微组织细化的原因在于长大过程的差异，而不是形核阶段的过冷。第二个原因对扩展的固溶体和非晶体的形成是至关重要的（见2.2节）。

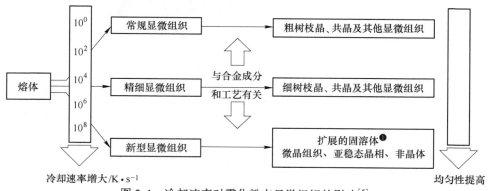

图2.1　冷却速率对雾化粉末显微组织的影响[5]

---

❶ 译者注：随着冷却速率的增大，固溶体的固溶度增大（扩展），即固溶度扩展后形成的亚稳过饱和固溶体。

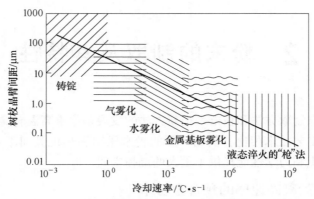

图 2.2 冷却速率对铝合金树枝晶臂间距的影响[5,6]

（经 Claitor's Publishing Division 同意引用）

在大多数粉末雾化技术中冷却速率约为 10^4K/s 数量级，这将导致出现微晶组织和细树枝晶组织。显微组织的这些差异如图 2.3 所示，图 2.3（a）为常规铸造镍基高温合金 IN738，图 2.3（b）为雾化合金粉末。

图 2.3 光学显微镜照片

（a）铸造高温合金 IN738；（b）IN100 合金雾化粉末（溶气雾化法）

在讨论制粉技术时需要着重指出的是，雾化不过是将熔体转化成铸锭的一种方式，只不过这种铸锭的尺寸很小而已。因此，雾化是一个主要包括熔炼和熔体粉碎两个步骤的过程。熔炼方法与大尺寸铸锭的熔炼方法相似，主要采用真空感应熔炼。之所以采用真空感应熔炼，是由于可以将合金中的氧和氮的含量降低到一定的程度（如几百个 10^{-6} 以下），从而降低其对力学性能的有害作用。当存在铬、铝和钛等合金元素时，因其在熔炼过程中形成的氧化物很难被去除，所以必须特别小心。同理，钛和锆的氮化物也不能在真空熔炼炉中被分离出来。

熔体转化成粉末之前,还可以经过中间熔炼工序。雾化之前铸锭进行重熔,包括电子束熔炼、等离子熔炼或氩弧熔炼。

表 2.1 给出了商业和实验室规模制粉工艺的总结。采用的熔体粉碎的三种方法包括:

(1) 气体流的动能。

(2) 气体逸出进入真空。

(3) 离心力。

表 2.1 粉末制取方法

工艺环节	惰性气体雾化法（IGA）	溶气雾化法（SGP）	旋转电极法（REP）	等离子旋转电极法（PREP）	电子束旋转法（EBRP）	强制对流冷却离心雾化法（RSR）
熔化1	真空感应熔炼,陶瓷坩埚	真空感应熔炼,陶瓷坩埚	真空感应熔炼,真空电弧重熔,电渣重熔	真空感应熔炼,真空电弧重熔,电渣重熔	真空感应熔炼,真空电弧重熔,电子束熔炼,电渣重熔	真空感应熔炼,陶瓷坩埚
熔化2	—	—	氩弧	等离子体	电子束	
熔体粉碎系统	喷嘴,氩气流	溶解氢向真空室膨胀	旋转自耗电极	旋转自耗电极	旋转盘	旋转盘
环境	氩气	氩气和氢气的混合气体	氩气或氦气	氩气和氦气的混合气体	真空	氦气

下面将介绍不同制粉方法的主要特点。

2.1.1 惰性气体雾化

惰性气体雾化是迄今为止使用最广泛的制粉技术。目前,世界上正在运行的年产量可达数百吨的氩气雾化(argon atomization,AA)设备数量众多。仅在美国,各类粉末生产总量估计为每年 5000t。

用这种方法,原料熔体通过耐火材料孔流出,并被高压气流雾化成相对较粗的颗粒。真空感应熔炼是常用的熔炼方法。惰性气体(主要是氩气,也有氦气)用于雾化镍基合金[7],有报道称,尽管水蒸气能够氧化熔体,但是仍然可以用作制取钴基合金粉末的一种可供选择的雾化介质[8]。液滴在保护或惰性气体气氛中凝固,或者它们可以在水或油中急冷,然后再对颗粒进行化学表面净化处理[8,9]。

图 2.4 显示的是一个惰性气体雾化装置的剖面示意图[9]。在熔化过程中整个

装置真空度可达 2×10^{-4} Torr（1Torr = 133.322Pa）。气体雾化装置有一个很高的冷却塔，冷却塔的上端装有一个喷嘴，熔融金属流经喷嘴被高压氩气雾化。在雾化过程中，因氩气热膨胀所导致的压力差有可能导致喷嘴堵塞，为了减小压力差，以避免这种情况发生，多余的气体从冷却塔到熔化室进行再循环和冷却。这种做法有助于装入大量的制粉熔化料。在实际雾化过程中，在熔化室与冷却塔之间保持大约 0.2 个大气压（1atm = 101.325kPa）的压力差。凝固的金属颗粒被雾化装置底部的冷却板进一步冷却，并被输送到一系列的手套箱进行筛分和粒度分级。惰性气体雾化粉末的氧含量通常在（40~200）× 10^{-6} 之间。

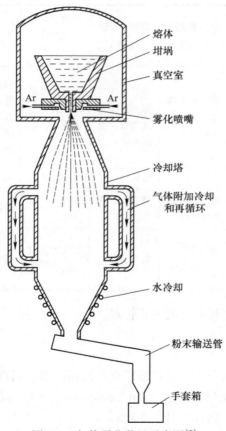

熔体
坩埚
真空室

Ar   Ar

雾化喷嘴

冷却塔

气体附加冷却
和再循环

水冷却

粉末输送管

手套箱

图 2.4　气体雾化装置示意图[9]

　　冷却塔的高度是由单个粉末颗粒的冷却及其凝固动力学决定的[10]。在飞行过程中，初始液滴将通过液滴表面的对流和辐射释放热量。释放出的热量 ΔQ_{off} 有助于冷却和凝固粉末颗粒。

　　而热量 ΔQ_{in} 则是将颗粒从温度 T_1（固态）加热到液滴温度 T_2 所需的热量和

熔化热的总和。那么飞行距离 L 可以从以下的热平衡方程中计算得出。

$$L = v\frac{\Delta Q_{in}}{\Delta Q_{off}} \tag{2.1}$$

式中，v 是颗粒的飞行速度。在氩气雾化过程中，液态金属从上部的坩埚被引到喷嘴处，并被气体粉碎成细小的颗粒。同时，几乎以声速流入喷嘴区的雾化气体，流动的距离最远可达到较大的雾化室直径，此时，流速被大幅度降低。虽然膨胀后确切的流动条件还是个未知数，但液滴运动的恒定速度 v 基本上还是由其在几乎静止的气体中自身的运动决定的。

$$v = \left(\frac{4\rho_{Ni}}{3\rho_G}gd\right)^{1/2} \tag{2.2}$$

式中　ρ_{Ni}，ρ_G——分别是镍基合金和冷却气体的密度；

　　　　g——重力加速度；

　　　　d——颗粒直径。

采用镍基合金的所有材料常数，在零过冷的简单的情况下

$$L = \frac{144.5d^{2.5}}{0.4 + d} \tag{2.3}$$

图 2.5 给出了雾化装置高度 L 与颗粒直径的关系。可以看出，较大粉末颗粒由于相对不利的传热条件，使得装置尺寸非常大。对于较小的颗粒尺寸，使用较小尺寸的装置是可能的。

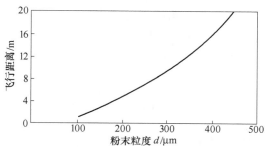

图 2.5　镍基高温合金粉末颗粒直径对粉末雾化装置高度 L 的影响[10]

2.1.1.1　决定颗粒参数的因素

为了确定影响粉末粒度和粒度分布等参数的因素，必须清楚喷嘴附近的雾化过程。

图 2.6(a) 和 (b) 为两种最重要的喷嘴布置方式。来自金属熔池的金属液流在自由下落过程中被雾化气流以相对于喷嘴成 α 角 ［见图 2.6(a)］或切向方向 ［见图 2.6(b)］撞击。

粉碎所需的能量是由流动气体的动能所提供的。定性地讲，以下参数被认为

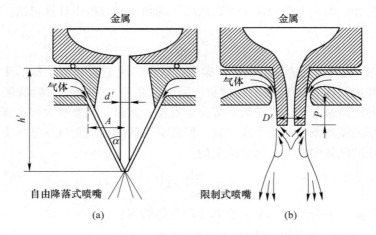

图 2.6 粉末雾化喷嘴示意图

（a）雾化气流以相对于喷嘴成 α 角撞击；（b）切向撞击

（经 Verlag Schmid GmbH 同意引用）

d'—液流直径；A—气体出口与液流轴线间的距离；α—喷射角（气流与液流的夹角）；
h'—喷嘴顶部距雾化点的高度；D'—导液管外径；P—导液管突出的长度

对粉末特性有影响：

（1）气体压力，气体类型。

（2）喷嘴的几何参数（见图 2.6 中的 $D'=2A$、α、P、h'）。

（3）液流直径 d' 以及熔融材料的流动特性。

（4）熔体与雾化气体的质量输送比。

根据 Troesch[11] 的处理，Schmitt[10] 导出了最大颗粒直径 d_{max}（mm）方程式如下：

$$d_{max} = 2.7 \times 10^4 \frac{\gamma^{0.85}\eta^{0.15}}{\rho v^{1.85}} = \frac{const}{v^{1.85}} \tag{2.4}$$

式中　γ——熔体的表面张力，N/m；

　　　η——熔体的动态黏度，Ns/m^2；

　　　ρ——熔体的密度，kg/m^3；

　　　v——雾化气体的速度，m/s。

对于给定材料，气体的速度是决定最大颗粒直径的主要参数。图 2.7 给出了根据式（2.4）计算得到的雾化气体速度 v 对 IN100 合金最大颗粒直径 d_{max} 的影响，与实验结果符合较好。

借助于概率理论，可由最大颗粒直径 d_{max} 获得粉末粒度分布[12]。图 2.8 给出的是 IN100 合金的结果，其中 Z/Z_0 是对应于粒度不大于 d 的颗粒的分数；d 是由 Rosin 和 Rammler[13] 定义的粉末粒度；m 是等轴系数。

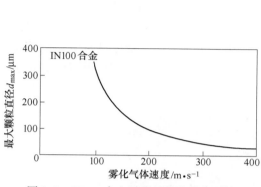

图 2.7　IN100 合金雾化过程中最大颗粒
直径与雾化气体速度的关系[10]

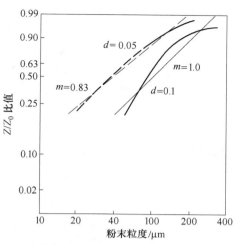

图 2.8　IN100 合金粉末粒度
分布（$d_{max}=0.4mm$）[10]

2.1.2　溶气雾化（真空雾化）

溶气雾化法（soluble gas process）是由均质金属公司（Homogeneous Metals Inc.，美国）基于溶解气体进入低压室快速膨胀的原理而开发的[14]。图 2.9 所示的装置由带保压或真空的下部熔化室和保持在小于 10Torr(1Torr=133.322Pa) 真空下的上部膨胀室组成。在熔化室通入气体（通常为氢气）增压后，合金在熔化室内真空感应熔化并过热。膨胀室的阀门机构打开，被气体饱和的熔融金属通过陶瓷导流管传输到膨胀室。熔融金属在离开导流管口的瞬间，由于溶解气体的突然释放，形成的细小喷射状熔滴向膨胀室内喷出。根据喷嘴的布置，熔滴主要向上方喷出。冷却后的粉末在真空下从膨胀室流出，进入粉罐，然后填充一种非活性气体并进行密封。氢气进入溶液时，双原子分子键断裂，需要的能量大约为 100cal/mol（1cal=4.1868J）。在熔融金属中溶解的气体量与

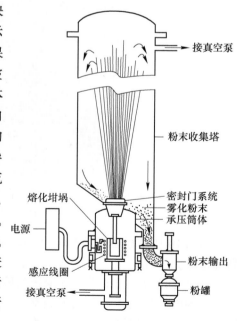

图 2.9　溶气雾化法示意图[15]
（经 Homogeneous Metals Inc. 同意引用）

熔融金属上气体压力的平方根成正比（Sievert 定律）。通过对一炉 100kg 的炉料加压，在约 7 个大气压（1atm=101.325kPa）下，可溶解约 5mol 的氢气。氢原子结合成氢分子，为雾化提供的能量几乎为制取平均尺寸为 25μm 的粉末所需能量的 200 倍[15]。部分能量用来使金属过热，从而降低表面张力，并使金属更容易破碎。

在完全真空条件下的雾化过程中，颗粒的凝固热只能以辐射方式释放，以此计算得出的飞行距离高达 50m。在实际生产中，事实上由于膨胀到真空后的溶解气体具有对流冷却和绝热冷却效应，这一距离可以缩短。图 2.10 为溶气雾化法制取粉末设备照片。

图 2.10　溶气雾化装置照片
（经 Homogeneous Metals Inc. 同意引用）

图 2.10 所示设备的冷却塔尺寸为直径 4m，高 20m，每炉能够雾化 1000kg 的高温合金。

真空雾化后的粉末为带有少量卫星粉的球形粉末，典型的振实密度可达理论密度的 69%。随着工艺参数的调整，主要是对温度和压力的调整，可以制成非常细的粉末，也可以制成相对较粗的粉末。此外，粉末粒度分布不会呈正态分布曲线，而是呈非常平坦分布。与大多数惰性气体雾化法相比，溶气雾化法可连续制取非常细的球形粉末。当雾化粉末的最大尺寸为 325 目（45μm）时，-325 目（-45μm）的粉末中粒度小于 20μm 的粉末大约占 50%。小于 100μm 粉末是全致密的，更大的粉末颗粒含有捕获的氩气，并因冷却不充分可能成为片状粉。用这一方法成功地制取了诸如 IN100、MERL76 和 LC Astroloy 等很多镍基高温合金粉末[16]。

2.1.3　离心雾化

离心雾化的原理是利用旋转来加速和粉碎熔体。利用这一原理的粉末雾化法有多种。最重要的设计考虑是选择真空还是选择保护气氛。选择真空使得加热方式局限于电子束熔化加热，而选择氩气或氦气则允许采用电弧或等离子加热。进一步讲，熔滴完成凝固所需的飞行距离，正如已讨论过的，在真空中比在惰性气氛中大得多，而且需要考虑使用特殊的设备。表 2.1 给出了已经考虑的所有粉末制取方法的总结。我们将只专注于两种主要的制粉方法，其他方法仅简单提及。

2.1.3.1　旋转电极法

旋转电极法（rotating-electrode process，REP）[17] 的基本原理如图 2.11 所示。典型直径为 15~75mm 的合金棒料以非常高的速度（10000~20000r/min）旋转。合金棒料作为自耗电极（阳极），旋转的自耗电极的端面被固定的钨阴极和合金棒料阳极之间产生的直流电弧熔化。当电极棒料旋转时，离心力使得熔融金属以球形熔滴的形式飞出，在飞行过程中发生凝固，然后落到雾化室底部。与气体雾化相比，旋转电极法消除了潜在的炉渣或耐火材料污染。在

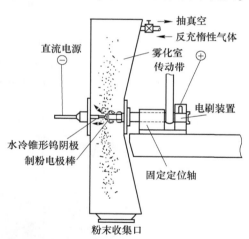

图 2.11　旋转电极法示意图[17]
（经 the Metallurgical Society of AIME 同意引用）

制粉之前雾化室被抽真空后填充氦气或氩气，因此，与初始电极棒料成分相比，粉末中的气体含量没有发生变化。旋转电极法的一个主要缺点是不连续性，这是因为它需要使用加工完好的金属棒材作为电极。为了缓解这一问题，制造了一种"长棒"旋转电极设备[18]，在操作过程中提供棒料进料，使该工艺过程为半连续的。

尽管旋转电极法不可能引入陶瓷类夹杂物，但是来自钨电极的钨夹杂物所引发的交叉污染一直是主要关注的问题，旋转电极法主要用于钛合金粉末制备[19]，已成为一种最适合的制粉方法。后来，开发了一种新的旋转电极法，即等离子旋

转电极法（plasma rotating-electrode process，PREP）[18]，该工艺方法采用带直流转移弧的等离子枪。等离子枪采用水冷却，氦气在钨阴极与喷嘴之间流动。氦气流保持合金粉末不接触钨阴极，从而防止钨侵蚀和粉末污染。图2.12为自耗电极的加热原理。图2.13为商业使用的等离子旋转电极法设备照片。

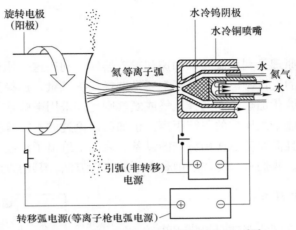

图 2.12　转移弧等离子旋转电极法原理[18]

（经 the Metallurgical Society of AIME 同意引用）

图 2.13　商业使用的等离子旋转电极法设备照片

（经 Nuclear Metals 同意引用）

决定颗粒参数的因素　最通常的离心雾化如图2.14所示。要说明的是，雾化半径必须等同于旋转自耗电极棒的半径。在任何情况下，通过合理加热，金属熔膜在离心力的作用下向外流动[10]。假定熔体主要在旋转坩埚边缘处发生破碎，理想状况下，颗粒是单一粒度的，当作用在熔滴上的离心力与熔滴的表面张力平衡时，可确定颗粒的直径[8,10]：

$$d = \frac{0.4}{n}\left(\frac{\gamma}{R\rho}\right)^{1/2} \tag{2.5}$$

式中　d——颗粒的直径；

$\qquad$ n——坩埚转速，r/min；

γ，R，ρ——分别是熔滴的表面张力、半径和颗粒的密度。

$\qquad$对于镍基合金

$$d = \frac{8.9 \times 10^3}{nR^{1/2}} \tag{2.6}$$

式中，d 和 R 的单位是 mm。显然粉末粒度分布非常窄。图 2.15 为 René95 合金典型的粒度分布。

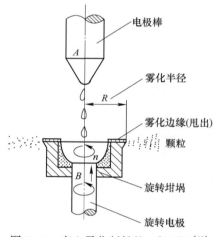

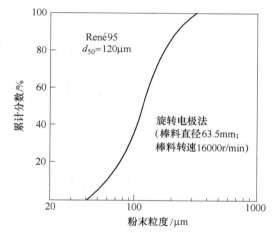

图 2.14　离心雾化制粉的一般原理[10]

（经 Verlag Schmid GmbH 同意引用）

图 2.15　旋转电极法制取的 René95

合金粉末的粒度分布[20]

$\qquad$旋转电极制粉设备的安装尺寸在很大程度上也取决于选择真空还是惰性气体作为冷却介质。在真空中冷却时，飞行距离与粉末粒度无关[10]，对于直径 40mm 的镍基合金棒料，粉末颗粒飞行距离为 12m[20]，使用保护性气氛可以大幅度缩短颗粒飞行距离（0.5~1.5m）。

2.1.3.2　电子束旋转法

$\qquad$电子束旋转法（electron-beam rotating process，EBRP）[21]是上文所描述的离心雾化技术的一种变体。图 2.16 为该工艺方法的示意图，而实际设备的细节如图 2.17 所示。制粉过程步骤如下。

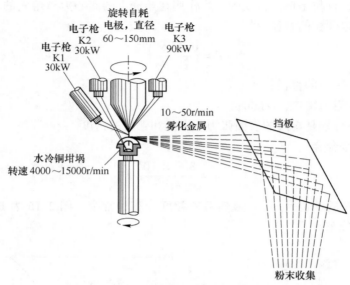

图 2.16 电子束旋转法制粉示意图[21]

图 2.17 电子束旋转法制粉设备细节[21]

（经 W. C. Heraeus 同意引用）

直径为 60～150mm 的一个自耗电极沿着自身轴缓慢旋转。电极端面被电子枪
（K3）沿着切向加热到熔化所需的温度。

自耗电极形状像一个铅笔尖，即使电极直径大于坩埚直径，也能将所有熔化的部分都能滴入一个小坩埚。第二个电子束枪（K2）用于将坩埚底部的电极熔滴破碎，并在旋转的坩埚内壁形成液态金属薄膜。通过控制使得液膜的厚度增加，一直达到坩埚边缘。第三个电子枪（K1）用于控制雾化制粉期间坩埚边缘的熔体温度。通过控制坩埚边缘电子束点的位置、大小和功率密度，雾化主要沿着单一方向发生。粉末颗粒以角宽度为 60°~80° 和高度大约为 ±5° 的扇形离开坩埚边缘。为进一步减小设备的尺寸，雾化金属通过偏转板偏转进入粉末收集箱。熔滴从坩埚边缘到水冷偏转板开始逐渐冷却。如果大颗粒已经开始从表面凝固，但核心仍有液体，那么可以在偏转板上发生二次破碎。在一定条件下，这些颗粒在冲击到偏转板的过程中被撞击破裂。这通常会导致一个溅起的片状粉末颗粒和多个剩余熔体的小球形成。由此造成的结果是，不仅使颗粒粒度范围变宽，而且还会增加片状颗粒的比例。图 2.18 显示的是二次破碎的各个阶段。在中心处的大颗粒中，颗粒外壳因过高的撞击力而破裂，破裂颗粒前面的不规则扁平状粉末起源之一是破裂颗粒内部的液态金属（液核），熔体从破裂颗粒内部飞溅出来形成不规则扁片状粉末。

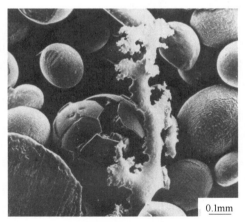

0.1mm

图 2.18　电子束旋转法制取的钛粉末扫描电镜照片[10]
（经 Verlag Schmid GmbH 同意引用）

通过用连续流动的熔化替换电极，可以对电子束旋转法做进一步的开发。据称，这一新的工艺方法提供了精炼镍基高温合金的可能性，可以在雾化前将漂浮在熔池表面的陶瓷夹杂物去除。

显然，电子束旋转法的主要优势是，整个雾化过程是在高真空环境中完成的，具备了在雾化过程中提高合金纯度的潜力。另一方面，在合理控制粒度和形状分布方面存在难度。通常，为了后续加工希望获得相对较细的球形粉末，而通过惰性气体雾化能更好地实现这些特性。

2.2　预合金粉末的物理冶金

尽管针对粉末高温合金经过压实和热处理后显微组织的演变已有大量的阐述，但是还有很多解释尚待完善。以粉末高温合金热等静压固结后形成的原始颗粒边界（prior particle boundaries，PPB）上的显微组织为例，原始颗粒边界上的组织是与雾化粉末颗粒近表面的显微组织相对应的，基于最近的研究结果，该观点受到了严重质疑。因此，用一些篇幅来分析致密化前粉末的物理冶金似乎是合理的。

2.2.1　热力学考虑

碳化物和 γ' 相是高温合金熔滴在凝固和冷却过程中析出的重要化合物。虽然已有的热力学数据包含合金中化合物的标准生成自由能，但是这些自由能还不完备，因为固溶体中其他元素会对每一种元素的活度产生影响。表 2.2 列出了各种碳化物的标准生成自由能。由表 2.2 可以看出，Ta、Hf、Ti 和 Nb 是强碳化物形成元素。另一方面，众所周知，在高温合金的 TiC 反应中，Ti 的活度会由 Ti 在基体中的稀释和 γ' 相的反应而发生改变。

$$\gamma + TiC \longrightarrow \gamma' + C \tag{2.7}$$

因此，尽管 $Cr_{23}C_6$ 型碳化物的标准生成自由能大约为 TiC 的一半，但在镍基合金中，$Cr_{23}C_6$ 型碳化物的析出是以 TiC 的减少为代价的。

表 2.2　碳化物的标准生成自由能

碳化物	1700K 标准生成自由能 $\Delta F/kcal \cdot mol^{-1}$	碳化物	修正后的标准生成自由能 $\Delta F°/kcal \cdot mol^{-1}$	备　注
Mo_2C	-14.7	$Cr_{23}C_6$	-20	
$Cr_{23}C_6$	-20	TiC	-18	Ti 与 Ni 的强相互作用
W_2C	-23.9	γ'	-25	
NbC	-32.2	TaC	<-25	Ta、Hf、Nb 与 Ni 的弱相互作用
TaC	-34.1	NbC	<-25	
TiC	-39.1	HfC	<-25	
ZrC	-44.2			
HfC	-50.9			

注：1cal=4.1868J。

Wentzell[22] 应用同样的推理，对合金中化合物的生成自由能进行了修正，其中包含元素因固溶而产生的稀释效应和 γ' 相的形成效应。Ta、Nb 和 Hf 这些强碳化物形成元素，一旦加入合金熔体中，与固溶的 C 发生反应，从而在整个粉末颗粒体积内形成均匀分布的金属碳化物。可以设想一下，如果没有添加这些元素，

C 作为溶质会扩散到自由表面，并以 TiC 偏聚在颗粒表面。这一点，在粉末形成的初始阶段已经被观察到，导致了严重的原始颗粒边界的形成。

2.2.2　预合金粉末中的凝固组织和偏析

在合金熔滴冷凝过程中，主要由于热过冷和成分过冷这两类驱动力，导致两种不同的典型显微组织。

（1）热过冷。在这种类型的冷却过程中，凝固颗粒近表面形成的固—液界面向液相移动。由于在界面处释放出熔化热，温度升高导致界面处温度相对最高（温度逆转）。由于在快冷过程中，液相中温度会快速下降而处于较大的过冷状态，因此界面出现的温度逆转会形成负的温度梯度，界面的状态变得不稳定，在界面处形成树枝晶晶臂（一次和二次），如图 2.19 所示。

（2）成分过冷。这种形式的过冷远比热过冷更重要。成分过冷会导致凝固体的成分与形成凝固体的初始液体成分不尽相同。在固—液界面处，液相中含有过高的溶质浓度。由于进入界面前沿的熔体中会形成浓度梯度，造成在界面前沿区域的液相合金温度低于合金凝固温度。如果过冷层厚度很大，树枝晶凝固是重要的方式。另一方面，如果过冷层很薄，可能形成胞状组织，如图 2.20 所示，胞壁就是溶质浓度高的区域。

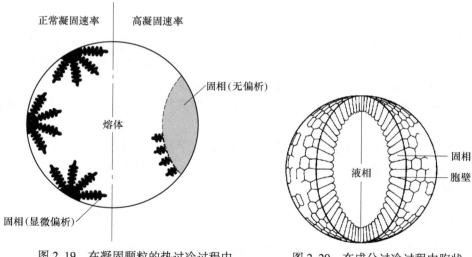

图 2.19　在凝固颗粒的热过冷过程中
一次和二次树枝晶晶臂的形成

图 2.20　在成分过冷过程中胞状
组织的形成

以上讨论的两种凝固方式导致了显微偏析的体积效应，这种显微偏析可以定义为尺度小于晶粒尺寸的局部成分的变化。在成分过冷期间形成的胞状组织中，富集溶质的胞壁是显微偏析的一个例子。一种更常见形式的显微偏析为晶内偏析，是在树枝晶凝固过程中产生的。在初始凝固的树枝晶轴上金属溶质相对贫化，但这些树枝晶臂周围的液相则是富溶质的，导致出现高溶质浓度的树枝晶间区域。

在高温合金粉末制取过程中，因溶质元素偏析导致粉末颗粒自由表面的成分变化也可能发生[23]。有两种机制可以说明这种表面偏析。一种机制是总自由能的降低，这是因为表面自由能有利于富集表面层的形成。表面平衡偏析是通过固态扩散进行的。

在恒温下，对于理想的二元固溶体，两种组元在表面和内部的摩尔分数之比可以用以下形式表达[24]：

$$X_1^s/X_2^s = (X_1^b/X_2^b)\exp[(\gamma_2 - \gamma_1)(a/RT)] \tag{2.8}$$

式中　X_1^s，X_2^s，X_1^b，X_2^b——分别为组元 1 和组元 2 在表面和内部的摩尔分数；

　　　　γ_1，γ_2——表面自由能；

　　　　a——两种不同组元每一原子所占的表面面积。

液态金属的表面张力大约为 1.5N/m。假设表面张力差值可小至 0.05N/m，当温度为 1700K 和平均表面面积为 $10^{-19} m^2$/原子时，可得到下式：

$$X_1^s/X_2^s = 1.23(X_1^b/X_2^b)$$

即使表面张力差值取 0.5N/m 仍然是合理的，比值则从 1.23 增大到 8.33，对应着组元 1 在表面出现相当大的过剩（具有较低的表面张力）。根据式（2.8），随着温度的降低，偏析进一步增加。

第二种偏析机制是只依赖于块体相图（通常的合金相图，区别于纳米尺度合金相图）的溶质再分配[23]。溶质再分配发生在液—固界面，导致溶质积聚在最后凝固的液相中。因此，在颗粒表面的树枝晶轴露头附近存在高浓度的溶质。与扩散导致的溶质表面偏析相比，溶质再分配所导致的富含溶质的表面层的厚度要大得多。

环境中气体会与合金组元形成不同强度的化学键，显著改变了粉末颗粒表面化学组成。在高温合金粉末中，主要是 C、S 和 O 与颗粒表面发生多种重要的表面反应。

2.2.3　粉末的显微组织

一些研究人员已经对粉末的显微组织进行了直接的观察。借助于扫描电子显微镜（SEM）可以观察粉末颗粒的表面特征。采用碳萃取复型技术，可获得所需要的粉末颗粒表面相的信息。透射电子显微镜（TEM）技术的发展，可以对粉末颗粒内和表面的析出相进行表征。

表 2.3 概括了多位作者对三种合金粉末的研究结果[25~28]。观察发现，MC 型碳化物通常形成于粉末颗粒表面和粉末颗粒内部。这些碳化物在树枝晶间和胞状

晶间的区域析出，如图 2.21 所示。颗粒内析出相和表面析出相之间的形态差异可归因于在凝固过程中施加的约束条件不同。Aubin 等[25]已证实，不同的粉末制取方法（旋转电极法）可能会形成其他类型的表面碳化物，这可能是在旋转电极制粉过程中熔体的过热度较低所致。所有观察到的碳化物都是在凝固过程中由于偏析形成的。对于一定的 C 含量，偏析程度随着粉末颗粒尺寸的增大而增加，这是因为碳化物集中在一个相对更小的区域内（更小的比表面积）。据推测，C 可以从深度约为 $20\sim30\mu m$ 的表层迁移到粉末颗粒表面。这一假设得到了如下事实的支持，对于粗大的粉末颗粒，颗粒表面偏析程度与粉末颗粒尺寸无关。

表 2.3　高温合金粉末中碳化物

合　金	颗粒表面上的相	颗粒内的相	文献
氩气雾化的 Astroloy 合金（0.036C）	MC	$M_{23}C_6$，1100℃ 以上 $M_{23}C_6$ 转变成 MC	[25]
氩气雾化的 Astroloy 合金（0.015C）	MC（M=Ti，Cr，Mo）	未做研究	[26]
旋转电极的 Astroloy 合金（0.018C）	层状 MC（M=Ti，Mo）；球状 M_6C（M=Cr，Mo）	未做研究	[26]
氩气雾化的 René95 合金（0.01C）	片状 MC（M=Nb，Ti，Cr，Ni，Mo，W）	蜘蛛状的 MC	[27]
IN100 合金（0.076C）	固结后在原始颗粒边界处：MC（M=Ti，Mo，Cr，Al）	未做研究	[28]

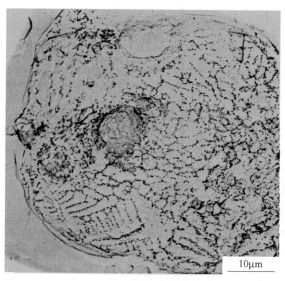

$10\mu m$

图 2.21　一个 René95 合金颗粒表面的萃取复型，显示出树枝晶间/胞状晶间析出物[27]

（经 Chapman and Hall 同意引用）

Domingue 等[29]对 René95 合金粉末中相的关系进行了研究，并将其与真空感应熔炼和真空电弧重熔（vacuum arc remelting，VAR）铸锭进行了比较。粉末中的 C 含量（质量分数）为 0.07%时，铸锭中的 C 含量（质量分数）为 0.04%～0.16%。图 2.22 显示出不同粒度粉末中和铸锭中 C 分配数据。采用萃取方法可以确定 MC 型碳化物中的 C 含量（粉末颗粒表面碳化物和内部碳化物的总和）。对于非常小的粉末颗粒，形成 MC 型碳化物的 C 的数量几乎为零。另一方面，铸锭中大约 85%～90%（质量分数）的 C 形成了 MC 型碳化物。粉末颗粒中的 MC 型碳化物中 M 部分的成分取决于粉末粒度：细小粉末颗粒由于冷速更快，碳化物中含有 Nb、Ti、W 和 Cr，而较大的粉末颗粒由于冷却较慢，碳化物主要含有 Nb 和 Ti。René95 合金粉末中剩余的 C 是以什么形式存在和分布，目前尚不清楚。根据对 Astroloy 合金粉末俄歇分析（Auger analysis）进行判断[26]，在粉末颗粒表面形成大量的无定形碳。因此，可以合理推断，具有更大比表面的细粉比粗粉所含的无定形碳要高。

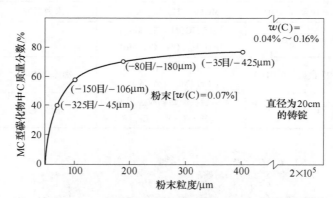

图 2.22 René95 合金粉末中 C 的分配与粉末粒度的关系[29]

（经 American Society of Metals 同意引用）

单个粉末颗粒中析出反应机制不同于热等静压固结期间原始颗粒边界上析出机制。对松散状态下 LC Astroloy 合金粉末进行热处理后观察表明[25]，在较低温度下热处理，一次 MC 型碳化物变得不稳定。960℃热处理 1h 会析出 $M_{23}C_6$ 型碳化物和 M_6C 型碳化物。MC 型碳化物在 1100℃下加热保温 1h 开始重新出现，并在 1150℃下加热保温 1h 后成为主要析出相。雾化期间在黏结成团的粉末颗粒中，在颗粒接触表面处析出粗大的碳化物颗粒。由于 TiO 和 TiC 具有相似的晶体结构，这些碳化物的形成可能与粉末颗粒表面的氧化物层有关。这些碳化物的形成机制更类似于在粉末压实过程中原始颗粒边界的形成机制。

2.3 预合金粉末成分研发的注意事项

与在单晶高温合金、快速凝固合金和定向凝固共晶合金中引人注目的新合金开发力度相比，对预合金粉末成分改进方案的力度相对小得多。目前，已经研发并进入应用阶段的三种粉末高温合金是由 Astroloy、IN100 和 René95 合金改型而来的。必须遵照如下的准则，才能将上述合金改进为可以采用粉末冶金技术制备。

（1）要有影响碳化物在粉末颗粒边界析出的措施。

（2）要有促进粉末颗粒热等静压固结的措施。

2.3.1 影响碳化物析出的措施

晶界析出的碳化物有阻止晶粒生长和晶界滑动的作用，但对合金的塑性有不利的影响。对于粉末材料，碳化物在原始颗粒边界上析出。早期的粉末高温合金具有与同类变形合金相同的合金成分，合金中过高的 C 含量造成在原始颗粒边界上严重的碳化物析出。为了减少粉末高温合金中薄膜类原始颗粒边界碳化物，在合金研发中采取了多项措施。

2.3.1.1 减少 C 含量

减少 C 含量，是在所有粉末合金研发计划中最普遍采用的方法。为了不损害压制材料的力学性能，必须对由此产生的较低碳化物含量进行优化。

2.3.1.2 添加稳定碳化物形成元素

正如在 2.2.1 节中所述，高温合金中的 Hf、Ta 和 Nb 是比 Ti 更稳定的碳化物形成元素。加入上述强碳化物形成元素，在整个粉末颗粒中均匀地形成碳化物，而不是优先在颗粒表面形成碳化物。否则，由于表面吸附的 O 和 S，会促进在粉末颗粒表面形成复杂的 TiC 化合物。表 2.4 给出了添加 Hf 对粉末高温合金 Astroloy 中碳化物形成的影响[30]。显然，当 Hf 加入量大于 1% 时，Hf 取代 Ti，明显地分配在 MC 型碳化物中。

表 2.4 Astroloy 合金经 1204℃、2h 固结和 1204℃、6h 热处理后萃取的碳化物[30]

浓度（质量分数/%）		形成倾向	
C	Hf	TiC	HfC
0.06	—	中度	—
0.06	0.1	中度	—
0.06	0.25	中度	—
0.07	1.1	中度	中度
0.07	1.7	微量	强

2.3.2　促进热等静压固结的措施

热等静压温度是影响晶粒度的重要工艺参数之一。该温度往往介于 γ′ 相固溶温度和固相线温度之间。为了得到更大的晶粒度，必须在 γ′ 相固溶温度以上进行热等静压。在铸造高温合金中，γ′ 相固溶温度与合金的固相线温度（初熔）之间的温差可以为零。因此，为了使热等静压工艺也能用于这种合金，在合金的 γ′ 相固溶温度与固相线温度之间必须有较大的温差。以在 IN100 合金的基础上研发的MERL76 合金为例，添加了 Nb 和 Hf❶，提高了合金的固相线温度[31]。

2.4　预合金粉末中缺陷的控制及消除

粉末高温合金中的缺陷有可能成为疲劳断裂源，从而对合金的疲劳性能产生严重的损害。本节关注的是与粉末相关的缺陷类型，以及正在采取的或已建议采取的从粉末中消除这些缺陷的措施。高温合金粉末中的缺陷可以分为三种类型[32]：

（1）陶瓷夹杂物和金属夹杂物。

（2）孔隙。

（3）高氧含量的细粉尘。

在合金熔炼、粉末雾化或粉末后续处理过程中，这些杂质都可能被带入。经验表明，上述所有三种污染源都已经被观察到了。

在氩气雾化制取高温合金粉末过程中，熔炼坩埚使用陶瓷内衬是标准工艺。这是产生诸如 Al_2O_3、Cr_2O_3 和 SiO_2 等陶瓷熔渣夹杂物或单独的陶瓷颗粒的主要原因。虽然正在研发一些系统，将使用清洁的一次熔炼技术，但陶瓷颗粒仍然是目前污染物的一个主要来源。旋转电极制粉法是一种无坩埚工艺，但其他污染物，如源于非自耗钨电极的钨颗粒，也会带入粉末。在粉末处理和装粉过程中，粉末会接触众多的塑料、橡胶和钢类部件，这将进一步引入污染物颗粒。

总而言之，在合金熔炼、粉末制取、粉末处理和粉末固结过程中，任何带入外来污染的可能性都应该被杜绝。改进这些工艺的措施也将有助于把污染水平降低到许可程度以下，但是，粉末和粉末压坯完全没有任何污染实际上是不可能的。

氩气雾化会在粗大的粉末颗粒中形成包裹氩气的孔洞。不同粒度的氩气雾化粉末显微密度测试结果表明[33]，在大于 $100\mu m$ 的颗粒中形成了氩气孔洞，而更细的粉末则是完全致密的，如图 2.23 所示。在真空雾化法制取的粉末中，也发现了同样的结果，而对于旋转雾化法，因为在粉末雾化过程中过热度小，无论粉末粒度大小，通常都是完全致密的。

---

❶　译者修改。

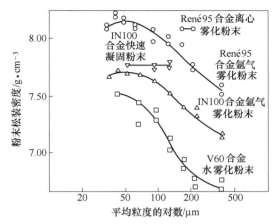

图 2.23 粉末的密度与粉末粒度、制粉方法的关系[33]

（经 Special Metals Corporation 同意引用）

2.4.1 缺陷检测方法

高温合金粉末中固态非金属夹杂物的检测是一个难题，这需要特殊的技术。必须认识到，污染物并非是均匀地分布在每个粉末颗粒中，但主要是以固体颗粒出现，与高温合金粉末颗粒的数量相比，出现的频率很低。外来颗粒出现频率的一个典型数据是每个高温合金粉末颗粒中有 10^{-7} 个外来颗粒[34]。这意味着，在 $10cm^3$ 固结的高温合金粉末中含有 1 个夹杂物颗粒。显然，用化学或光学分析粉末压坯，检测到如此小的含量显然是不可行的。

由通用电气公司和核金属公司（Nuclear Metals Inc.，美国）研发的水淘洗法是目前确定固态非金属夹杂物数量应用最广泛的技术[18,35]。用这种方法将夹杂物富集到可以通过光学技术容易进行检测的水平。水淘洗法的原理如图 2.24 所示。将预量过的一定量的粉末（粒度范围窄的粉末大约 300g）放入一个带有多孔板的垂直玻璃管内，多孔网能将粉末保留在玻璃管的底部。过滤水通过玻璃管底部的多孔板，将粉末在玻璃管内悬浮起来，并形成一个平衡高度，该高度与粉末颗粒的密度和直径有关。因为陶瓷夹杂物的密度低于高温合金粉末的密度，陶瓷类夹杂物将悬浮在更高的高度。

玻璃管顶部的溢流管将低密度的颗粒移到含有固定过滤器的第二个烧瓶中。每一次试验后，都将过滤器放在显微镜下，对颗粒进行单独计数和分析。需要说明的是，如果低密度的夹杂物被高密度的基体金属包裹，该方法就会失效。

基于外来颗粒的频率和尺寸，制定的可接受粉末的典型的定量技术规范是：1kg 粉末样品中允许存在大于或等于 $400\mu m$ 的颗粒 3 个，颗粒总数为 20 个[36]。

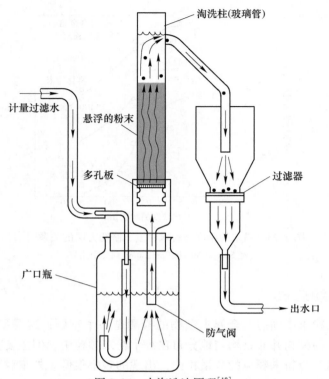

图 2.24 水淘洗法原理[18]

（经 Metal Powder Report Publishing Services Ltd. 同意引用）

为了消除粗大的外来颗粒，−60 目（−250μm）的粉末筛至 −150 目（−106μm），甚至到−325 目（−45μm）。虽然这项措施会自动降低最大的外来颗粒的直径，同时也减少了粉末收得率，从而增加了用于后续加工的粉末成本。

Brown 等[37]研发出一种在固结金属中浓缩非金属夹杂物的方法。该方法由以下步骤组成：

（1）将要评估的大约 1500g 材料放入水冷铜坩埚，如图 2.25 所示。

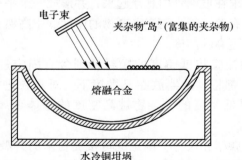

图 2.25 通过电子束熔化富集受污染的合金样品中的氧化物[37]

（2）根据漂浮原理，样品的电子束熔炼使氧化物富集在重熔锭的表面，漂浮的氧化物团聚成一个小岛，小岛的大小是判定存在夹杂物含量的第一个表象。

（3）用电化学方法萃取出一定量的表面含氧化物的小岛（大约 100g），然后进行过滤。

（4）对氧化物含量进行称重。

基于这种分析技术，最近对 MERL76 合金铸锭熔炼所进行的一项研究表明[37]，氧化镁坩埚产生的氧化物浓度低于氧化铝和氧化锆坩埚。同时还发现，电渣重熔（electroslag remelting，ESR）后的氧化物含量明显低于真空感应熔炼和真空电弧重熔。

热诱导孔洞（thermally induced porosity，TIP）是由包裹在粉末颗粒内或固结坯料中的气体，主要是氩气引起的。在热等静压过程中出现包套泄漏或氩气雾化粉末中出现较大比例的空心粉时，就会出现该问题。被包裹的氩气是由合金的真空熔化和通过测量不断升高的氩气压力确定的。在测量氩气含量时，为了降低熔化温度，建议在 1200℃ 的 60%（摩尔分数）金浴（3g 合金和 16.7g 黄金）中进行熔化[38]。该方法的精度预计为 $\pm 0.4 \times 10^{-6}$。

另外一种测被包裹的氩气量的更常用技术是将固结后的坯料在 1204℃ 保温 4h 加热处理。这一温度是相当高的，足以使被压缩的氩气孔内的压力升高到大于该温度下合金的流变应力，导致材料的密度略微降低。热诱导孔洞的典型规范是在加热处理后密度下降为 0.3%[39]。

2.4.2　缺陷去除技术

现已开发出了去除陶瓷夹杂物、空心粉和被包裹的氩气的非常精细的技术[32]。不同粉末生产商及零部件制造商所采用的上述技术的复杂程度不尽相同。上述技术目前尚没有制定相关的标准，对这些技术的具体描述或优缺点比较的信息也非常少。Miles 和 Rhodes[39] 介绍了基于不同物理原理的几种技术。这些方法组合成一个称之为电动粉末处理的净化系统（cleaning system called electrodynamic powder preparation）[32]。该系统的具体目标是在具有循环保护气氛和连续运行的完全封闭的系统中清除所有的固体污染物。在该系统中粉末流经四个不同功能的子系统：

（1）粉尘（超细颗粒）分离器（见图 2.26）。撞击气体将细小的粉尘沿着与粉末流动方向相反的方向输送到一个旋流分离器中。收集起来的粉尘可用于粉末雾化用返回料，进行真空感应熔炼。

（2）非金属静电分离器（见图 2.27）。粉末直接引入旋转的金属滚筒。滚筒表面在电离气体的碰撞下连续带电，金属颗粒迅速放电，离开滚筒并沿着抛物线方向落入成品粉罐，而非金属颗粒则仍然附着在滚筒表面上，直到被机械清除到废品粉罐。

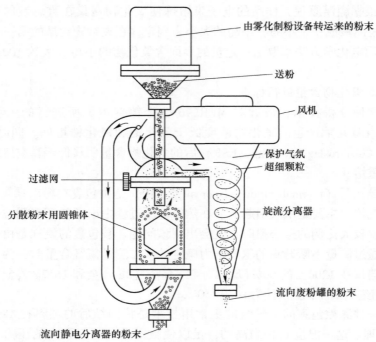

由雾化制粉设备转运来的粉末

送粉

风机

保护气氛
超细颗粒

过滤网

旋流分离器

分散粉末用圆锥体

流向废粉罐的粉末

流向静电分离器的粉末

图 2.26 超细颗粒分离器示意图[32]

（经 Metal Powder Report Publishing Services Ltd. 同意引用）

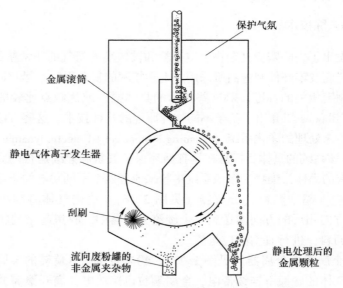

保护气氛

金属滚筒

静电气体离子发生器

刮刷

流向废粉罐的
非金属夹杂物

静电处理后的
金属颗粒

连续流向静电射流分级器的粉末

图 2.27 非金属静电分离器示意图[32]

（经 Metal Powder Report Publishing Services Ltd. 同意引用）

（3）静电射流分级器（见图2.28）。该分级器系统根据弹道特性分离粉末颗粒。粉末颗粒通过一条狭窄的入口狭缝落入到只允许单个粉末通过的台阶，此时粉末受到垂直于其下落方向的层流氩气射流的撞击。粉末颗粒会沿着水平方向被吹散并下落，由于粉末的粒度和质量不同，粉末会或早或晚进入不同的粉罐。与细小的合金粉末一样，较轻的陶瓷颗粒和空心粉会落入同一个粉罐内，并随后进行分离。

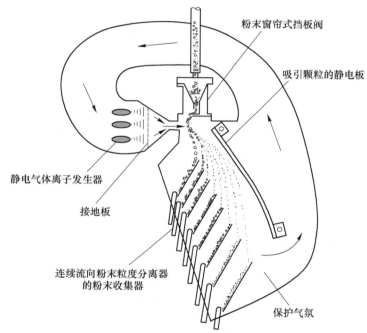

图2.28 静电射流分级器示意图[32]

（经 Metal Powder Report Publishing Services Ltd. 同意引用）

（4）粉末粒度分离器（见图2.29）。针对静电射流分级器的每个粉罐，粉末粒度分离器都包含一个独立的筛网。

在振动的作用下，未通过筛网的大尺寸粉末颗粒进入到废品粉罐，通过筛网的粉末颗粒进入到转运粉罐。

凯尔西-海因斯公司（Kelsey-Hayes，美国）的一台连续工作的电动粉末筛分系统的产能为45kg/h。利用该系统筛分一次，可将-80目（-180μm）高温合金粉末中70%~90%的污染物去除。

2.4.3 氩气脱气方法

热静态脱气是使用最广泛的粉末脱气方法。这一过程是粉末装套操作的一部

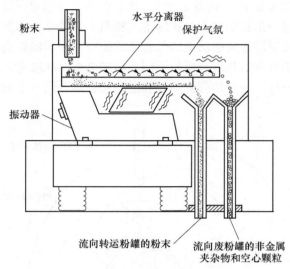

图 2.29 粉末粒度分离器示意图[32]

（经 Metal Powder Report Publishing Services Ltd. 同意引用）

分，是在 10^{-3} Torr（1 Torr = 133.322 Pa）的真空环境下加热粉末。其中一种方法是[40]，粉末装入包套之前，粉末在一个斜平面上缓慢地向下移动，同时进行粉末加热和脱气。另一种方法是[39]，粉末装入包套，然后在真空下进行加热脱气。当对大量粉末脱气时，后一种方法往往是无效的，这是因为通过粉末之间空隙的气体分子传导是有限的。

电动脱气[32]（见图 2.30）是解决这个问题的方法之一。在粉末通过玻璃漏斗落到气体离子发生器上时，氩气便带有正电荷，并将在高压电场中加速，向接地屏移动，同时释放电荷，继续飞进泵中。为了将带电气体离子从径向弥散分布的流向底部转运粉罐的粉末中分开，在气体离子发生器周围提供了一种磁阱。脱气系统包含一个空的转运粉罐，粉末以 45 kg/h 的速率流入该粉罐，如图 2.30 所示。该系统自动旋转 180° 以重复脱气操作。经过三个 180° 的循环，完成了整个粉末的脱气和混合。

2.5 快速凝固的预合金粉末（RSR 粉末）

"正常"凝固速率与高凝固速率粉末工艺之间的界限还没有明确的定义。在本书中我们姑且把大于 10^4 K/s 的凝固速率称为高凝固速率。

历史上，Duwez 等[41]于 1960 年首次采用了熔体快淬技术，报道了在 Cu-Ag 和 GaSb-Ge 合金系中可实现完全固溶，以及在 Ag-Ge 和 Au-Si 合金系中可形成新的非平衡中间相，这些相对于 Au-Si 合金系属于非晶相。这是被确认的由熔体快淬形成的第一块金属玻璃。多年来，开发快淬技术的主要动机是希望在材料中

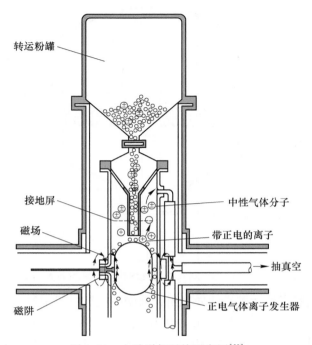

图 2.30　电动脱气系统示意图[32]

（经 Metal Powder Report Publishing Services Ltd. 同意引用）

得到非晶组织。快淬技术的发展历史已经由 Jones[42] 做了很好的总结，关于快淬技术更加详细的信息，读者可从 Jones 的总结中获得。在粉末高温合金中，目的不是获得非晶组织，而是获取微晶和扩展的固溶体。

2.5.1　粉末制取方法

利用熔体快速凝固生产高温合金粉末的技术有三种：

（1）强制对流冷却的离心雾化。

（2）熔体旋转或熔体提取成连续长丝，然后进行机械研磨。

（3）超声雾化。

2.5.1.1　强制对流冷却的离心雾化[43]

这项技术是由位于美国佛罗里达州西棕榈滩（West Palm Beach）的普惠公司研发的，图 2.31 所示为该雾化装置的示意图。它综合了离心雾化和强制对流冷却的原理。雾化用合金材料是在真空室的上部通过真空感应熔化的。合金熔化后向真空室填充氦气，然后将熔体注入位于中间的预热漏包中。熔体通过漏包水口以预定的流速浇在雾化器转子的中心或雾化器圆盘中心。转子加速旋转，直至盘

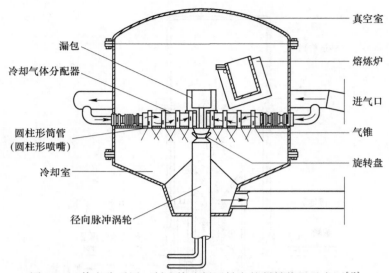

真空室

漏包

冷却气体分配器

熔炼炉

进气口

圆柱形筒管
(圆柱形喷嘴)

气锥

旋转盘

冷却室

径向脉冲涡轮

图 2.31 普惠公司用于制取快速凝固粉末的制粉装置示意图[43]

中的熔体呈液滴状沿着盘外沿切向飞出，液滴在飞行过程中被从三个环形气体喷嘴喷出的氦气冷却。如果金属流量为 0.18kg/s、0.9kg/s 的氦气需要的速度则高达 0.5 马赫（Mach）（1Mach＝340.3m/s）。利用径向脉冲涡轮使雾化器圆盘以 24000r/min 的转速旋转。液滴凝固是在氦气淬火介质中发生的。粒度范围为 10～100μm 的粉末收得率占熔体质量的 70%。

可以看出[43,44]，在凝固过程中，强制对流带走的热量比辐射带走的热量大约高两个数量级。如果忽略辐射作用，单个粉末颗粒的冷却速度为：

$$\frac{\mathrm{d}T}{\mathrm{d}t} = \frac{6KN\mathrm{u}}{d^2 c_{\mathrm{p}}\rho}(T_{\mathrm{p}} - T_{\mathrm{g}}) \tag{2.9}$$

式中　K——气体的热导率；

　　　$N\mathrm{u}$——努塞尔特数；

　　　d——颗粒直径；

　　　c_{p}——金属热容；

　　　ρ——颗粒密度；

T_{p}，T_{g}——分别为颗粒温度和气体温度。

氦气冷却气体的 $\mathrm{d}T/\mathrm{d}t$ 与 d 的关系如图 2.32 所示。

式（2.9）意味着颗粒直径、气体的热导率以及粉末颗粒与气体之间的温度差是快速冷却的重要参数。所得出的粒度分布基本上是算术正态分布，并与前面所述（见 2.1.3 节）的雾化器参数有关。该雾化粉末的形状为球形，直径从 25μm 到 100μm。树枝晶间距的理论计算表明，在淬火冷却过程中粉末颗粒的有效冷速随颗粒直径而变化，在 10^5K/s 和 10^7K/s 之间[43,45]，并得到了实验观测的证实。

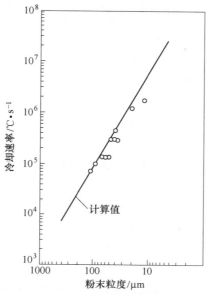

图 2.32 实验确定的快速凝固 IN100 合金粉末的冷却速率与颗粒直径的关系[44]

2.5.1.2 熔体旋转或熔体提取成连续薄带

在熔体旋转中[46]，液体射流是在压力作用下熔体通过一个孔流出，并将射流引导到如旋转冷辊等淬火介质上形成的，如图 2.33(a) 所示。冷铁本质上代表的是一个无限大的散热片。另一方面，在熔体提取中[47,48]，散热片的有限面

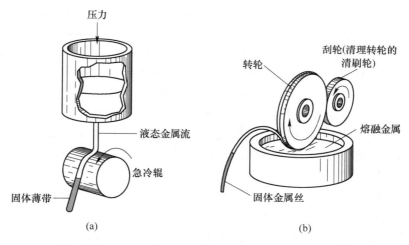

图 2.33　获得快速凝固显微组织的方法示意图

（a）冷辊熔体旋转法[46]；（b）熔体提取法[47,48]

积与事实上无限多的液态金属相接触。图 2.33(b) 为这种技术的一个例子,其中移动的散热片边缘被可控地引入到与熔体表面相接触。

尽管这两种快速冷却技术在设备设计方面是不同的,但对于相等厚度的薄带,它们的淬火速率特性具有可比性[49]。

对于熔体旋转工艺,薄带的厚度 $\delta(\mu m)$ 与旋转盘表面的速度 $v(m/s)$ 成反比:

$$\delta = K_1 d/v \tag{2.10}$$

式中,d 为射流直径。

对于熔体提取工艺,薄带的厚度与速度的平方根成反比,这表明薄带的厚度是受凝固材料的传热所控制:

$$\delta = K_2 v^{-1/2} \tag{2.11}$$

这两种技术都可以生产厚度小于 $25\mu m$ 薄带,淬火速率可达到约为 $10^6 ℃/s$。这些方法主要用来生产如 $Fe_{80}B_{20}$ 等非晶态合金,但也应用于生产钛合金 Ti6Al4V 和高温合金 U700[50]。

为了获得粉末,薄带必须通过研磨粉碎,或者使用锯齿状熔体提取圆盘边缘来粉碎薄带[49]。

2.5.1.3 超声雾化

现已开发了多种通过超声雾化熔融金属的方法。目前超声雾化应用的主要推动力在于诸如铝合金和钎焊合金等低熔点合金体系[51]。

镍基合金雾化技术是基于瑞典的 Kohlswa 工艺 (Swedish Kohlswa proces) 开发而来的[52],受到了美国麻省理工学院 (Massachusetts Institute) 研究人员的极大关注[6]。雾化室是基于类似于惰性气体雾化中所用雾化室的设计。重要的区别在于用作冲击波发生器的雾化喷嘴的特殊结构,如图 2.34 所示。喷嘴包含一个圆形集流腔,通常用来将高压气体分配到 16~24 个喷口。喷嘴采用水冷却,最大限度地减少来自熔体的不均匀加热所引起的变形。喷嘴包含一个反射器和共振腔系统。当气体通过喷口以超声速放出时会产生一次冲击波。在共振腔中产生的超声波频率在 20000~80000Hz 之间。一次冲击波产生二次非平稳冲击波,二次冲击波由一系列与超声波频率相同的脉冲组成。在雾化区具有高能量密度的二次冲击波圆锥体就像一把伞,周期性地打开,然后再重新闭合。出口气体的速度高达 2Mach(1Mach=340.3m/s)。在这样的高脉冲气体速度下,金属被雾化成细小的颗粒,通常粒度小于 $30\mu m$ 粉末的收得率为 80%~90%。在实验室和中试规模的运行中,已制取了不锈钢和镍基、钴基合金粉末,并对其进行了评估。冷却速率很高,主要是因为非常细的粉末颗粒的形成,此外是雾化模出口处气体膨胀所产生冷却效应所致。

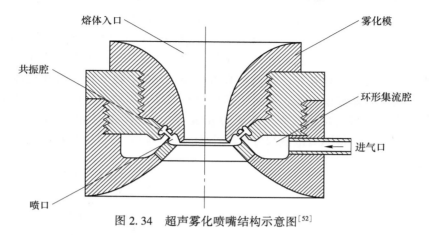

图 2.34   超声雾化喷嘴结构示意图[52]

2.5.2   快速凝固粉末的显微组织

快速凝固技术用于高温合金，是为了改进固结和热处理坯料的显微组织和提高力学性能。快速冷却具有消除宏观偏析、提高固溶合金化和获得细的亚稳态显微偏析的潜在优势。

通常，凝固材料的显微组织不仅取决于冷却速率 $\dot{T}$，而且还取决于温度梯度 G 和固—液界面推进速度 R(凝固速率)。平面晶组织、胞状晶组织或树枝晶组织取决于 G/R 比值和冷却速率 $\dot{T}$，如图 2.35 所示[5]。

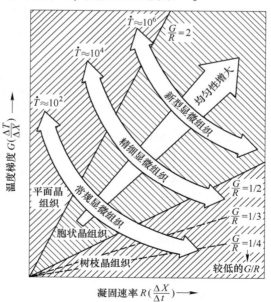

图 2.35   冷却速率 $\dot{T}$、温度梯度 G 和凝固速率 R 之间的关系[5]

达到更大的 G/R 值或更高的冷却速率对应于细显微组织。例如,如图 2.36 所示。该图表明了 Maraging300 合金的二次枝晶臂间距与冷却速率之间的关系[53]。如图 2.35 所示,必须减小 G/R 值,才能获得从平面到胞状或从胞状到树枝晶组织的变化。这种差异已在铁基高温合金 A286 中观察到,惰性气体雾化粉末通常获得胞状晶显微组织,但是快速凝固粉末具有树枝晶显微组织,这是因为快速凝固具有更高的凝固速率(较低的 G/R)[54]。Levi 和 Mehrabian[55] 进行的理论计算表明,G/R 值随着液滴尺寸的减小而减小,因此从胞状晶到树枝晶组织的变化是可以预期的。

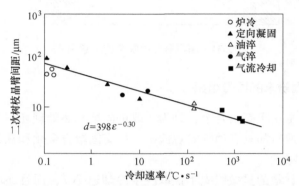

图 2.36 Maraging300 合金中二次树枝晶臂间距与冷却速率的关系[53]

针对不同的初始熔体过热度,对 IN100 合金快速凝固粉末的显微组织进行了观察[56]。粗树枝晶组织是在高过热度下获得的,而细等轴晶或者每个晶粒只含一个树枝晶的微晶组织则是在很高的热量提取速率时实现的。

由不同粉末生产路线(惰性气体雾化和快速凝固)所导致的显微组织的差异在最近的几篇论文中已经作了报告。Cosandey 等[57] 通过对粉末二次树枝晶臂间距的测量,得出结论认为,对于相同的颗粒直径,快速凝固工艺的冷却速率仅比氩气雾化工艺高 2~4 倍。

一项重要的观察涉及粉末制取和颗粒直径对颗粒密度的影响,如图 2.23 所示[33]。快速凝固粉末和离心雾化粉末(Special Metals 工艺)通常比含有滞留气体的氩气雾化粉末具有更高的密度。在某一粉末粒度以下松装密度似乎降低,这可能是由于某些本应该析出的相保留在固溶体中,造成实际密度下降所致。

除了常规的高温合金外,含有高体积分数 γ′ 相的合金、含有高碳化物浓度和共晶高温合金的衍生物都已通过快速凝固技术进行了雾化。所有这些合金在粒度小于 50μm 的粉末中都含有微晶颗粒。在含 C 的合金中,碳化物的树枝晶间显微偏析在微晶组织中得到抑制[58]。快速凝固对凝固态颗粒组织的进一步影响,是所有合金中的 γ′ 相析出被完全抑制,Mo 浓度高达 21% 的 NiAlMo 合金中的 α-Mo 树枝晶间显微偏析得到抑制。相比之下,在普通铸造合金中,不仅发生 γ′ 相和 α

-Mo 相的析出,而且在合金偏析方面显现出明显的差异,并伴随有大量的 $\gamma-\gamma'$ 共晶区。

2.5.3 快速凝固合金的开发

可以实现合金的高度均匀化是快速凝固高温合金的优点之一。在普通铸造合金中,由于显微偏析相的存在,不能实现有效的均匀化,并导致合金发生初熔。多种快速凝固的镍基合金要比相同的铸造合金的初熔温度高 75~100℃。

快速凝固合金领域中最大的推动力无疑来自 Ni-Al-Mo-(X) 合金的研发。表 2.5 列出了经过大量的合金研发工作后出现的四种合金成分。Aigeltinger 等[59] 表示,Ni-Al-Mo 三元合金 RSR103 和 RSR104 中的主要强化相是 $\gamma'-Ni_3$(Al,Mo),γ' 相中包含几个原子百分数的 Mo,这一点正好与相平衡的预测相反。出现的其他相是 Ni_xMo 类,其中 x 在 2~4 之间。Ta 添加到合金中,使 Ni_3Mo 相变得稳定,这是因为 Ta 替代了三元合金中出现的 Ni_2Mo[60]。添加 W,使 Ni_3Mo 得到部分稳定,而无需完全消除 Ni_2Mo 相。三元合金 RSR103 和 RSR104 中 Ni_2Mo 析出物相对于 $\alpha-Mo$ 在 800℃ 是亚稳态的,形成类似板状晶体[61]。Ta 和 W 有助于稳定 Ni_3Mo 结构,其中 Ta 有着更大的作用。在时效时,钨轴承合金中亚稳态的 Ni_3Mo 溶入 Ni_2Mo 相。这种合金中 Ni_2Mo 共格析出的最高温度大约为 870℃[60]。

表 2.5　几种快速凝固合金的化学成分　　　(质量分数/%)

所设计的合金	Ni	Al	Mo	Ta	W	C
RSR103	余	8.4	15.0	—	—	—
RSR104	余	8.0	18.0	—	—	—
RSR143	余	6.0	14.0	6.0	—	—
RSR185	余	6.8	14.4	—	6.1	0.04

参 考 文 献

[1] Gummeson, P. U. *Powder Metallurgy*, 15, 1972, p. 67.

[2] Grant, N. J., in J. J. Burke and V. Weiss (editors), *Powder Metallurgy for High-Performance Applications*, Syracuse University Press, Syracuse, New York, 1972, p. 85.

[3] Lawley, A. *Ann. Rev. Mater.* Sci., 8, 1978, p. 49.

[4] Allen, M. M., Athey, R. L. and Moore, J. B. *Metals Engineering Quarterly*, 10, 1970, p. 20.

[5] Cohen, M., Kear, B. H. and Mehrabian, R., in M. Cohen *et al.* (editors), *Rapid Solidification Processing, Principles and Technologies*, Ⅱ, Claitor's Publishing Division, Baton Rouge, Louisiana, 1980, p. 1.

[6] Grant, N. J. , in R. Mehrabian *et al.* （editors）, *Rapid Solidification Processing—Principles and Technologies*, Claitor's Publishing Division, Baton Rouge, Louisiana, 1978, p. 230.

[7] *West German Patent Application* 2 103 875, Jan. 27, 1972.

[8] Widmer, R. , in J. J. Burke and V. Weiss （editors）, *Powder Metallurgy for High—Performance Applications*, Syracuse University Press, Syracuse, New York, 1972, p. 69.

[9] *West German Patent Application* 2 108 978, Sept. 16, 1971.

[10] Schmitt, H. *Powder Metallurgy Int.* , 11, 1979, p. 71.

[11] Troesch, H. A. *Chem. -Ing. Techn.* , 26, 1954, p. 311.

[12] Puffe, E. *Erzmetall*, 4, 1948, p. 97.

[13] Rosin, P. and Rammler, E. *Arch. f. Wärmewirtschaft*, 6, 1926, p. 42.

[14] *US Patent* 3 510 546, May 5, 1970.

[15] Wentzell, J. M. *J. Vac. Sci. Technol.* , 11, 1974.

[16] Fox, C. , Homogeneous Metals Inc. , private communication, 1982.

[17] *US Patent* 3 099 041, July 30, 1963.

[18] Roberts, P. R. and Loewenstein, P. , in F. H. Froes *et al.* （editors）, *Powder Metallurgy of Titanium Alloys*, The Metallurgical Society of AIME, New York, 1980, p. 21.

[19] Petersen, V. C. and Chandok, V. K. AFML—IR—184—7T （1）, AF Contract No. F33615—77—C—5005.

[20] Loewenstein, P. , in *Powder Metallurgy Superalloys*, Vol. 1, Metal Powder Report Publishing Services Ltd. , Shrewsbury, England, 1980, Paper 7.

[21] Stephan, H. , paper presented at AGARD Specialists Meeting on Advanced Fabrication Techniques in Powder Metallurgy and their Economic Implications, Ottawa, Canada, April 1976.

[22] Wentzell, J. M. *Metals Engineering Quarterly*, 14, November 1974, p. 47.

[23] Ross, P. N. and Kear, B. H. , in R. Mehrabian *et al.* （editors）, *Rapid Solidification Processing—Principles and Technologies*, Claitor's Publishing Division, Baton Rouge, Louisiana, 1978, p. 278.

[24] McLean, D. *Grain Boundaries in Metals*, Clarendon Press, Oxford, 1957.

[25] Dahlen, M. and Fischmeister, H. , in J. K. Tien *et al.* （editors）, *Superalloys* 1980, American Society for Metals, Metals Park, Ohio, 1980, p. 449.

[26] Aubin, C. , Davidson, J. H. and Trottier, J. P. , in J. K. Tien *et al.* （editors）, *Superalloys* 1980, American Society for Metals, Metals Park, Ohio, 1980, p. 449.

[27] Ritter, A. M. and Henry, M. F. *J. Mater. Sci.* , 17, 1982, p. 73.

[28] Menzies, R. G. , Bricknell, R. H. and Craven, A. J. *Phil. Mag. A*, 41, 1980, p. 493.

[29] Domingue, J. A. , Boesch, W. J. and Radavich, J. F. , in J. K. Tien *et al.* （editors）, *Superalloys* 1980, American Society for Metals, Metals Park, Ohio, 1980, p. 335.

[30] Larson, J. M. , Volin, T. E. and Larson, F. G. *Microstructural Science*, 5, 1977, p. 209.

[31] Evans, D. J. and Eng, R. D. , in H. H. Hausner *et al.* （editors）, *Modern Developments in Powder Metallurgy*, Vol. 14, MPIF—APMI, Princeton, New Jersey, 1980, p. 51.

[32] Lizenby, J. R. , Rozmus, W. J. and Barnard, L. J. , in *Powder Metallurgy Superalloys*,

Vol. 2, Metal Powder Report Publishing Services Ltd, Shrewsbury, England, 1980, Paper 9.

[33] Domingue, J. A., Boesch, W. J., Radavich, J. F. and Yu, K. O. *Materials Research Society Proceedings on Rapid Solidification*, 13, 1981.

[34] Betz, W. and Track, W. *Powd. Met. Int.*, 13, 1981, p. 195.

[35] Baker, C., cited in J. E. Coyne, W. H. Everett and S. C. Jain, *Powder Metallurgy Superalloys*, Vol. 1, Metal Powder Report Publishing Services Ltd., Shrewsbury, England, 1980, Paper 24.

[36] Coyne, J. E., Everett, W. H. and Jain, S. C. *Powder Metallurgy Superalloys*, Vol. 1, Metal Powder Report Publishing Services Ltd., Shrewsbury, England, 1980, Paper 24.

[37] Brown, E. E., Stulga, J. E., Jennings, L. and Salkeld, R. W., in J. K. Tien *et al.* (editors), *Superalloys* 1980, American Society for Metals, Metals Park, Ohio, 1980, p. 159.

[38] Eaton, H. E. and Bornstein, N. S. *Metall. Trans.*, 9A, 1978, p. 1341.

[39] Miles, T. E. and Rhodes, J. F., in R. Mehrabiana, B. H. Kear and M. Cohen (editors), *Rapid Solidification Processing – Principles and Technologies*, Claitor's Publishing Division, Baton Rouge, Louisiana, 1978, p. 347.

[40] Thompson, F. A. *Proc. 4th European Conf. on Powder Metallurgy*, 1974, Société Francaise de Metallurgie, 2, Papers 4-5.

[41] Duwez, P., Willens, R. H. and Klement, W. *J. Appl. Phys.*, 31, 1960, p. 1136.

[42] Jones, H., in H. Herman (editor), *Treatise on Materials Science and Technology*, *Vol. 20: Ultrarapid Quenching of Liquid Alloys*, Academic Press, New York, 1981, p. 1.

[43] Holiday, P. R., Cox, A. R. and Patterson, R. J., in R. Mehrabian, B. H. Kear and M. Cohen (editors), *Proc. First Int. Conf. on Rapid Solidification Processing: Principles and Technologies*, Claitor's Publishing Division, Baton Rouge, Louisiana, 1977, p. 246.

[44] Cox, A. R., Moore, J. B. and van Reuth, E. C., in B. H. Kear *et al.* (editors), *Superalloys: Metallurgy and Manufacture*, Claitor's Publishing Division, Baton Rouge, Louisiana, 1976, p. 45.

[45] Adam, C. M. and Bourdeau, R. G., in M. Cohen *et al.* (editors), *Rapid Solidification Processing, Principles and Technologies*, Ⅱ, Claitor's Publishing Division, Baton Rouge, Louisiana, 1980, p. 246.

[46] Pond, R. and Maddin, R. *Trans. Metal. Soc. AIME*, 245, 1969, p. 2475.

[47] Maringer, R. and Mobley, C. *J. Vac. Sci. Technol.*, 11, 1974, p. 1067.

[48] Pond, R., Maringer, R. and Mobley, C., in *New Trends in Materials Processing*, American Society for Metals, Metals Park, Ohio, 1976, p. 128.

[49] Maringer, R. E. and Mobley, C. E., in R. Mehrabian *et al.* (editors), *Rapid Solidification Processing—Principles and Technologies*, Claitor's Publishing Division, Baton Rouge, Louisiana, 1978, p. 208.

[50] Maringer, R. E., Mobley, C. E. and Collings, E. W., in N. J. Grant and B. C. Giessen (editors), *Rapidly Quenched Metals*, *Proc. 2nd Int. Conf. on Rapidly Quenched Metals*, Massachusetts Institute of Technology, MIT Press, 1976, p. 29.

[51] Ruthardt, R. , in *P/M*-82 *in Europe*, *Proc. Int. Powder Metallurgy Conf.* , *Florence*, *Italy*, Associazione Italiana di Metallurgia, 1982, p. 431.

[52] *US Patent* 2 997 245, August 22, 1961.

[53] Joly, P. A. and Mehrabian, R. J. *Mater. Sci.* , 9, 1974, p. 1449.

[54] Smugeresky, J. E. *Metall. Trans.* , 13A, 1982, p. 1535.

[55] Levi, C. J. and Mehrabian, R. *Metall. Trans.* , 11B, 1980, p. 21.

[56] Kear, B. H. , Holiday, P. R. and Cox, A. R. *Metall. Trans.*, 10A, 1979, p. 191.

[57] Cosandey, F. , Kissinger, R. D. and Tien, J. K. 'Cooling rates and fine microstructures of RSR and argon atomized superalloy powders' , paper presented at 1981 Materials Research Society Proceedings on Rapid Solidification.

[58] Bourdeau, R. G. , Adam, C. and van Reuth, E.'Application of rapid solidification to gas turbine engines' , paper presented at RST Conf. , Sendai, Japan, 24-28 August, 1981.

[59] Aigeltinger, E. H. , Bates, R. S. , Gould, R. W. , Hren, J. J. and Rhines, F. N. , in R. Mehrabian *et al.* (editors), *Rapid Solidification Processing - Principles and Technologies*, Claitor's Publishing Division, Baton Rouge, Louisiana, 1978, p. 291.

[60] Martin, P. L. and Williams, J. C. 'Microstructural development during aging of Ni-Al-Mo-X alloys' , paper presented at Int. Conf. on Solid-Solid Phase Transformation, Carnegie-Mellon University, Pittsburgh, Pennsylvania, August 1981.

[61] Bourdeau, R. G. and Moore, J. B. , in R. Mehrabian *et al.* (editors), *Rapid Solidification Processing-Principles and Technologies*, Claitor's Publishing Division, Baton Rouge, Louisiana, 1978, p. 334.

3 粉末固结方法

本章所涉及的是用于高温合金的特有的粉末固结方法。所有固结方法的主要目的是消除孔隙。原则上，这总是可以通过压力和温度的组合来完成：冷压和烧结或热变形。在铁基粉末冶金中，烧结技术是一种应用最广泛的固结方法，因为这是一种低成本精密成形技术。遗憾的是，这种技术不适用于高温合金。由于高温合金中存在诸如钛和铝等活泼元素，涉及高温的所有过程都必须在真空或保护气氛中进行。铝、钛、锆等氧化物的大量生成热不允许使用还原性气氛，如氢气。

本章的第一部分概述高温合金的固结机制，第二部分介绍作为制造工艺的各种固结技术。

从固结机制的角度看，下列固结技术颇为重要：冷压和烧结，冷压和固相烧结，冷压和液相烧结，粉末热固结。

3.1 冷压制和烧结（传统粉末冶金）

在传统粉末冶金工艺中首先是制备粉末压坯，使其具有足够高的生坯强度，保证在后续加工阶段可以进行安全操作。然后在适宜的气氛中通过高温烧结使粉末压坯进一步致密。

3.1.1 冷压制

有关粉末压制已进行了许多研究，这些研究大都涉及压制压力与密度之间的关系，读者可以参阅相关的书籍、综述和论文[1~5]。

通常，固结过程在几个阶段进行。首先发生颗粒重排，形成颗粒拱桥，然后再坍塌。通过塑性变形增加颗粒接触。在塑性变形过程中，粉末的冷作硬化限制了可以得到的最终密度。通过颗粒的机械咬合形成颗粒聚集。粉末之间的机械咬合和冷焊是由非平衡应力在表面区域造成的剪切应变的结果。因此，冷压制不规则状粉比球形粉更容易。

高温合金预合金粉末大多是球形颗粒，具有高屈服强度，粉末难以固结。结果表明，尽管在高温合金粉末冷等静压过程中发生相当大的塑性变形[6]，但由于没有表面剪切变形，粉末固结是不可能的。

理论上，为后续烧结得到预成形坯有四种可能的方案：

（1）母合金粉与比较软的元素粉的混合粉的压制。这种方法仅适用于钴基合金[7]，但是没有得到令人满意的结果。

（2）含有烧结前可挥发的有机黏结剂的预合金粉末的压制。这已是冷固结粉末的标准方法。粉浆浇注以及单轴压制和等静压制都已用作固结技术。

粉浆浇注添加剂或等静压黏结剂的选择非常重要，因为在烧结过程中这些介质可以在很大程度上产生气体（氧、氢、氮）污染和碳污染。人们普遍认为，藻朊酸盐水溶液是最佳的粉浆浇注添加剂[8,9]。Kortovich[8]就八种粉浆浇注添加剂对真空烧结过程中 B1900 和 MAR-M200 镍基高温合金气体污染的影响，特别是氧气污染，进行了研究。他得出的结论是，藻朊酸铵（superloid，ammonium salt of alginic acid）和藻朊酸钠（Kelcosol，sodium salt of alginic acid）比所研究的其他添加剂的污染要小。Kortovich 还对三种黏结剂在真空烧结过程中的气体污染进行了研究，发现聚乙烯醇（PVA，polyvinyl alcohol）和聚异丁烯（polyisobutylen）造成的污染低于樟脑（camphor），但得到的生坯强度低于后者。Moyer[9]还将聚乙烯醇黏结剂用于等静压，发现在镍基高温合金 U700 真空烧结过程中氧含量没有增加，碳含量略有增加。

（3）陶瓷包套的无压烧结。倒入陶瓷包套粉末可以直接烧结到非常高的密度[10]。这种方法可以获得良好的力学性能，但是没有得到进一步的应用，因为与介绍的其他技术相比工装成本高。

（4）不规则状预合金粉的压制。虽然适用于高温合金的大多数雾化技术可以制取球状粉，但已用冷气流法制取出不规则状粉[11]。开发冷气流法是为了获得具有高压缩性和烧结活性以及间隙杂质原子含量低的预合金粉。将相对较粗的氩气雾化粉装入气动输送系统，加压到大约 7MPa。粉料被送入高速空气流中，在其向靶加速时通过文丘里喷嘴（Venturi nozzle）后撞击到硬质合金表面而被破碎。在机械研磨过程中，颗粒形状由球形变为不规则状。用这一方法制取的钴基粉末 X40，可在 560MPa 下冷压，在 1260℃的氢气中烧结，其密度达到理论密度的 96%。目前，用冷气流法得到的高温合金粉末的纯度仍然不高，只有全过程在惰性气氛中进行才能得到改善。冷气流法的主要优点是获得的粉末具有良好的压缩性。

3.1.2　固相烧结

通过烧结可以进一步致密化。烧结是将粉末加热到均匀一致的高温，无论是低于还是高于初熔温度，增加密度和颗粒接触面积。烧结的主要驱动力是自由能的降低，主要是表面自由能的降低。根据 Laplace（拉普拉斯）方程，固体中的表面张力或毛细力所引起的应力与表面曲率有关：

$$\sigma = \gamma(-1/\rho + 1/x) \tag{3.1}$$

式中 σ——作用于烧结颈曲面上的应力；

γ——表面张力；

ρ——烧结颈的曲率半径；

x——烧结颈半径。

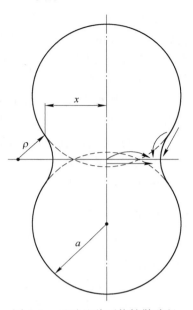

式（3.1）已被应用于固相烧结的双球模型，如图 3.1 所示。在表面张力的作用下，通过体扩散、晶界扩散或表面扩散，材料被传输到烧结颈表面。通过体扩散烧结的初始阶段可用以下方程进行描述[12]：

$$\frac{x^5}{a^2} = \frac{40\gamma\Omega D_\text{V}}{RT}t \quad \text{或} \quad \left(\frac{x}{a}\right)^5 = Kt \quad (3.2)$$

式中 a——球的半径；

D_V——体扩散系数；

Ω——原子体积；

T——温度；

t——时间。

图 3.1 显示几种可能扩散路径的双球烧结模型示意图
（材料可通过体扩散、晶界扩散或表面扩散传输到表面）

由式（3.2）得出的重要结论是，烧结速率随着温度的升高和粒度减小而增大。一般来说，直径小于 $20\mu m$ 的颗粒，即使在固相也很容易烧结，而较粗的颗粒（直径约 $100\mu m$）不能完全烧结，或者只能在存在液相的条件下进行烧结。得到了纯 Ni 以及含 Al[13]、Cr、W、Mo[14] 的镍基合金的烧结模型实验结果。其中纯 Ni 以及含 Al 的镍基合金的烧结模型实验结果如图 3.2 所

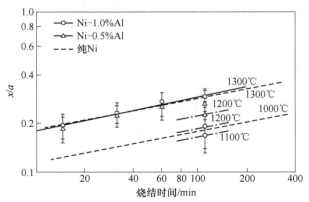

图 3.2 烧结颈半径与烧结时间的关系
（镍球状粉、镍合金球状粉烧结在镍板上）[13]

（经 Chapman and Hall 同意引用）

示。所有的有用数据表明，添加强化元素（作为固溶强化剂或促进弥散相析出）会降低烧结速率。其中部分原因是表面氧化的影响[14]，但这并不是唯一的解释，因为在银合金和镁合金中在 Nabarro-Herring 蠕变条件下也观察到了同样的现象[15]。在所有情况下，基体的扩散系数几乎不受添加强化元素的影响[16]。但也有人认为，颗粒出现在平行于应力轴的晶界上时，会降低这些晶界作为空位阱的能力，这导致了明显延缓蠕变[17]。

烧结初始阶段之后是中间阶段，在中间阶段原始颗粒已难以分辨，在聚集的粉末中孔隙通道逐渐关闭[18]。在这一阶段，通过晶粒长大，晶界间迁移成为可能。在最后阶段（不小于92%的理论密度）孔隙不再互相连通。

3.1.3 液相烧结

只有当存在不同熔化温度的两种或更多的相时，才可能进行液相烧结。液相烧结存在两种可能性：

（1）在烧结温度下的整个期间，在压坯中都存在液相。

（2）液相在压坯加热到烧结温度时形成，在烧结温度下保温过程中通过互扩散而消失。这一过程可称为瞬时液相烧结。在压坯的烧结保温后期形成的固体合金，可以是均质固体或多相合金。

在第一种情况下，可以确定三个不同的阶段：（1）液相流动或颗粒重排阶段。（2）固相溶解和再析出或调整阶段。（3）固相烧结阶段。

Huppmann 和 Riegger[19] 进行的 W-Cu 模型实验表明，前两个烧结阶段实际上是同时进行的。通常，一旦开始熔化，几秒钟内便会出现收缩。模型实验进一步表明，收缩量取决于混合的均匀性。堆积越紧密，混合越理想，收缩也就越大。在液相烧结的许多情况下，致密化都伴随着固相颗粒的长大。这是通过溶解和再析出以及合并过程实现的。压坯在烧结温度下长时间保温，在获得全致密化之前可能导致固相刚性骨架的形成。这种骨架将通过重排基本上会阻碍进一步的致密化过程。固相烧结可能进一步缓慢提高密度。由 Gessinger 等[20] 发展的部分润湿液相的致密化理论模型被认为适用于 Ni-20Cr 粉末在氢气中烧结[14]。

目前还没有明确的瞬时液相烧结动力学理论。

两种可能的液相烧结在图 3.3 中的相图中示意给出。

如果将成分为 x_1 的合金加热到温度 T_1，将形成少量的液相，该液相存在于整个烧结过程中。在此将观察到以上所述的致密化的三个阶段。

在瞬时液相烧结过程中，平均成分为 x 的混合组元粉发生烧结。在这种情况下，随着烧结温度从 T_1 升高到 T_2，成分为 x_1 和 x_2 的共晶体发生顺序熔化。一旦共晶体开始熔化，便会伴随组元 B 在熔体中溶解和金属间相 AB 的析出，发生快速致密化。同时，局部组成中的 A 组元变得更富集，从而增加了 AB 相的数量。

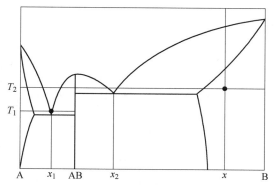

图 3.3　表示两种可能的液相烧结（液相烧结和
瞬时液相烧结[21]）的合金相图示意图

在烧结温度升高到温度 T_2 时，形成成分为 x_2 的共晶体，AB 相开始溶解。为了最有效地进行烧结过程和避免形成粗大的金属间化合物，建议将压坯快速加热到最终烧结温度 T_2。

3.1.4　高温合金实用烧结经验

表 3.1 总结了在高温合金固相烧结和液相烧结方面几位研究人员 20 年的工作成果[21~35]。

表 3.1　高温合金烧结研究的总结

合　金	烧结气氛	烧结温度/℃	烧结机制	密度 （理论密度）/%	文献
Nimonic90	真空（<0.13Pa）	1275~1305	固相	100(?)	[22]
Nimonic100		1290~1305	液相		
Rene641	真空 （1.33×10⁻²~1.33×10⁻³Pa）	1240~1320	固相+液相	97	[23]
U500		1210~1320		97.9	
Nimonic100		1240~1320		97~98	
Nimonic90		1240~1325		95	
U700	真空（1.4×10⁻²Pa）	1250~1300	固相+液相	96	[24]
IN713C		1300~1350		95	
29 实验成分	真空（<1.33×10⁻²Pa）	—	固相+液相	100(?)	[25]
N15	真空 （1.33×10⁻²~1.33×10⁻¹Pa）	1100~1305	液相	100(?)	[26]
B1900	真空（1.33×10⁻²Pa）		—	98	[8]
MAR-M200			—	100	

合　金	烧结气氛	烧结温度/℃	烧结机制	密度（理论密度）/%	文献
IN718	真空	1148~1204	—	98	[27]
U700	真空（1.33Pa）	1250~1300	固相+液相	96.2	[9]
IN713C	真空	1297	—	—	[28]
Nimonic115		1290~1325		99.3	
Nimonic80		1325~1390		99.0	
Nimonic80A		1320~1360		98.8	
Nimonic115+V	氢气	1250~1325	瞬时液相	99.0	[21]
Nimonic115+Nb		1160~1280		98.7	
Nimonic115+Ta		1280~1340		98.6	
Nimonic115+W		1280		99.0	
IN718	真空（6.7~13）×10⁻⁴Pa	1120~1275	固相+液相	99.5	[29]
Astroloy	真空	1280~1320	液相	99.5	[30]

　　镍基高温合金在真空或氢气中进行烧结。真空通常为 10^{-4} Torr（1Torr = 133.322Pa）或以下，但在某些情况下达 10^{-2} Torr（1Torr = 133.322Pa），以尽可能减少 Cr 或如 Al 和 Ti 活泼元素的挥发。在评估合适的烧结气氛（氢或真空）的比较性研究中，Hajmrle 和 Angers[31] 得出的结论是，在真空中而不是在氢气中进行烧结时，IN718 合金在烧结过程中的气体污染（O、N、H）较低。烧结 IN718 合金粉和类似的高温合金粉时，除非零件被包在吸气剂内，否则不要使用氢气，即使是非常干净的氢气。此外，在真空中烧结时，气体污染对温度的敏感性比在氢气中烧结时要低。在生坯中使用藻朊酸铵和藻朊酸钠等粉浆浇注添加剂，发现有助于减少在真空烧结过程中的氧气污染。Kieffer 等[21] 在干燥氢气中进行了液相烧结实验，据报道仍然存在粉末脱氧的问题[32]。

　　粉末压坯的烧结行为通常用密度与烧结温度或时间的关系来描述。图 3.4 给出了 IN718 合金的这种烧结曲线[33]。可以看出，只要使用的烧结温度足够高，在真空烧结中几乎可以达到理论密度。

　　图 3.5 总结了几位作者获得的几种合金的烧结曲线。曲线典型特征是 "S" 形，这引起了对液相作用的不同解释。必须牢记，利用金相法无法确定在烧结过程中是否存在液相。然而，在烧结过程中存在液相是有间接和直接证据的，可以概括如下：

　　（1）根据密度—温度曲线的斜率变化（见图 3.4）或利用差热分析法测定的结果[34]，得出液相影响烧结速率的温度间隔为 90~120℃[23,33]。

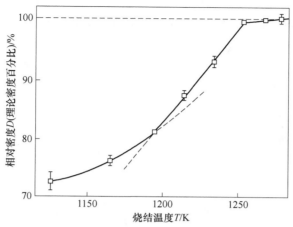

图 3.4 IN718 合金的真空烧结曲线[33]

（2）当形成连续晶界膜（大约在宏观熔化温度以下 25℃）时，在低应力（0.14MPa）下发生断裂[23]。甚至在 0.14MPa 发生断裂的温度以下很有可能形成不连续的液相，该温度与图 3.5 曲线中开始发生快速致密化时的温度是一致的。

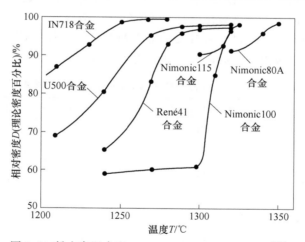

图 3.5 粉末高温合金 U500、René41、Nimonic100[23]、
Nimonic80 A、Nimonic115[21]、IN718[33] 的烧结曲线

因此，从所有报道的关于高温合金的烧结研究可以确定，在固相烧结的初始阶段之后是较高的温度下的快速致密化液相烧结阶段。

图 3.5 进一步表明，合金元素含量越高，共晶温度越低，因此，烧结温度也越低。通常，不论合金化体系如何（对于任何成分的合金），晶粒尺寸随着温度的升高而增大，这说明晶粒长大是受扩散控制的。图 3.6 显示了 IN718 合金在烧

结过程中晶粒长大行为[35]。得到的最大晶粒直径约为 120μm，这仍然比在类似条件下退火的变形材料的晶粒尺寸小得多（约 270μm）。

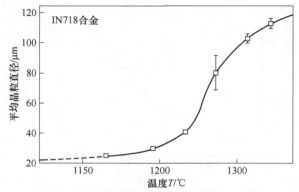

图 3.6   IN718 合金在烧结过程中的等温晶粒长大[35]

大多数的烧结研究表明，在真空烧结过程中污染不是太严重，但是应当注意到，在这些研究工作中所用的大多数原始粉末的含氧量都相当高。表 3.2 列出了原始粉末中和经真空烧结后压坯中氧、氢和氮的含量。表中的数据表明，粉末中气体含量的增加最大，这是雾化过程中被氧气污染造成的。显然，这里所报告的氧含量比粉末高温合金中目前可接受的氧含量高得多。如果使用更清洁的粉末，发现真空烧结后污染程度相对较大的增加就不足为奇了。

表 3.2   IN718 合金粉末真空烧结前后的气体分析结果[31]

气体	原料中/×10⁻⁶	粉末中/×10⁻⁶	真空烧结的压坯中（-325 目/-45μm）/×10⁻⁶
O_2	14	750	519
H_2	1.5	8	约 2.0
N_2	8	11	16.9

3.2   热固结技术

传统粉末冶金技术通常不用于高温合金粉末。如果颗粒具有不规则的形状，例如用冷气流法得到的粉末，粉末冷压成预成形坯是有可能的。相反地，高温合金粉末固有的不可压缩性严重地限制了冷压制成形[6]。此外，高温合金粉末不易烧结，因为铝、铬、钛等的存在，在烧结温度下会发生氧化，降低烧结驱动力。由于大多数制粉方法得到的粉末颗粒比较粗大（降低烧结活性），因此，需要采用在高温度下加压的其他的粉末固结技术。

热固结技术方法如下：

（1）热压，包括电火花烧结。

（2）热等静压及相关工艺。

（3）粉末热锻。

（4）热挤压。

3.2.1 热压

3.2.1.1 真空热压

真空热压已成功地应用于压制高温合金粉末[36]。石墨是首选的热压模具材料，可内衬难熔金属箔作为防止石墨与粉末发生反应的屏障。还有一种更好的方法是在用 TZM 合金（含钛和锆的钼基合金）制作的压模中进行热压。TZM 是一种不与高温合金粉末发生反应的钼基合金，可承受比石墨更高的压力（与石墨的 35MPa 相比，TZM 为 600MPa）。可通过一个或两个与压模相同的材料制成的模冲施加压力。由于施加的压力是准等静压，至少应达到与通常热等静压相同的压力条件，才能得到同等的密度和力学性能。虽然真空热压可能是实验室中粉末高温合金最廉价最快捷的固结方法，但由于工装成本高以及热等静压技术的快速发展，该工艺从未得到商业应用。

真空热压的一个很大的缺点是石墨模具的强度低，限制了可以利用这一方法制作的零件数量。如果在真空下粉末填充模具、粉末压坯表面附近的润滑剂污染以及从热压模中可重复取出零件等问题得到解决，使用 TZM 模具真空热压复杂形状部件可以成为热等静压和等温锻造的一种极具吸引力的替代工艺。

3.2.1.2 电火花烧结

电火花烧结一直以来主要是用于热压铍粉，但也曾应用于高温合金粉末[37]。松散粉末在圆筒模中压制，借助于低压高电流强度的电流，通过作为电极的两个石墨模冲之间的粉末，被快速加热。由于模具材料的强度低，不可能始终得到全密度。形成的显微组织应该与其他热压方法得到的相同。

3.2.2 热等静压

热等静压是在高温下通过气体介质向包套中的粉末施加等静压力。热等静压作为一种成形技术，是在巴特尔纪念研究所（Battelle Memorial Institute Columbus，Ohio，美国）从应用于反应堆部件的扩散连接中演变而来的。热等静压机的主要特点及其应用已由几位作者进行了综述[38~42]。图 3.7 和图 3.8 给出了热等静压机的两种主要设计方案。现在通常的做法是将加热器放在承压筒体内。这种被称为"冷壁高压釜"的结构需要大型的承压筒体，而且还需要将高温高压承受能力与快速装炉和出炉相结合。主要的问题和不同的设计特点在于承压筒体的端塞和承压筒体内的热气体对流。端塞由高压釜内的螺纹或外部框架固定。在过去的 15 年间，热等静压机的尺寸以及承温和承压能力得到了快速的提高。同时，这种设备得到推广使用，热等静压已经成为发展最快的新技术之一。用于高温合金粉末压制的最大设备具有以下尺寸和规格：内径 1.235m，承压筒体的高度 2.5m，压力 100MPa，温度 1250℃。

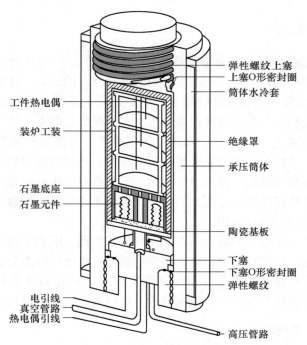

图 3.7　弹性螺纹式热等静压机结构示意图

热等静压机通常集成在一套完整的生产线上。包套在单独的炉内进行预热，而热等静压承压筒体则在压制循环之间保持热状态。抗氧化加热器所能保持的温度可高达约 1250℃。在工业生产中实施顶部或底部装炉。底部装炉的优点是热氩气被封闭在承压筒体内。热等静压机典型的生产循环时间是 3~8h。热等静压已经用于生产简单几何形状的预成形坯，如用于随后热变形的圆柱体，以及用于生产净形或近净形制件。

3.2.2.1　包套方法（containerization methods）

粉末冶金生产需考虑到不同形状和尺寸的零件，如 René95 粉末高温合金涡轮发动机部件的分类，如图 3.9 所示[43]。每一形状系列的零件需要采用不同的成形技术。形状再现受到包套结构、包套材料及高压釜加压和加热循环的影响。

有若干种包套制造方法，每种方法都有基于应用的一定优点和问题。

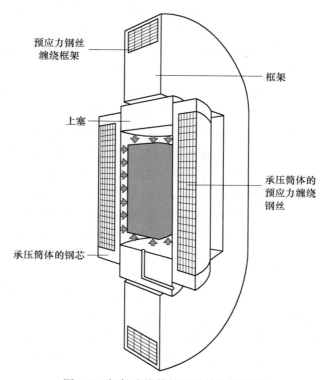

图 3.8 框架式热等静压机结构示意图

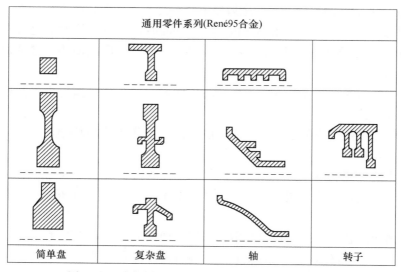

图 3.9 不同形状系列的 René95 粉末高温合金涡轮
发动机部件（每个都需要采用不同的成形技术）[43]

（1）金属板材包套。金属板是目前热等静压包套使用最广泛的材料。包套材料通常是低碳钢或不锈钢。金属板通过不同的加工方法成形，如旋压或超塑性成形，得到所需要的制件轮廓。考虑到包套在压制成形过程中的收缩，包套尺寸需要留出适当的余量。往包套中填充粉末，在 $300 \sim 500 \, ^{\circ}\mathrm{C}$ 温度和 $10^{-2} \sim 10^{-3} \mathrm{Torr}$（$1\mathrm{Torr} = 133.322\mathrm{Pa}$）真空的条件下进行抽真空，然后密封。密封前对每个包套都必须认真地进行泄漏检测，例如，利用氦气检漏仪对所有焊缝进行检测。这一做法是必需的，并在批量生产中实施。未完全解吸的氩气对高温塑性和韧性等力学性能存在有害的影响。即使少量的残留氩气也会导致压制成形后出现充气孔隙。高温热处理因这些封闭孔隙内部压力逐渐增大，引起这些孔隙膨胀。这种所谓的热诱导孔洞（thermally induced porosity，TIP）已成为高温合金热等静压的主要问题之一。在成形温度和压力下包套发生塑性变形，并将粉末压缩成一个均质全致密的各向同性成品。压制成形后的金属包套可用机械加工或化学铣削方法去除。

（2）玻璃包套。美国凯尔西-海因斯公司[44,45]依靠使用在热等静压温度下软化的玻璃，开发了这种技术。Vycar 型玻璃是高温合金合适的包套材料。壁厚为几毫米的包套由磨砂玻璃粉浆浇注成合适的形状，浆料烘干后，通过焙烧使粉末致密化。将包套抽空，填充粉末和脱气，包套密封后放入单独的炉内预热。热等静压后，由于热膨胀系数的差异，在冷却过程中玻璃包套将破碎，从金属零件上剥离。

（3）陶瓷包套。这是玻璃包套进一步的发展阶段。玻璃包套存在固有的缺点是，在高温下不能承受过重的金属粉末，容易造成包套形状发生扭曲。陶瓷包套能提供复杂的成形能力。由坩埚公司（Crucible，美国）研发的这种热等静压工艺类似于精密铸造的"失蜡"法[46]。这一工艺已被广泛使用，包括以下工序（见图 3.10）：

1）用机械加工法（或在大量生产时用注射成形法）制造符合经过收缩系数修正的零件最终形状的蜡模。

2）经过在陶瓷粉浆中多次浸渍和烘干，在蜡模上制成陶瓷模。

3）加热除蜡。

4）陶瓷模烧制后获得坚硬的，但仍有多孔的内表面。

5）将陶瓷模（陶瓷包套）放入较大的钢包套内，随后填充 Al_2O_3 粗粉，作为传压介质。

6）将金属粉填充到陶瓷包套中，采用振动技术提高散装密度。

7）脱气。先冷脱气，之后热脱气，最后密封包套。

8）热等静压。在热等静压过程中，外部的金属包套，而不是陶瓷型壳，将承受高压釜的气体压力。然后通过介质将压力传输到陶瓷型壳。已经对这一方法进行过广泛的探索，获得了非常复杂的形状，如图 3.11 所示的高温合金和钛合金零件。

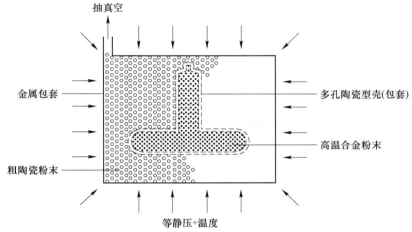

图 3.10　使用陶瓷包套的热等静压原理[46]

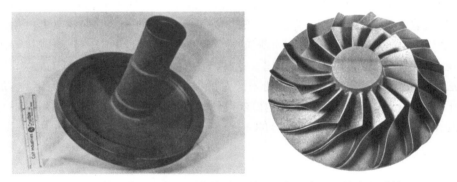

图 3.11　使用陶瓷包套用热等静压法制造的高温合金和钛合金零件

（4）固体金属模。固体金属模法利用前面所述的气密金属包套[43]，但在包套内安置模具组件（固体嵌入物），但模具组件不能在热等静压温度下变形，如图 3.12 所示。粉末压制成形后去除包套和固体嵌入物。

3.2.3　其他相关的成形技术

3.2.3.1　大气压固结

环球独眼巨人公司所使用的大气压固结（consolidation by atmospheric pressure，CAP®），本质上是一种在复杂形状玻璃包套表面上施加以辅助的很小的压力（0.1MPa，与正常热等静压的 100MPa 相比）的真空烧结[47~50]。为了增

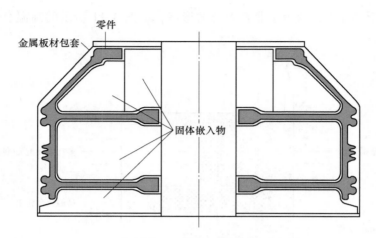

图 3.12　使用固体金属模的热等静压示意图[43]

强烧结，使用细粉（-60~-150 目，-250~-106μm），通过使用少量的硼酸使粉末颗粒表面活化。在烧结保温过程中，玻璃包套发生软化，大气和真空（外部和内部）的压力差使包套向内收缩，压缩粉末成形。大气等静压产生与原玻璃模（玻璃包套）形状相同的预成形坯，密度为理论密度的 98%~99% 以上。粉末冶金大气压固结（PM CAP）预成形坯的最终固结可以通过锻造、轧制或热等静压实现。显然，与标准热等静压相比，这种方法的主要目的是降低成形成本。这种方法已应用于大多数的高温合金粉末。总的结果表明，在用大气压固结+热加工小于 60 目（250μm）René95 合金粉末得到的控制组织的压坯中，缺陷容限水平大约是热等静压固结 René95 合金的 4 倍[51]。

3.2.3.2　流动模工艺

流动模工艺是由凯尔西-海因斯公司于 1976 年开发的另一种成形工艺[52]。该方法不需要用昂贵的热等静压机进行固结。技术原理如图 3.13 所示。"流动模"基本上都有一个被大量全致密且不可压缩的材料所围绕的空腔。"流动模"的质量比轧制的薄壁包套大得多，因此，在填充和密封过程中能够承受更大的振动，确保完全填充和均匀的振实密度。在成形温度下，外部材料发生软化（实际上变成流体），压力施加到整个外表面上（见图 3.14），并传递到粉末，直至全致密化。虽然在热等静压机高压釜中进行压制是可能的，但流动模工艺的真正优势在于通过常规模锻实现固结是可能的。使用高于热等静压固结 6~10 倍压头压力，在不到 1s 的时间内实现完全固结。

自 1979 年初以来，已经使用了可回收的 Ni-Cu 合金流动模[53]。由于镍和铜形成了连续固溶体，因此可以通过调整这些金属模的熔化温度和工作温度范围来

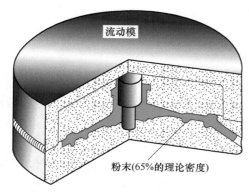

图 3.13　流动模压制工装示意图[52]

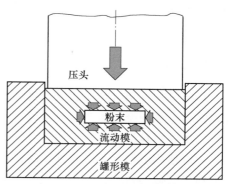

图 3.14　利用常规模锻技术固结
流动模中的粉末[52]

压制合金粉末。据说，至少有 90% 的模具材料可回收用于生产另一种模具。在较低的温度（与热等静压的 1150℃ 相比，大约为 1000℃）下，较短的时间和较高的压力有可能获得全致密的压坯，其具有细小晶粒和粉末的原始显微组织变化最小的特性。因此，这种技术被认为对快速凝固粉末的固结是特别有用的。现已生产了 LC Astroloy、René95 和 MERL76 合金各种部件。迄今为止，这项技术主要是用来生产热等静压固结的 Stellite21 合金植入物，以替代以前精密铸造的植入物[54]。

3.2.4　粉末热锻

如果对制件形状精度要求不太高，可以将金属粉末装在钢包套内直接热锻。这一方法已被应用于高温合金粉末，但是还没有进行过系统地研究。Gessinger 和 Cooper[55] 将这项技术应用于旋转电极法生产的不锈钢球状粗粉。图 3.15 给出了

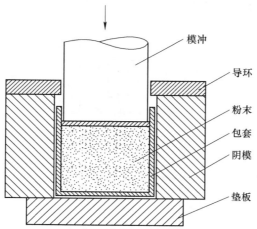

图 3.15　防止包套翘曲的粉末直接热锻模具示意图[55,56]

Loewenstein[56]首先提出的一种专用模具结构，可以防止包套翘曲，保证包套的均匀填充。

3.2.5　挤压

挤压是一种结合热压和压力加工技术制备全致密变形材料的工艺。特别是，在热挤压过程中摩擦力产生分切应力，引起颗粒间的剪切和原始粉末颗粒边界的破碎，增强颗粒间结合。大的静液分应力可确保实现全致密化。

可以使用装粉包套以及预压的预成形坯或致密的预成形坯进行挤压。包套内填充粉末到振实密度，不预先压制，这种挤压被称为粉末直接挤压。包套的一个端盖上装有抽气管，使粉末可以在室温和高温（约 300~500℃）下脱气，包套密封后进行挤压加热。这就有效地消除了合金在热挤压过程中的大气污染。脱气后，包套作为挤压坯料被直接挤压成要求的形状，或在模具内被压成全致密的压坯，随后再挤压或锻造成要求的形状。这一方法如图 3.16 所示。固结后，用机械或化学方法去除包套，然后作为常规坯料进行处理，以便之后通过常规加工技术成形。

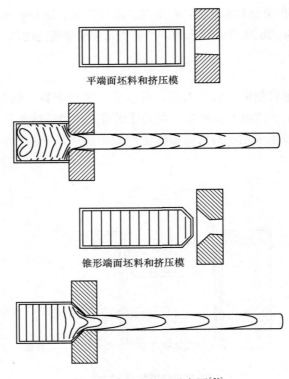

平端面坯料和挤压模

锥形端面坯料和挤压模

图 3.16　粉末挤压示意图[56]

　　Bufferd[57]已对包套挤压产生的各种缺陷进行了综述，建议采用部分穿透的挤压杆对填充较差的包套进行挤压，使用与高温合金粉末有类似变形特性的不锈钢包套。

　　大量的镍基和钴基高温合金粉末已成功地被挤压成全致密的棒材。控制高温合金粉末挤压最重要的条件是了解挤压参数（温度、挤压比、流变应力和挤压速率）与所产生的显微组织之间的相互关系。每种合金的挤压参数各不相同，但没有做过系统的基础探究。一直以来，主要强调的是得到全致密的制件。挤压温度在 1000~1200℃之间，挤压比从 4∶1 到 15∶1。温度过低或挤压比过小，不能达到全致密化。在这两种情况下，与合金的屈服强度相比，成形应力不足够大以达到实现全密度。挤压过程中不全致密化的例子如图 3.17 所示（IN713LC 合金粉末在 γ′相固溶温度以下挤压，挤压比为 7∶1)[58]。

图 3.17　IN713LC 合金粉末在 γ′相固溶温度以下挤压，
挤压比 7∶1，由不全致密化形成的挤压缺陷[58]

　　采用"填充坯料"技术可以实现高达 25∶1 的挤压比[59]。这种技术可以用来制造复杂几何形状的实心型材和空心型材，如图 3.18 所示。在圆形挤压坯料内填充尺寸放大的所要求的型材，用圆形坯料通过挤压制造型材，型材外部（或外部和内部）被如低碳钢消耗材料或"填料"材料所包围。然后，填充坯料通过圆锥形挤压模被挤压成圆棒，圆棒内部包含所要求的型材。再通过化学或机械方法去除填料。这项技术已应用于 IN718、Waspaloy 和 René41 等粉末高温合金。现已达到了横截面形状尺寸为 6.35~0.76mm、薄截面的尺寸公差为±0.254mm。

　　由于挤压态棒材的显微组织通常是细晶组织，需要随后进行热处理，使晶粒长大，以改善高温蠕变性能。挤压棒材可进行锻造、热轧等进一步加工。

　　挤压固结的优点是不需要额外的设备投资，可利用现有的挤压机和加热炉。

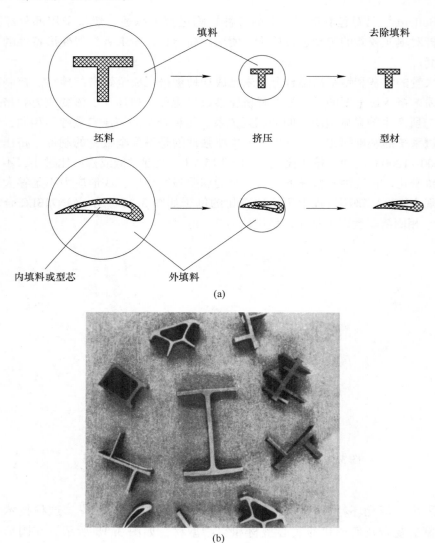

图3.18 利用"填充坯料"技术得到的复杂形状型材

(a) 工艺流程图;(b) 生产的型材[59]

(经 Metals Engineering Quarterly 同意引用)

这一工艺也能产生很高的生产率。美国最大的挤压机是由卡梅隆铁厂(Cameron Iron Works,美国)运行的,挤出的高温合金挤压坯料重达 450~590kg。

挤压固结的局限性在于其本质上属于初级加工,因此,需要二次加工,因而增加成品制件的成本。对于多数合金,为了提高产品质量认为这种额外的成本是合理的。

3.3 粉末热固结理论

在如惰性气体雾化高温合金粗粉热变形过程中，有几个重要的技术目标：

（1）消除孔隙。

（2）对粉末压坯最终形状的预测（对于热等静压加工特别重要）。

（3）考虑将粉末热变形作为微尺度上的热机械加工手段。

现已开发出的力学模型可以对孔隙和最终形状进行相当不错的预测。

3.3.1 热等静压的基本理论

金属粉末的热等静压是一个复杂过程。在这一过程中，通过施加温度和压力将金属粉末颗粒的松散体压制为一个致密体。热等静压过程从微观组织上可以用以下几个状态进行描述[60]：

（1）颗粒重排、碎化和塑性流动。

（2）连通的网状开口孔隙转变为孤立的孔隙。

（3）孤立孔隙的球形化。

（4）球形孔隙的闭合。

这些阶段的驱动力是表面张力和施加的外部压力，外部压力通常远远大于表面张力。根据压力和温度，发展了不同的致密化机制。

描述热压的最简单模型由通过一个接触区连接的两个球形颗粒组成，如图3.1所示。外部压力 P 通过接触面传递，此时在接触面上产生一种有效应力。知道了有效应力值，可以足够精确模拟接触面附近的变形和金属向孔隙表面的流动速率。金属的流动导致致密化。只要在整个致密化过程中保持球形颗粒预定的堆积顺序，原则上双球模型是适用的。固定的堆积顺序的这一方法已应用于扩散控制的致密化机制的 Coble[61] 热压模型。对于更高压力导致的与时间无关的塑性变形和幂律蠕变，Cassentis[62] 已发展了一种用于金属粉末压制的弹塑性蠕变的本构定律。该模型导致了初始压制阶段和孔隙闭合最终阶段的两个独立的解决方案。为了克服两个模型的物理不一致性，找到了一种在两个独立的致密化曲线之间内插的合并解决方案。

Gilman[63] 认识到粉末堆积几何模拟的困难和粉末颗粒接触配位数的变化，通过实验方法确定了有效横截面积 $A_{有效}$ 和有效应力。有效横截面积与含孔隙的粉末压坯和致密粉末压坯的室温屈服强度之比存在简单的关系。在致密化过程中，有效横截面积增大，有效应力减小。实验建立的 $A_{有效}/A_0$ 与相对密度 D 的关系（A_0 是全致密压坯的横截面积）隐含着颗粒重排和新颗粒接触形成的影响，如图3.19所示。知道了有效应力值，就可以确定 Ti6Al4V 粉末致密化速率规律[64]，这些规律同样适用于高温合金粉末。

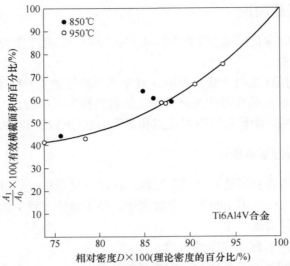

图 3.19 热压过程中有效横截面积 $A_{有效}$ 与相对密度 D

的关系（A_0 是全致密化压坯的横截面积）[64]

Fischmeister[5]进一步提高了模型的复杂度，通过实验测量了增大后的每个颗粒接触数 Z，Z 为密度 D 的函数，对于 $0.64 < D < 0.9$，得到关系式：

$$Z = Z_0 + C[(D/D_0)^{1/3} - 1] \tag{3.3}$$

式中，$Z_0 = 7.3$ 是每个颗粒的初始接触数，对于随机密堆 $C = 15.5$。利用式（3.3）可以确定单个接触的平均面积 A 和颗粒接触面上的有效压力 $p_{有效}$：

$$AZ = a^2 \frac{D - D_0}{D}[160(D - D_0)^2 + 16] \tag{3.4}$$

$$p_{有效} = \frac{4\pi a^2 p}{AZD} + p_s - p_i \tag{3.5}$$

式中

$$p_s = \gamma\left(\frac{1}{\rho} - \frac{1}{x}\right); \quad \rho = \frac{x^2}{2(a - x)}$$

和

$$p_i = p_0 \frac{1 - D_c}{1 - D} \frac{D}{D_c} \tag{3.6}$$

式中　p_s——由表面张力产生的驱动力；

p_i——残留封闭孔隙中的气体压力（p_0 是脱气压力）。

Arzt 等[60]确定了几个速率定律中的有效压力和致密化之间的关系，这些速率定律由以下运行机制决定：

（1）低应力下扩散蠕变引起的变形。

（2）较高应力下幂律蠕变引起的变形。

（3）在高于屈服应力的应力下与时间无关的塑性流动引起的变形。

在致密化的最后阶段（$D > 0.90$），压坯被模拟为含有球形孔隙的均质固体，该类孔隙尺寸相同，仍保留在十四面体颗粒的每个顶点处[61]。那么，致密化过程中的有效压力则为：

$$p_{\text{有效}} = p + 2\gamma/r - p_{\text{i}} \tag{3.7}$$

式中，r 为孔隙半径。

3.3.1.1 致密化机制[60]

A 扩散致密化

有效应力很低时，表面张力是重要的，通过体扩散的 Nabarro-Herring 蠕变或晶界扩散的 Coble 蠕变发生致密化。在这两种情况下，材料将从接触区传输到接触烧结颈表面。这种机制是细粉无压烧结的主要机制之一。在使用细粉（直径约 $20\mu m$）和高温下这种机制是有效的。在致密化初始阶段，致密化速率 $\dot{D}$ 为：

$$\dot{D} = \frac{12D^2}{D_0 a^3 g(D)} \frac{\delta D_{\text{b}} + r D_{\text{v}}}{kT} \Omega Z p_{\text{有效}} \tag{3.8}$$

式中，$g(D)$ 是一个纯几何项（仅由几何参数确定）。

在致密化最后阶段，物质沿晶界传输到晶界交叉处（近似于原始接触面）球形孔隙的表面上。那么，致密化速率为：

$$\dot{D} = 54 \frac{\Omega \delta D_{\text{b}}}{kTa^3} \frac{1 - (1-D)^{2/3}}{3(1-D)^{2/3} - [1 + (1-D)^{2/3}]\ln(1-D) - 3} p_{\text{有效}} \tag{3.9}$$

B 幂律蠕变致密化

随着压力的增加，致密化受幂律蠕变速率控制。在致密化初始阶段，致密化速率为：

$$\dot{D} = 5.3(D^2 D_0)^{1/3} \frac{x}{a} \dot{\varepsilon}_0 \left(\frac{p_{\text{eff}}}{3\sigma_0}\right)^n \tag{3.10}$$

式中，$\dot{\varepsilon}_0$ 和 σ_0 为幂律蠕变参数。

在致密化最后阶段，致密化由以下定律确定：

$$\dot{D} = \frac{3}{2}\dot{\varepsilon}_0 \frac{D(1-D)}{[1 - (1-D)^{1/n}]^n} \left(\frac{3}{2n} \frac{p_{\text{有效}}}{\sigma_0}\right) \tag{3.11}$$

C 与时间无关的塑性流动致密化

当压力很高，在压坯中足以引起塑性流动时，致密化变得不再依赖于时间（瞬时的）。接触面积继续增大，直到尺寸达到应力不再超过屈服应力 σ_{y} 为止。在致密化初始阶段，屈服的开始可以由以下屈服准则定义：

$$p_0 = \frac{3\sigma_{\text{y}}}{4\pi a^2} AZD \quad (D < 0.9 \text{ 时}) \tag{3.12}$$

式中，AZ 由式（3.4）给出。

在正常的热等静压条件下，在致密化最后阶段发生塑性流动是不太可能的。基于 Torre 模型[65]，屈服准则为：

$$p_0 = \frac{2\sigma_y}{3}\ln\left(\frac{1}{1-D}\right) \quad (D > 0.9 \text{ 时}) \tag{3.13}$$

3.3.1.2 致密化图

基于类似的蠕变变形图[66]，Arzt 等[60]提出了在致密化过程中用图表示主导变形机制的一种便捷方法。这种图划分出了只有一种机制起作用的指定区域。这样一个区域通过一条曲线与另一区域隔离开，在该曲线上两种机制的变形速率是相同的。图 3.20～图 3.22 为粉末高温合金的三种致密化图。

图 3.20 给出了轴密度 D 与约比温度 T/T_M 的关系，外部压力为恒定值。

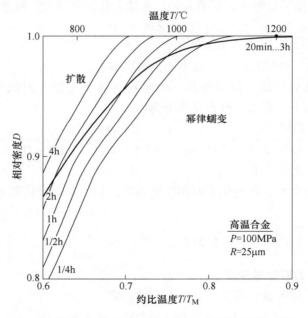

图 3.20 粉末高温合金的致密化图，表示在恒定外部
压力下相对密度 D 与约比温度 T/T_M 的关系[60]

图 3.21 是在给定温度下密度 D 和归一化压力 p/σ_y 作为变量的图。

图 3.22 是压力—温度图，表示在 1h 内达到 99%理论密度所需的压力和温度的组合。可见，压力较高，可能热等静压温度较低，反之亦然。此外，细粉可以降低达到给定密度所需的压制压力。

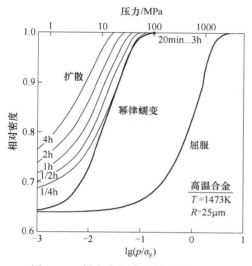

图 3.21　粉末高温合金的致密化图，表示在恒定温度下相对密度 D 与归一化压力 p/σ_y 的关系[60]

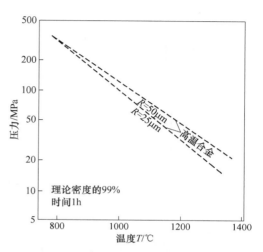

图 3.22　粉末高温合金的致密化图，表示在 1h 内得到 99% 理论密度所需的压力和温度的组合[60]

3.3.1.3　借助 Cassenti 模型预测最终形状[62]

在理想情况下，在热等静压过程中应当得到一个原始形状的缩小版，即所有测量值按比例变化。实际上，最终形状总是有一定程度的扭曲。影响热等静压扭曲的因素很多。有一些是由热等静压过程中各步骤执行不完善引起的，如包套填充不均匀、包套材料中存在薄弱点以及包套脱气不完全。尽管考虑到所有这些瑕疵几乎是不可能的，但是基于完善的制造工艺以及考虑到热等静压工艺固有的扭曲，利用有限元方法成功地进行了分析。

要预测金属粉末在热等静压过程中的力学响应，必须知道在热等静压过程中金属的力学性能。对 MERL76 粉末压坯在热等静压循环各个阶段的力学性能进行了测试，获得的数据应呈现出粉末在各个阶段的压力—温度历史。

在有限元模拟分析中，可以模拟轴对称几何形状和包套材料。三种类型的载荷具有重要的影响：重力、外部施加的不断增大的压力场和压坯内部温度变化所产生的温度载荷。图 3.23 给出了 F100 发动机第十一级压气机盘的有限元模型。图 3.24 显示出热等静压后位移被放大的位移后的形状。在分析过程中，在中心单元 34% 的初始孔隙率减小到 19.4%，而单元 1，即一个外部单元，孔隙率为 31.5%。对于这种特殊的形状，有限元分析预测了几何形状的变化，该结果与实验相吻合：内孔半径的增大和外径的减小，轴向收缩大于径向收缩。

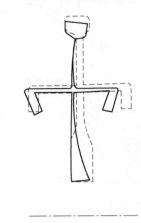

---- 原始形状
——— 被放大的变形后形状

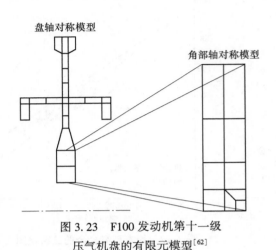

图 3.23 F100 发动机第十一级
压气机盘的有限元模型[62]

图 3.24 位移被放大的有限元
模型位移后的形状[62]

一种特殊的情况是有横向约束的单轴向热压。这一过程的理论解释与热等静压的原理相同。复杂因素在于由模壁摩擦造成的应力状态不同，从而限制了可压制成全密度坯料的最大长度。与热等静压相比，模壁摩擦效应减少了有效的压制压力。

3.3.2 热锻过程中多孔材料的流动

对无烧结、预烧结或烧结的粉末预成形坯进行锻造的热致密化，伴随着明显的形状变化。该热致密化已经是一种在铁基粉末冶金中商业使用的技术。这种锻造工艺路线与高温合金预成形坯之间最明显的差别在于，对于粉末高温合金预成形坯锻造，粉末必须借助于封装、在真空或惰性气体中处理，或使用足够致密的预成形坯，来防止氧化。除了这些技术上的限制外，多孔高温合金预成形坯的实际流动受到与其他粉末冶金材料相同定律的控制。Huppmann 和 Hirschvogel[67] 给出了多孔材料的流动理论的最好且最完整的评论，关于具体细节读者可以参阅。

因此，我们将仅限于讨论以下问题：不同于流体静力的应力的影响以及致密化和变形的影响，孔隙对流变应力的影响。

与涡轮工作叶片锻造相关的一个例子是高温下多孔预成形坯平面应变镦粗的情况[68]。提出的多孔材料屈服准则和实验证据都已证明[69]，纯剪切应力不产生。相反，体积变化只能由各向同性应力引起。如图 3.25 所示，对于烧结铁粉预成形坯的热锻，当接近理论密度时，致密化的增量会逐渐变小[68]。图 3.25 还表明，期望仅通过单独镦粗达到全密度是不切实际的。等静分应力可通过使用闭式模锻的模具来增加，它仅决定致密化。

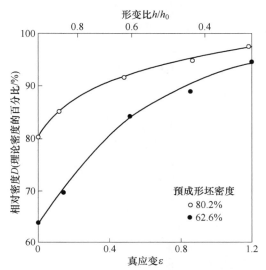

图 3.25 烧结铁粉预成形坯在热锻过程中的致密化[68]

（经 the Metals Society 同意引用）

针对致密化和变形的相对影响，对其进行最佳描述的参数是镦粗试验中的横向扩展。对于平面应变变形的全致密材料，高度减小导致宽度等量增加，以满足恒定体积的条件。对于经受相同类型轴向应变的多孔材料，在变形过程中体积减小，宽度的增加小于高度的减小。

从定性角度来说，孔隙对流变应力的影响，即在锻造的初始阶段，多孔材料的锻造压力大大低于全致密材料。试图从不同的孔隙模型中得出这种从属性的解析表达式，成功的几率有限，因为诸如粒度和粒度分布等参数，与颗粒和孔隙形状一样，都必须考虑在内。因此，实际上应力—应变关系必须通过实验来确定。

热锻钢粉预成形坯的实践经验进一步证明，为了促进贯穿颗粒表面的联结，破开氧化膜以及最终使用较低的初始流变应力，初始锻造应该允许出现一些横向流动。横向流动量受到在预成形坯外层由拉伸应力集中造成的裂纹扩展的限制。基于不应超过临界横向应变和临界轴向应变的概念，Kuhn 和 Downey[70] 提出了设计预成形坯的实用准则。

3.4 全致密预成形坯的锻造

锻造通常作为挤压或热等静压棒料的成形操作。高温合金成功地进行热加工的温度范围较小，与其成分有关。随着 γ' 相体积分数从低到高，镍基合金的热加工范围逐渐减小，如图 3.26 所示。在大多数的锻造操作中，热加工的温度范围，一方面由初熔温度决定，另一方面由 γ' 相固溶温度决定。随着 γ' 相体积分数的增加，初熔温度降低，γ′ 相的固溶温度升高。此外，再结晶发生在较高温度下，γ′ 相体积分数较大，则会降低塑性。可用的热加工范围可以低至 10℃。另外的困难是由以下因素造成的坯料的温度变化：在锻造过程中绝热加热，特别是在较高的应变速率下的绝热加热，以及由温度较低的模具造成的工件冷却。

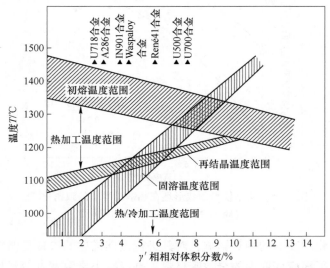

图 3.26　各种镍基高温合金的热加工温度范围与 γ′ 相体积分数的关系

高温合金的锻造基本上有两种可能的方法：

（1）高应变速率变形，使工件和模具之间的接触时间较短。可以采用低模具温度，但必须有较高的锻造压力，因此需使用大型锻压机（锤锻机或液压机）。

（2）在加热的模具中低应变速率变形，以便最大限度地减少从工件向模具传热。为了实现高温合金热加工的最佳解决方案，必须始终考虑整个锻造系统，包括与显微组织、温度、应变和应变速率有关的工件的塑性流动特性，取决于成分、温度和接触应力的模具材料的性能，由摩擦系数和导热系数确定的工件与模具之间润滑剂的特性，锻造设备，锻件的显微组织及相关的力学性能（见第 4 章热机械加工原理）。

所有相关的工艺参数都可在热加工性试验中确定。有许多这样的试验可以用来建立热加工范围以及测量热加工范围内的塑性和强度[71]。比较常见的热加工性试验包括压缩、扭转、拉伸和 Gleeble 试验。压缩试验可以最精确地模拟锻造操作，但不能给出材料塑性的直接信息。在扭转试验中，试样的一端保持刚性固定，另一端被旋转，直至断裂。抗扭强度用扭矩表示，用断后扭角或转数表示塑性。在用于模拟焊接和金属变形条件的 Gleeble 试验中，试样按加热循环程序用电阻加热，然后进行拉伸。这种方法的缺点是只能覆盖有限的变形应变范围。

由于压制成形的粉末高温合金固有的细晶,在这些合金中可以得到高热塑性。随着应变速率的降低,热塑性可以进一步提高。在一定条件下,材料甚至可以实现超塑性。为了适应低应变速率的要求,发展了诸如等温锻造、超塑性锻造和热模锻造等几种全新的锻造技术。图 3.27 给出了高温合金常规的和新颖的锻造技术的温度和接触时间的范围[72]。

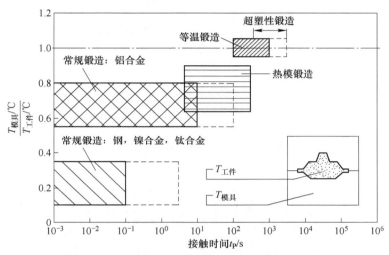

图 3.27 模具和工件的温度以及常规锻造、热模锻造和等温锻造所产生的接触时间范围[72]

3.4.1 热模锻造

合适的加工技术的选择取决于技术和经济两个因素。要获得相同的最终产品,可以(且已经)采取几种可能的工艺路线。粉末高温合金的锻造工艺主要有三种:

(1)使用相对较冷模具的常规热锻。

(2)模具温度比工件温度低 200~400℃ 的热模锻造。

(3)模具和工件温度相同的等温锻造。

目前航空发动机涡轮盘的锻件外形被规定为声波检测轮廓,但锻件的重量仍然远远超过了低应变速率锻造加工能力所应有的重量,这就意味着去除受检锻件上多余的金属需要更高的坯料成本和加工成本。如果可以开发出合适的声波检测技术,那么超塑性净成形就可以用来制造非常复杂形状的制件。图 3.28 明显地说明这个情况,所展示的整体涡轮叶盘(integrally bladed turbine disk)锻件几乎不需要机械加工。

自从普惠公司发明挤压+超塑性等温锻造工艺(Gatorizing process)[36,73~75]以来,在全世界已安装了许多带加热模具的实验室规模和生产规模的压机。

图 3.28　拼合模等温锻造的整体涡轮叶盘
（经 Pratt & Whitney Aircraft Corp. 同意引用）

　　图 3.29 给出了使用 TZM 合金模具的等温锻造液压机。为了更加清晰可见，围绕整套模具（模架）的真空室已经取下。预成形坯可单独加热，但必须通过

图 3.29　利用 TZM 模具的等温锻造液压机照片（围绕成套模具的真空室已打开）
（经 Pratt & Whitney Aircraft Corp. 同意引用）

真空锁系统将其放入模腔，需要利用真空或惰性气体保护钼模具材料，防止其氧化。通过低频感应加热模具，可以使整个模具得到最佳的温度分布。为了防止向压机散热，使用了所谓的模套，即一套由镍基合金和低导热系数耐热钢组成的盘，将使温度从1100℃逐渐降低到接近室温。整体涡轮叶盘锻造TZM模具装配如图3.30所示。

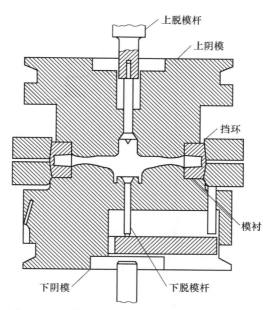

图3.30 整体涡轮叶盘等温锻造整套模具示意图

为了在加热模具中成功锻造，选择合适的高温润滑是至关重要的。在镍基合金模具中，玻璃润滑剂用于镍基粉末高温合金的热模锻造，因为这种润滑剂的摩擦系数最低。在等温锻造中，氮化硼是利用TZM钼合金模具锻造镍基合金最常用的润滑剂。润滑剂的确切配方是一项严密保护的技术细节。合适的润滑剂必须具备两种功能：

（1）充当工件和模具之间的脱模剂，防止黏结、擦伤和模具磨损。

（2）通过低摩擦系数减小摩擦力。

在等温锻和热模锻过程中，压下量通常要受到锻造润滑剂的变薄及随后完整性的破坏的限制。

3.4.2 模具寿命

热模锻和等温锻模具成本高，要求对限制模具寿命的因素有很好的了解。进行全尺寸模具寿命试验的成本较高，需要采用其他的模具寿命测定方法。评定模具材料性能的一种方法是通过应力控制的低周疲劳试验，模拟模具应力—温度—

时间循环[75]。对于给定的模具结构，高应力集中的区域可以通过有限元分析进行模拟。相同的应力可以在一个双悬臂梁断裂（double cantilever beam-fracture, DCB）力学试样上产生，试样起始裂纹的根部的曲率半径与模具的相同。然后可以通过在试样上施加一定的载荷和保持时间，测量裂纹萌生循环数 N（作为缺口应力强度因子范围 ΔK_{IN} 的函数）来模拟锻造。这项研究的结果如图 3.31(a) 所

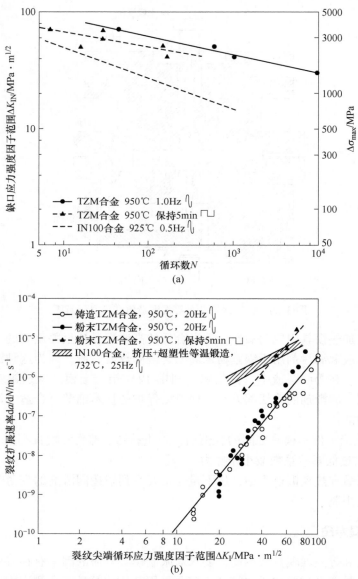

图 3.31　（a）对于两种等温锻造模具材料 TZM 合金和 IN100 合金，利用 ΔK_{IN} 与循环数的关系模拟模具寿命[75]；（b）两种等温锻造模具材料的裂纹扩展曲线[75]

示。可以看出，对于现实的应力强度因子范围 $\Delta K_{IN} = 30MPa \cdot m^{1/2}$，萌生裂纹的循环数（锻造操作数）大约为 10^3。有时在模具中萌生裂纹也是无法避免的，裂纹扩展在模具寿命预测中也起着重要的作用。图 3.31(b) 所示的裂纹扩展速率 da/dN 是裂纹尖端循环应力强度因子范围 ΔK_I 的函数。取 $30MPa \cdot m^{1/2}$ 作为 ΔK_I 的一个实际值，假设这一值在裂纹扩展的前几毫米几乎保持不变，在每个循环保持时间为 $5min$ 的条件下，预计 TZM 模具的裂纹扩展速率小于 $1\mu m/$ 循环。这意味着在裂纹达到临界长度之前，可以发生几千次循环。根据萌生裂纹所需的较低循环数以及根据较高的裂纹扩展速率的结果，在 $925℃$ IN100 合金是一种极差的模具材料。

3.4.3　锻造过程模拟

在常规锻造和等温锻造过程中，使用合适的工艺模型是一种量化研究工件和模具材料行为的非常有前途的方法[76,77]。金属流动过程模拟的目的是预测描述成形操作的物理现象。对于给定的材料成分和变形/热处理历史，流变应力和可加工性是最重要的变量。此外，由于模具的局部冷却，变形材料中的温度梯度会影响金属的流动过程和失效现象。对于在加热到不同温度的模具之间进行热镦粗的简单情况，模拟结果如图 3.32 所示。可以很容易地看到，对于给定的压制压

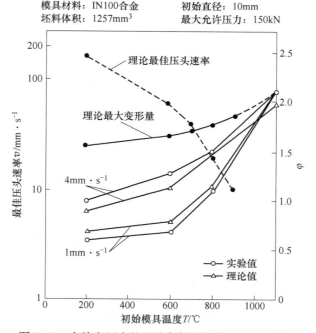

图 3.32　在给定压力的压缩条件下应变（φ）与模具温度的关系（在不同模具温度下的锻造过程模拟）[77]

力，压缩中的最大应变 φ 随着模具温度的升高而增大，直至达到等温条件下的最大值。对于低模具温度，为了提高最大应变必须利用高应变速率。通过模拟可以进一步选择加工范围，在此范围热模锻造比等温锻造更适合。

3.4.4 粉末高温合金的锻造实践

具体合金的锻造方法首先是由该合金所需要的热机械加工决定的，但也是由锻造公司拥有的设备和经验决定的。LC Astroloy 合金已通过多种锻造方法制造成功，已在 F100 发动机中替代 Astroloy 合金的 IN100 合金，仅通过 Gatorizing 工艺，即在等温条件下超塑性锻造工艺，进行加工。等温锻造不允许有温加工显微组织。另外，通用电气公司的 René95 合金，最初需要赋予一定程度温加工的锻造操作，以获得"项链"显微组织。这种显微组织既可利用冷模锻造获得，也可利用热模锻造获得。所有这些合金使用加热模具的主要原因是材料的利用率大幅度提高。图 3.33 给出了利用不同锻造方法制造涡轮盘的两个例子，表明利用这种方法可以减轻重量[78,79]。

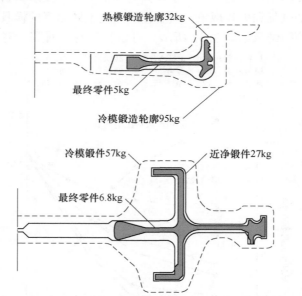

图 3.33　利用不同的锻造方法两种涡轮盘可能减轻的重量[78,79]

3.5 熔体—固体直接转化技术

到目前为止，已经介绍了原材料为固体微铸锭（粉末颗粒）或粉末压坯的工艺路线。然而，无需施加大的外部压力，可以直接将熔融颗粒转化成固体压坯的工艺有很多。这些工艺不是严格的粉末冶金技术，但有许多相似之处，包括借助毛细力的粉末致密化。以下将介绍的工艺为：

（1）雾化粉末直接转化成锻造预成形坯［喷射锻造（spray forging）或 Osprey 技术］。

（2）固—液颗粒直接转化成铸锭❶（真空电弧双电极重熔）。

（3）重熔粉末直接转化成致密组织。

1）激光粉末熔化［激光上釉技术（the Layerglazing™ technique），即激光熔覆技术］。

2）等离子粉末熔化［快速凝固等离子沉积（rapid solidification plasma deposition，RSPD）］。

下面将对所有四种工艺相关的加工工序、已加工成材料的类型以及可得到的显微组织和力学性能展开讨论。

3.5.1 喷射锻造（Osprey 技术)[80]

利用喷射锻造（spray forging）工艺，熔融金属流被气体雾化，熔融的颗粒被引入模具，形成随后可加工的高致密沉积坯。

图 3.34 给出了该工艺的示意图。将感应熔化的合金注入漏包，然后根据合金的性质采用氩气雾化或氮气雾化。合金的熔化可以利用真空系统，但对某些合

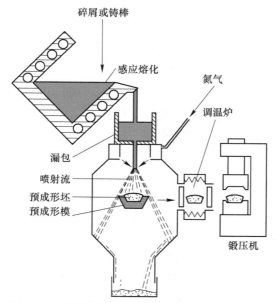

图 3.34 喷射锻造工艺示意图（Osprey 技术)[80]

---

❶ 译者注：由未完全凝固的熔滴直接得到铸锭。

金只利用惰性气体保护就足够了。雾化颗粒的热能和动能在喷射沉积坯快速成形中得到利用。在恰当的条件下，通过热颗粒的沉积可以得到喷射沉积坯，密度至少达到理论值的95%，更典型的达到理论密度值的98%以上。内部孔隙少而细小，分布均匀且互不连通。而且，这种小的封闭孔隙随后通过压力加工很容易消除。

通常认为该方法不属于粉末冶金工艺，因为颗粒状态存在的时间极短（几毫秒），而且在雾化沉积过程中化学成分没有变化（包括氮气和氧气）。因此，常规合金可以通过这种方法成形。与粉末冶金工艺的一个相似点是预成形坯的各向同性的性能，并能保留到最终锻件中。

在雾化过程中，必须注意从熔融颗粒喷射中快速散热。如果散热量不足，那么在预成形模表面上将形成半熔融金属池，它可能被雾化气体引发变形。如果散热量过大，预成形坯就可能含有过多的连通孔隙。因此，喷雾器的结构和工作方式必须保证在颗粒飞行过程中和沉积后控制其散热量。雾化介质大大增加了颗粒的动能，确保这些颗粒完全结合在一起而不存在颗粒间边界痕迹，从而使残余孔隙降至最低。

喷射沉积预成形坯通常被热加工成最终形状，消除了微孔隙并提高了力学性能。虽然沉积后预成形坯具有足够的热量，可以立即进行热加工操作，但高合金化材料的通常的做法是在炉中加热预成形坯，从而可以在最佳的温度下进行加工。该方法基本上能够生产用于半成品（如金属丝、线材、棒材、板材和管材）的预成形坯和用于随后闭式模锻的预成形坯。

熔化原料可以是预铸棒和/或精选碎屑。未进入预成形模的雾化金属、模锻飞边或废锻件都可以通过熔化装置进行再循环利用，从熔体的投入到锻件的产出，净材料收得率高于90%。与常规加工和粉末冶金工艺相比，由于减少工序，这种新工艺可以实现可观的节约能源。

3.5.1.1 粉末的制取及其特性

惰性气体雾化粉末的生产技术从预成形坯加工演化而来，主要是因为使用Osprey雾化装置获得快速散热。加上窄喷雾锥这一特点，允许在紧凑的雾化室中生产和干式收集高品质的快速凝固粉末。此外，通过适当调整雾化条件，雾化器的结构可以在较宽范围内调控粉末粒度分布。

在所有情况下，雾化室和相关的干式收集装置都相对较小：典型的雾化室尺寸为高3~3.7m，直径0.45~1.4m。这一特点使粉末车间可以安置在标准厂房内。

雾化后，粉末被雾化气体气动传输到主收集室，回收率达到99%以上。然后，气体通过管道输送到过滤装置，其目的是在排放到大气中之前清除超细粉末。主粉末收集系统可设计为分间歇作业或连续送粉，粉末直接进入筛分设备。

通过适当调整雾化条件，雾化器可以在较宽范围内调控粉末粒度分布。这样就能调节粉末特性，以适应特定的应用，并可以优化成品率（可用粉末被规定为给定粒度范围内的粉末）。此外，由于雾化器运行稳定，在相同的雾化条件下，从一批到另一批给定粒度分布（累积粒度分布曲线）的波动，对于每一个筛分粒度，通常不超过±2%。

图 3.35 给出了镍基高温合金 René80 粉末粒度分布曲线。与其他雾化法相比，可以得到非常细的粉末，这归因于雾化器的特殊结构[81]。粉末颗粒通常是球形的。由树枝晶臂间距的测量结果计算出冷却速率为 $10^3 \sim 10^4 \mathrm{K/s}$，可以将这些粉末列入与其他雾化细粉类似的范围。

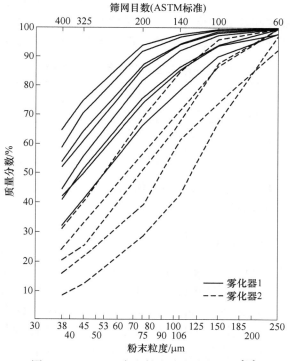

图 3.35　René80 合金粉末粒度分布曲线[81]

由于粉末固有的精细微观结构和没有宏观偏析，预成形坯比常规的变形材料更适合于热加工。此外，通常只能铸造的合金往往也可以很容易地进行加工。

3.5.1.2　显微组织和力学性能

借助于 Osprey 技术，制备了一系列高温合金，包括 Nimonic C263、IN901、Nimonic115、MAR-M200 和 René80 等。

高温合金喷射沉积预成形坯的晶粒度与合金元素的含量有关。较高合金化合金，如 Nimonic115，晶粒非常细小且均匀分布，晶粒度为 $10\sim14\mu m$。较低合金化合金，如 IN901，晶粒也均匀分布，但在沉积和后续冷却过程中出现晶粒粗化，晶粒度达到 $40\mu m$。

正如所料，在预成形坯中没有宏观偏析或方向性的迹象，这是常规变形合金的特征。然而，在预成形坯的显微组织中检测到了少量的显微孔隙，这在后续热加工过程中是可以消除的。

虽然据称采用这一工艺可以防止原始颗粒边界的形成，但是无论是在喷射沉积预成形坯中，还是在变形合金中，其晶界被碳化物富集是很明显的，这会带来类似于粉末压坯中由原始颗粒边界造成的塑性降低。这也被截至目前已经公布的有限的力学性能数据所证实，见表 3.3。与变形材料的典型性能相比，热加工喷射沉积坯的抗拉强度和蠕变强度相当，但塑性略低。可以推测，为了提高塑性，与粉末材料中的处理方法类似，必须通过调整合金成分（降低 C 含量）来实现。

表 3.3 Osprey 工艺高温合金的力学性能[80]

合 金	室温拉伸性能				持久性能		
	$\sigma_{0.2}$/MPa	σ_b/MPa	δ/%	ψ/%	σ/MPa	T/℃	τ/h
粗晶的 Nimonic115	850	1258	7	25	116	980	99~123
沉积态 IN901	912	1221	6	20	232	800	22~63

尽管 Osprey 工艺在航空航天应用的潜力已经得到证实，但需要更广泛的研究来进一步推进该技术的发展。

3.5.2 真空电弧双电极重熔工艺[82]

真空电弧双电极重熔工艺通常可以被看做熔化工艺或 Osprey 工艺的衍生工艺。与 Osprey 工艺相比，真空电弧双电极重熔选择了不同的熔化方式，得到的颗粒大得多（直径为几毫米）。这种工艺由两个电极组成，如图 3.36 所示，在两个电极的两个相对面间产生的电弧将其熔化。两个电极不断地相互接近，以便在持续的熔化过程中保持恒定的间隙。只要电极端面上存在液态金属，就会形成熔滴并在过热之前滴落。部分凝固的熔滴被收集在模具中。与常规的真空电弧重熔相比，形成等轴晶（通常为 $113\mu m$），防止了在真空电弧重熔中或电渣重熔中固有的柱状树枝晶凝固的发生。因此，许多高合金化高温合金的真空电弧双电极重熔铸锭没有出现常规铸锭的开裂倾向。

诸如 IN100、Rene95 和 MERL76 等合金已经生产出尺寸为 $\phi200mm\times500mm$ 的铸锭。由于晶粒度均匀，真空电弧双电极重熔加工的合金可以很容易地通过等温锻造技术进行热加工，使晶粒进一步细化[83]。这一工艺的主要优点是非金属缺陷的发生率较低，因而提高疲劳寿命。

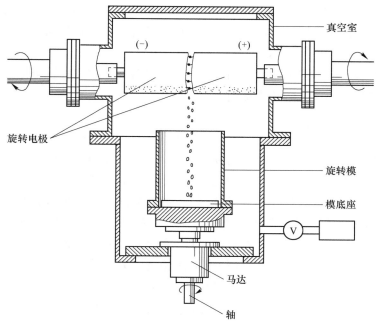

图 3.36　真空电弧双电极重熔原理[82]

3.5.2.1　显微组织和力学性能

　　图 3.37 给出了与真空电弧重熔相比真空电弧双电极重熔获得的显微组织的均匀性。在真空电弧重熔的铸锭中宏观偏析是清晰可见的［见图 3.37(b)］，而在真空电弧双电极重熔的铸锭中则完全不存在［见图 3.37(a)］。

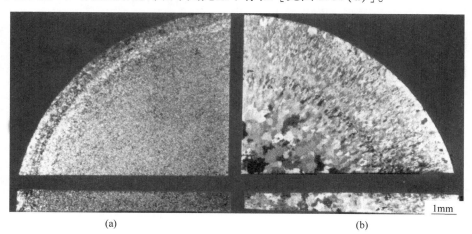

图 3.37　通过真空电弧双电极重熔得到的均匀细晶显微组织与通过
真空电弧重熔得到的宏观偏析晶粒组织的比较[83]
（经 D. Reidel Publishing Co. 同意引用）

据报道[84]，即使与粉末高温合金 IN100 相比，大多数的力学性能都有所改善。最重要的改善是降低了低周疲劳性能的分散性，这主要是与临界缺陷数量的减少有关。

可以想象，其他熔炼技术，如电子束熔炼和等离子熔炼，也可以在真空电弧双电极重熔原理的衍生方法中使用。

3.5.3   激光熔覆工艺[85]

激光熔覆实质上是松散材料的逐层堆积，通过同步添加材料和激光熔化来控制成分和显微组织，如图 3.38 所示。原料可以是金属丝或粉末。粉末容易获得并能很方便地送入激光作用区（熔化区）。激光束同时熔化喂入料和基底的上表层，依靠逐层的外延凝固在各层之间产生良好的结合。为了保持很高的冷却速率，制作中的零件是旋转的，在材料沉积期间其内部用水冷却。利用该技术已经制造了直径 13.2cm、厚度 3.2cm 的模拟涡轮盘。为这种工艺选择了 Ni-Cr-Al-Mo 系合金，得到了没有开裂的 Ni-5Al-19.5Mo-8.8Cr(质量分数,%) 合金，在高温退火后没有出现早期使用的无铬合金所发生的胞状转变。激光熔覆材料的显微组织中含有很少量的夹杂物和孔隙，其尺寸不超过约 4μm。计算出的凝固速率约为 10^4K/s。

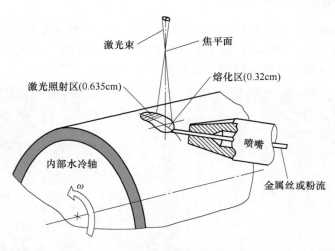

图 3.38   激光熔覆原理[85]

（经 the American Society for Metals 同意引用）

表 3.4 列出了迄今获得的有关激光熔覆合金的一些力学性能数据。没有得到关于使用的环境类型或在加工过程中引入的杂质水平的信息。

表 3.4 激光熔覆合金的力学性能（模拟涡轮盘）[85]

合金成分	$T/℃$	$\sigma_{0.2}/MPa$	σ_b/MPa	$\delta/\%$
Ni-3.4Al-17.9Mo-8.4Ta	25	1050	1280	40
	538	965	1100	43
	704	980	1125	32
Ni-5.4Al-23.8Mo	25	1207	1393	26
	704	1180	1241	13
Ni-5.0Al-19.4Mo-4.4Cr	25	1100	1407	4

3.5.4 快速凝固等离子沉积[86]

快速凝固等离子沉积（rapid solidification plasma deposition，RSPD）是众所周知的低压等离子喷涂工艺在松散体成形的延伸。图 3.39 给出了等离子喷涂系统的示意图。

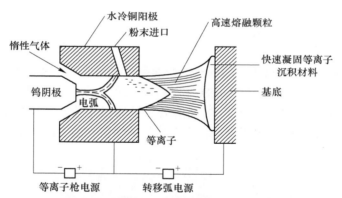

图 3.39 在快速凝固等离子沉积过程中使用的等离子喷涂系统[86]

（经 the Metallurgical Society of AIME 同意引用）

等离子是在等离子枪内部通过利用电弧使气体电离形成的。通常使用的气体是氩气或氮气，并加入氦气或氢气。大约 10000K 的等离子温度可以引发枪内气体体积迅速膨胀，使从等离子枪喷嘴进入低压室的等离子气体加速到高达 3Mach（1Mach=340.3m/s）的速度[86]。在低压下，等离子与使等离子气体冷却和减速的周围气体分子的碰撞被降到最少。即使在距离等离子枪喷嘴 0.5m 处，等离子的温度也可达到几千开氏度，等离子的速度可达到几千米每秒。

被沉积的粉末注入等离子枪喉部内[87]或等离子枪外（仅仅超出喷嘴端部）的等离子流中[88]。气体流，通常是氩气，携带着粉末颗粒并使其加速，从而粉末颗粒注射到等离子气体中。由于在等离子中被加速，粉末颗粒飞向基底的时间约为1ms。

通常的做法是使用筛分到特定筛孔尺寸的粉末，在沉积过程中大多数较粗的颗粒将熔化，而超细的颗粒则挥发或被吹走。典型的筛下粉末为400目（38μm），其中最大的球形颗粒为37μm，大部分将小于5μm。粉末颗粒在与基底碰撞时的温度和速度将取决于粒度和材料的物理性能以及等离子特性。

对于诸如铁基、钴基或镍基高温合金的沉积，与基底的最强的结合，在即将开始粉末注入之前，通过将基底表面加热到850℃以上，以及通过采用反向转移弧模式清洁基底表面得以实现，如图3.39所示[89]。采用这种方式时，基底上的氧化物通过电弧放电过程被清除。基底温度高会使亚稳组织难以维持。然而，由于镍基高温合金就是在这一温度范围内使用的，所以亚稳组织在服役中将不再存在，很快达到平衡。

快速凝固等离子沉积材料中氧含量是（300~500）×10^{-6}[86]。大部分氧存在于初始粉末原料中，其中-400目（-38μm）的粉末可能含有（200~400）×10^{-6}的氧。在各种操作以及快速凝固等离子沉积过程中增加的氧含量通常不超过100×10^{-6}。

3.5.4.1　显微组织和力学性能

由于在等离子沉积过程中所固有的快速凝固，形成了亚微米尺寸的胞状显微组织，如图3.40所示。对于René80和IN738两种合金，这种细晶组织经分别在1250℃保温2h和1160℃保温2h的固溶处理被略微粗化，得到的晶粒度分别为7μm和2μm。图3.41给出了这两种合金的拉伸性能与温度的关系。

图3.40　等离子沉积形成的胞状显微组织[86]

（经the Metallurgical Society of AIME同意引用）

由于晶粒细小，这两种合金等离子沉积态的室温强度远远高于其铸态和热处理态。通过改变热处理条件，快速凝固等离子沉积的IN738合金的室温强度达到了1585MPa的，比铸造的IN738合金高520MPa左右。

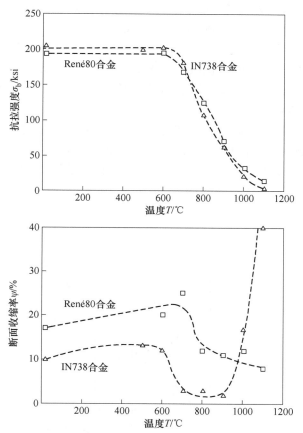

图 3.41　快速凝固等离子沉积的 René80 和 IN738 合金的
拉伸性能（抗拉强度和断面收缩率）与温度的关系[86]
（经 the Metallurgical Society of AIME 同意引用）

　　在大多数试验温度范围内，合金的塑性比其同类铸造合金要高得多。在800~1000℃的范围内，合金表现出了明显的最低塑性。高温合金在高温下暴露于含氧的气氛中，Woodford 和 Bricknell[90]发现，在这相同温度范围内，由于特殊的氧晶界扩散引起了严重的塑性损失。快速凝固等离子沉积材料中氧含量高，可能足以造成沉积态材料塑性下降。

　　要降低沉积的氧含量，进而提高塑性，还需要开展更多的研发工作。

3.6　动态成形

　　为了保持快速凝固高温合金粉末的显微组织，需要在尽可能低的温度下固结粉末到100%密度的成形技术。动态成形是很重要的，其在某种程度上符合这一要求。Pearson[91]首先采用动态成形或冲击波成形来固结钛屑和铁屑。在前苏联明斯克粉末冶金研究所（Powder Metallurgy Research Institute in Minsk，苏联）[92,93]已经开展了重大的研究。最近，阿特拉斯科普柯欧洲研究中心（Centre Europeen de Recherches Atlas Copco，CERAC，瑞士）研究所的一个瑞士研究小组[94~97]以及 Ecublens 和 Meyers 等[98]对非平衡合金、AISI-304L 不锈钢和高温合金的冲击波固结进行了研究。

动态成形的本质特征是冲击波穿过粉末。冲击波可以通过与装有粉末的装置直接接触的炸药爆炸或者通过高速弹丸对其撞击而产生。

一个粉末动态成形组装如图 3.42 所示。将粉末装入钢管中，在插入端塞后用手压紧。

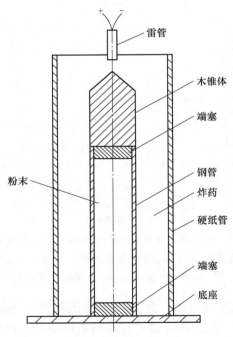

图 3.42　粉末动态成形组装示意图[98]
（经 the Metallurgical Society of AIME 同意引用）

钢管被硬纸管内的炸药完全围绕着。爆轰是在顶部通过使用一个很小的引发电荷来启动的。该系统悬浮在可回收的水箱中，水箱中的水主要用作减速介质。通过认真选择炸药质量与硬纸管质量的比率，产生高能量的一次冲击波，足以达到完全成形，同时必须低至足以防止形成二次中心冲击波（马赫波），这种马赫波将造成芯部完全熔化。在冲击波固结期间，在颗粒接触区的绝热加热造成在颗粒表面附近发生局部熔化。这些熔融囊在某种程度上类似于激光表面熔化，以高

达 10^{10} K/s 的冷却速率随后凝固。对动态成形 APK-1 高温合金粉末的研究表明[97]，在熔化区内观察到微晶凝固组织，微晶尺寸 $D(\mu m)$ 与冷却速率 $\dot{T}(K/s)$ 的关系如下：

$$D = 1090\dot{T}^{-0.45} \tag{3.14}$$

未熔化区有大量的错位亚结构。典型的结果是显微压痕硬度沿坯料直径变化，MAR-M200 合金的硬度从 HV357（未固结成形，粉末颗粒的硬度）增加到 HV700（冲击波固结成形后），如图 3.43 所示[98]。

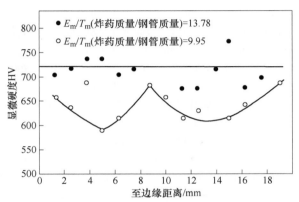

图 3.43 动态成形的 MAR-M200 合金的显微硬度沿坯料直径的变化

（经 the Metallurgical Society of AIME 同意引用）[98]

还没有公开报道有关动态成形高温合金粉末的力学性能。

参 考 文 献

[1] Eisenkolb, F. and Thümmler (editors), *Fortschritte der Pulvermetallurgie*, Akademie-Verlag, Berlin, 1963.

[2] Schatt, W. *Pulvermetallurgie Sinter-und Verbundwerkstoffe*, VEB Deutscher Verlag für Grundstoffindustrie, Leipzig, 1979.

[3] Lenel, F. V. *Powder Metallurgy-Principles and Applications*, MPIF Princeton, New Jersey, 1980.

[4] Bockstiegel, G. and Hewing, J. *Arch. Eisenhüttenwesen*, 36, 1965, p.751.

[5] Fischmeister, H. F., Arzt, E. and Olsson, L. R. *Powder Metallurgy*, 24, No.4, 1981, p.179.

[6] Hewitt, R. L., Wallace, W. and deMalherbe, M. C. *Powd. Met.*, 16, 1973, p.88.

[7] Perry, E. R. and Jenkins, I., in F. Benesovsky (editor), *Proc. 2nd Plansee Seminar*, *Springer*, Vienna, 1956, p.326.

[8] Kortovich, C. S., Technical Report AFML-TR-69-101, Wright-Paterson Air Force Base, O-

hio, June 1969.

[9] Moyer, K. H. , in H. H. Hausner (editor), *Modern Developments in Powder Metallurgy*, Vol. 5, Plenum Press, New York, 1971, p. 85.

[10] Reichman, S. H. and Smythe, J. W. , in H. H. Hausner (editor), *Modern Developments in Powder Metalurgy*, Vol. 5, Plenum Press, New York, 1971, p. 73.

[11] Brandstedt, S. B. , in H. H. Hausner (editor), *Modern Developments in Powder Metallurgy*, Vol. 4, Plenum Press, New York, 1971, p. 487.

[12] Kuczynski, G. C. *Trans. AIME*, 185, 1949, p. 169.

[13] Elliot, A. G. and Munir, Z. A. *J. Mater. Sci.* , 3, 1968, p. 150.

[14] Seidel, B. R. and Johnson, D. L. , in H. H. Hausner (editor), *Modern Developments in Powder Metallurgy*, Vol. 9, Plenum Press, New York, 1974, p. 37.

[15] Imai, Y. and Miyazaki, T. *Sci. Rep. Ritu*, *Tôhoku Univers. A*, 18, 1966.

[16] Lund, R. W. and Nix, W. D. *Acta Met.* , 24, 1976, p. 469.

[17] Easterling, K. and Gessinger, G. H. *Z. Metallkunde*, 63, 1972, p. 237.

[18] Coble, R. L. *J. Appl. Phys.* , 32, 1961, p. 787.

[19] Huppmann, W. J. and Riegger, H. *Acta Met.* , 23, 1975, p. 965.

[20] Gessinger, G. H. , Fischmeister, H. F. and *Lukas*, H. *Acta Met.* , 21, 1973, p. 715.

[21] Kieffer, R. , Jangg, G. and Ettmayer, P. *Powd. Met. Int.* , 7, 1975, p. 126.

[22] Poyner, G. T. , Tracey, V. A. and Watkinson, J. F. , in W. Leszynski (editor), *Powder Metallurgy*, Interscience Publishers, New York, 1961, p. 701.

[23] Westerman, E. J. *Trans. AIME*, 224, 1962, p. 159.

[24] Farrell, K. *Int. J. Powd. Metall.* , 1, 1965, p. 26.

[25] Sands, R. L. , in H. H. Hausner (editor), *Modern Developments in Powder Metallurgy*, Vol. 2, Plenum Press, New York, 1966, p. 219.

[26] Strachan, J. F. and Soler – Gomez, A. J. R. , in F. Benesovsky (editor), *Proc. 6th Plansee Seminar*, Reutte, Austria, 1968, p. 539.

[27] Triffleman, B. , Wagner, F. C. and Irani, K. K. , in H. H. Hausner (editor), *Modern Developments in Powder Metallurgy*, Vol. 5, Plenum Press, New York, 1971, p. 37.

[28] Parikh, N. M. , in *Forging of Powder Metallurgy Preforms*, MPIF, Princeton, New Jersey, 1973, p. 273.

[29] Hajmrle, K. ' Forgeage d' ebauches poreuses d' Inconel 718 preparees par coulage en moule poreux et frittage', Ph. D. Thesis, Laval University, June 1978.

[30] Jeandin, M. , Fieux, B. and Trottier, J. P. , in H. H. Hausner *et al.* (editors), *Modern Developments in Powder Metallurgy*, Vol. 14, MPIF – APMI, Princeton, New Jersey, 1981, p. 65.

[31] Hajmrle, K. and Angers, R. *Progr. in Powd. Met.* , 31, 1975, p. 175.

[32] Jangg, G. , private communication, 1982.

[33] Hajmrle, K. and Angers, R. *Int. J. Powd. Met. and Powd. Technology*, 16, 1980, p. 255.

[34] Hajmrle, K. , Angers, R. and Dufour, G. , *Met. Trans.* , 13A, 1982, p. 5.

[35] Angers, R. and Hajmrle, K. *Scripta Met.* , 14, 1980, p. 577.

[36] Allen, M. M. , Athey, R. L. and Moore, J. B. *Metals Engineering Quarterly*, 10, 1970, p. 20.

[37] Goetzel, C. G. *High Temp. −High Pressures*, 3, 1971, p. 425.

[38] Fischmeister, H. *Powd. Met. Int.* , 10, 1978, p. 119.

[39] Hanes, H. D. , Seifert, D. A. and Watts, C. R. *Hot Isostatic Processing*, MCIC, Battelle Memorial Institute, Columbus, Ohio, 1979.

[40] Traff, A. , in *Powder Metallurgy Superalloys*, Vol. 2, Metal Powder Report Publishing Services Ltd. , Shrewsbury, England, 1980, Paper26.

[41] Papen, E. L. J. , in *Powder Metallurgy Superalloys*, Vol. 2, Metal Powder Report Publishing Services Ltd. , Shrewsbury, England, 1980, Paper 28.

[42] Janes, H. D. , in *Powder Metallurgy Superalloys*, Vol. 2, Metal Powder Report Publishing Services Ltd. , Shrewsbury, England, 1980, Paper 29.

[43] Moore, P. B. and Yount, R. E. *Diversity−Technology Explosion*, SAMPE, Azusa, California, 1977, p. 86.

[44] *British Patent* 1190123, Apr. 29, 1970.

[45] Havel, C. J. , *SAE Automotive Eng. Congr.* , *Detroit*, 1972, Paper 720183.

[46] Fleck, J. N. , Chandhok, V. K. and Clark, L. P. , in B. H. Kear *et al.* (editors), *Superalloys−Metallurgy and Manufacture*, AIME, New York, 1976, p. 509.

[47] *US Patents* 3 704 508 *and* 4227927, Dec. 5, 1972; Oct. 14, 1980.

[48] Anon. , *Ind. Heating*, 48, December 1981, p. 8.

[49] Lasday, S. B. *Ind. Heating*, 49, June 1982, p. 22.

[50] Di Giambattista, V. N. *Progr. Powd. Met.* , 34, 1978, p. 95.

[51] Buzzanell, J. D. and Lherbier, L. W. , in J. K. Tien *et al.* (editors), *Superalloys* 1980, American Society for Metals, Metals Park, Ohio, 1980, p. 149.

[52] *US Patent* 4 142 888, 1979.

[53] Lizenby, J. R. , Rozmus, W. J. , Barnard, L. J. and Kelto, C. A. , in *Powder Metallurgy Superalloys*, Vol. 2, Metal Powder Report Publishing Services Ltd. , Shrewsbury, England, 1980, Paper 12.

[54] Fuson, R. L. and Bardos, D. I. *Metal Powder Report*, 34, 1979, p. 306.

[55] Gessinger, G. H. and Cooper, P. D. *Powd. Met. Int.* , 6, 1974, p. 87.

[56] Loewenstein, P. , in F. Benesovsky (editor), *Proc. 4th Plansee Seminar*, Reutte, Austria, 1964, p. 543.

[57] Bufferd, A. S. , in J. J. Burke and V. Weiss (editors), *Powder Metallurgy for High−Performance Applications*, Syracuse University Press, Syracuse, New York, 1972, p. 303.

[58] Holt, R. , National Research Council, Ottawa, private communication, 1982.

[59] Gorecki, T. A. , Friedman, G. T. *Metals Engineering Quarterly*, 12, 1972, p. 71.

[60] Arzt, E. , Ashby, M. F. and Easterling, K. *Metall. Trans.* , in press.

[61] Coble, R. L. *J. Appl. Phys.* , 41, 1974, p. 4798.

[62] Cassentis, B. N. *AIAA−SAE−ASME 16th Joint Propulsion Conference*, *Hartford*, *Connecticut*,

June 1980, Paper AIAA-80-1111.

[63] Gilman, P. S. and Gessinger, G. H. *Powd. Met. Int.* , 12, 1980, p. 38.

[64] Gilman, P. S. and Gessinger, G. H. , in H. H. Hausner *et al.* (editors), *Modern Developments in Powder Metallurgy*, Vol. 12, MPIF-APMI, Princeton, New Jersey, 1981, p. 551.

[65] Torre, C. *Berg-und Hüttenmännische Monatshefte*, 93, 1948, p. 62.

[66] Ashby, M. F. reference in J. Gittus, *Creep, Viscoelasticity and Creep Fracture in Solids*, Applied Science Publishers Ltd. , London, 1975, p. 449.

[67] Huppmann, W. J. and Hirschvogel, M. *Int. Met. Rev.* 23, 1978, p. 209.

[68] Fischmeister, H. F. , Aren, B. and Easterling, K. *Powder Met.* , 17, 1971, p. 1.

[69] Kuhn, H. A. and Downey, C. L. *Int. J. Powder Met.* , 7, 1971, p. 15.

[70] Kuhn, H. A. and Downey, C. L. ASME Paper No. 72-WA/Mat-5, 1972.

[71] Crernisio, R. S. and McQueen, H. J. , in *Proc. 2nd Int. Conf. on Superalloys: Processing, Seven Springs, Pennsylvania*, 1972, G-1.

[72] Schröder, G. *Werkstatt und Betrieb*, 113, 1980, p. 765.

[73] *US Patent* 3 519503, July 7, 1970.

[74] Athey, R. L. and Moore, J. B. , in J. J. Burke and V. Weiss (editors), *Powder Metallurgy for High-Performance Applications*, Syracuse University Press, Syracuse, New York, 1972, p. 281.

[75] Hoffelner, W. , Wüthrich, C. , Schröder, G. and Gessinger, G. H. , in H. M. Ortner (editor), *Proc. 10th Plansee Seminar* 1981, Vol. 1, Verlagsanstalt Tyrolia, Innsbruck, Austria, 1981, p. 15.

[76] Boër, C. R. and Schröder, G. *Annals of the CIRP*, 31, 1982, p. 137.

[77] Schröder, G. and Böer, C. R. *Z. ind. Fertig*, 72, 1982, p. 575.

[78] Allen, M. M. , Athey, R. L. and Moore, J. B. *Progr. in Powd. Met.* , 31, 1975, p. 243.

[79] Bartos, J. L. *Powder Metallurgy in Defense Technology*, Vol. 5, Metal Powder Industries Federation, Princeton, New Jersey, 1980, p. 81.

[80] Dunstan, G. R. , Leatham, A. G. , Negm, M. I. , Moore, C. and Dale, J. R. 'The Osprey gas - atomizing powder production process', paper presented at 1981 National Powder Metallurgy Conf. , Philadelphia, May 1981.

[81] Dunstan, G. R. , Osprey Metals Ltd. , private communication, 1982.

[82] *US Patent* 4261 412, Apr. 14, 1981.

[83] Boesch, W. J. , Maurer, G. E. and Adasczik, in R. Brunetaud *et al.* (editors), *High Temperature Alloys for Gas Turbines* 1982, D. Reidel Publishing Co. , Dordrecht, The Netherlands, 1982, p. 823.

[84] Boesch, W. J. , private communication 1982.

[85] Snow, D. B. , Breinan, E. M. and Kear, B. H. , in J. K. Tien *et al.* (editors), *Superalloys* 1980, American Society for Metals, Metals Park, Ohio, 1980, p. 189.

[86] Jackson, M. R. , Rairden, J. R. , Smith, J. S. and Smith, R. W. *J. Metals*, 3, 1981, p. 23.

[87] Henne, R. and Nussbaum, H. *New Developments in Low Pressure Plasma Spray Coating and in*

the Automation of this Technique, Brochure, Plasma-Technik, A. G. , Wohlen, Switzerland, 1980.

[88] Wolf, P. C. and Longo, F. N. *Proc. 9th Int. Thermal Spray Conf.* , *The Hague*, 1980, p. 187.

[89] Steffens H. D. and Hole, H. M. *Proc. 9th Int. Thermal Spray Conf.* , *The Hague*, 1980, p. 420.

[90] Woodford, D. A. and Bricknell, R. H. , in J. K. Tien *et al.* (editors), *Superalloys* 1980, American Society for Metals, Metals Park, Ohio, 1980, p. 633.

[91] Pearson, J. *ASTM Creative Manufacturing Seminar*, 1960, Paper SP 60-158.

[92] Roman, O. , Bogdanov, A. P. , Pickus, I. M. , Korol, V. A. and Luchenok, H. R. *Proc. Int. Conf. on High Energy Rate Fabrication*, *Aachen*, *Germany*, 1977, p. 6. 6. 1.

[93] Roman, O. and Gorobtsov, G. , in M. A. Meyers and L. E. Murr (editors), *Shock Wave and High-Strain-Rate Phenomena in Metals*, Plenum Press, New York, 1981, p. 829.

[94] Raybould, D. , in M. A. Meyers and L. E. Murr (editors), *Shock Wave and High-Strain-Rate Phenomena in Metals*, Plenum Press, New York, 1981, p. 895.

[95] Raybould, D. , Morris, D. and Cooper, G. A. *J. Mater. Sci.* , 14, 1979, p. 2523.

[96] Raybould, D. *Metals Sci.* , 16, 1981, p. 589.

[97] Morris, D. G. *Metal Sci.* , 16, 1982, p. 457.

[98] Meyers, M. A. , Gupta, B. B. and Murr, L. E. *J. Metals*, 33, 1981, p. 21.

4 热机械加工原理

Couts[1]把高温合金的各种压力加工方法分为两大类。在第一类方法中采用任何可能的手段获得所需要的几何形状，然后依靠热处理获得所要求的力学性能。第二类方法是通过压力加工得到预定的显微组织，但是这会对制造工艺产生一定的限制。在粉末高温合金中主要是应用不同形式的第二类方法。通过塑性变形和热处理的配合，获得某种指定的显微组织的方法，被称为热机械加工（thermomechanical processing，TMP）或形变热处理（thermomechanical treatment，TMT）。高温合金热机械加工快速发展的最显著的特点是物理冶金（即显微组织—力学性能的相关性）与过程冶金的定量集成。

4.1 高温合金的显微组织特征

合金的室温、中温和高温力学性能会受到不同显微组织的影响。热处理是改变显微组织的一种方法，它决定第二相颗粒的类型、尺寸和体积分数。另一方面，热机械加工通过改变以下变量调整显微组织：晶粒度、晶粒形状、晶粒取向、位错亚结构、混合显微组织（mixed microstructure）（项链组织，necklace structure）、晶界形态以及不同显微组织的局部变化。

上述显微组织对不同温度下的力学性能的影响将在第 5 章详细介绍，因此，在本章我们把重点集中在能获得和利用各种显微组织的加工路线上。

4.2 获得细晶组织的热机械加工

细晶显微组织可以通过热加工技术获得。最被人所知的一种技术是普惠公司的挤压+超塑性等温锻造工艺[2]。在其惰性粉末发展计划中，发现高温合金可以进行超塑性变形。尽管这种工艺也适用于变形材料，但仍不能消除锻造条件下的宏观偏析。因此，挤压+超塑性等温锻造用于致密的粉末冶金预成形坯，以改善组织均匀性，其组织均匀性优于采用常规方式生产的材料。

高温合金超塑性的必要条件是在高于 $0.5T_M$ 温度下具有稳定的细的等轴晶（$1\sim10\mu m$）组织，含有高体积分数 γ' 相的镍基高温合金可以满足这一要求。第二相起稳定 γ 基体晶粒组织的作用。为了获得细晶，粉末压坯在低于合金再结晶温度 250K 以内进行挤压。挤压会产生巨大的变形，同时，在挤压过程中产生的绝热升温使温度升至稍高于再结晶温度，得到细的再结晶晶粒组织［见图 4.1

（a）]，具备了超塑性变形条件。这意味着在挤压过程中工件的最高温度应始终低于 γ′ 相固溶温度。

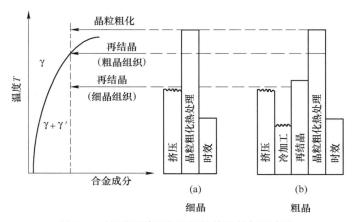

图 4.1 得到不同显微组织的热机械加工方法
（a）可超塑性变形的细的再结晶晶粒组织[2]；（b）粗晶组织[3]

可以通过对预压制的粉末坯料挤压进行变形，挤压比为 5：1[4]；也可以通过粉末直接挤压进行变形，挤压比通常为 10：1[5]；或者也可以使用总挤压比为 16：1 的双挤压方法[6]。最大加工极限似乎并不存在。

尽管材料在高温下产生变形，在挤压+超塑性等温锻造过程中发生的再结晶是动态的，但通过高温合金的静态再结晶也可以得到同样的细晶组织，此时，高温合金在室温下变形，然后加热至其再结晶温度以上。事实上，与此类问题相关的论文少之又少。在欧洲科技研究合作计划中关于燃气涡轮机材料（Materials for Gas Turbines，COST-50）项目中，Dahlén[7] 研究了在 γ′ 相固溶温度以下，变形、温度和时间对粉末高温合金 IN738 再结晶的影响。为了稳定再结晶晶粒组织，存在弥散的第二相是有必要的。在这一研究中使用的材料是在 1100℃温度下通过挤压固结的预合金 IN738。通过恰当地选择 γ′ 相的析出温度，γ′ 相体积分数可以在较大范围内进行调整，如图 4.2 所示。室温下压缩变形为再结晶提供驱动力。图 4.3 给出了粉末高温合金 IN738 在经过 2h 退火后的再结晶图，IN738 合金被认为是典型的镍基高温合金。得到的最细再结晶晶粒为 1.5μm。对经过 30%冷变形的材料在 1150℃加热 2h 后，可得到的最大晶粒为 20μm（γ′ 相固溶温度约为 1160℃）。再结晶发生的机制是新晶粒多次形核及其被溶质元素扩散限制的长大。再结晶动力学，像再结晶晶粒尺寸一样，不受 γ′ 相尺寸的影响，这是由于晶粒长大过程中移动的晶界将会遇到相同体积分数的 γ′ 相，而与 γ′ 相尺寸无关。

对粉末高温合金 IN100 的超塑性变形进行了大量的研究。Reichman 和 Smythe[8] 最先证实了 IN100 粉末预成形坯在 927～1093℃温度范围内在拉伸和压

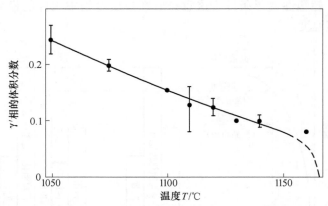

图 4.2 粉末高温合金 IN738 中 γ′相的析出温度对其体积分数的影响[7]

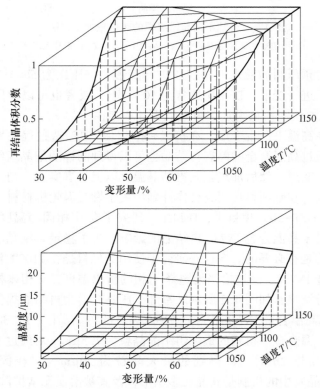

图 4.3 粉末高温合金 IN738 的再结晶图（退火 2h）[7]

缩时的超塑性行为。在最佳变形条件下，材料可显著伸长（断后伸长率大于1000%），最大应变速率敏感指数 m 为 0.5。随后经过两级热处理，第一级是固溶处理，使 γ′相溶解和晶粒长大，第二级是时效处理，析出 γ′相，得到的力学性能与铸造 IN100 合金的相当。Moskovitz 等人[9]进行了类似的实验。图 4.4 给出了超塑性变形的 IN100 合金的真应力—应变速率的双对数曲线。尽管 Reichman 和 Smythe[8] 的研究数据与 Moskovitz 等人[9] 的研究数据具有相同的曲线斜率（0.5），但对于给定的应变速率，流变应力的大小存在明显的差异。这可能是由不同的晶粒度和不同的间隙元素含量造成的。

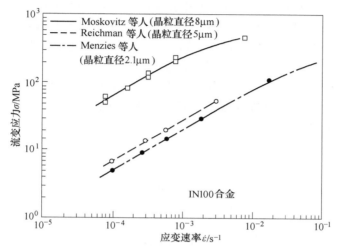

图 4.4 在不同温度下粉末高温合金 IN100 超塑性变形的应变速率敏感性[8~10]

随后的研究证明了粉末固结的 IN100 合金存在超塑性[10]，并且提供了一些有关间隙元素（O 和 N）和晶粒度对变形行为影响的数据。

粉末高温合金 IN100 中晶粒度对流变应力 σ 与应变速率 $\dot{\varepsilon}$ 关系的影响可以用以下方程式表示[10]：

$$\dot{\varepsilon} = A\sigma^{-a}\dot{\varepsilon}^{1/m} \tag{4.1}$$

式中，$a = 4.2$。

由于镍基高温合金的复杂性，超塑性变形过程中的变形机制尚未明确。但据推测，最有可能的机制是晶界滑动和 Coble 晶界蠕变的组合机制[11]。

在诸如 U700[12]、IN713LC 和 MAR-M200 等[13,14]其他粉末高温合金中也发现了超塑性。

Immarigeon 等人[13,14]指出，在诸如 MAR-M200 和 IN713LC 镍基高温合金中，在 γ' 相固溶温度以下热等静压后可以得到超塑性流变的条件，这意味着并非必须进行挤压+超塑性等温锻造工艺中所建议的预先挤压，只在低应变速率锻造过程中就可以实现挤压+超塑性。在 γ' 相固溶温度以下进行热等静压成形的目的是为了保持细小的晶粒。MAR-M200 合金在 γ' 相固溶温度以上热等静压，其晶粒度从 2~8μm（低于 γ' 相固溶温度下热等静压）增大至 20~200μm[13]。同时，粗晶材料的流变应力比细晶材料高 3~6 倍。

对粉末高温合金 IN713LC 的研究有力地证明了，超塑性镍基高温合金的流变应力不仅与应变速率和温度有关，而且还与显微组织有关[14]。

在热加工温度下，初始显微组织可能是不稳定的，新的显微组织逐渐形成，表现出稳定的流动状态。晶粒度是影响流变应力的主要的显微组织参数。图 4.5 合理地解释了 IN713LC 合金压坯在 1050℃ 和不同应变速率 $\dot{\varepsilon}$ 下的瞬态流动行为。这表明，一方面，在热加工过程中屈服强度与初始晶粒度有关，另一方面，稳态流变应力与稳态的晶粒度有关，而稳态的晶粒度是由初始晶粒组织演变而来的。可以看出，对于给定的初始晶粒度，如果在一定的应变速率条件下，稳态时形成的晶粒比初始的晶粒粗，那么材料在屈服后发生流变硬化（应变硬化或加工硬化）（见图 4.5 中的情况 1）。相反，在大于 $\dot{\varepsilon}_2$ 的应变速率条件下，在相同的初始显微组织的材料内发生流变软化（见图 4.5 中的情况 2）。在这种情况下，形成的稳态的晶粒比初始的晶粒细。

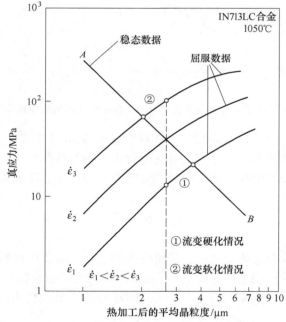

图 4.5　镍基高温合金压坯在 1050℃ 超塑性锻造
过程中流动行为和晶粒度控制的预测模型[14]

后来 Immarigeon[15] 又把他的工作范围扩展到其他温度，确定了热等静压固结态的 IN713LC 合金在恒定显微组织条件下的超塑性流变行为，而在多数有关超塑性的研究中都忽略了这一点。图 4.6 给出了 Immarigeon 得到的流变应力与温度修正了的应变速率（$\dot{\varepsilon}\exp(Q_a/RT)$）关系（考虑了温度对流变应力的影响）。在图中可以区分出两种变形状态：区域Ⅱ，材料是完全超塑性的，应变速率敏感性指数

$m_{II} = 0.65$，屈服应力 $\sigma_{yII} = K_{II}\dot{\varepsilon}^{m_{II}}\exp\left(\dfrac{m_{II}Q_{II}}{RT}\right)$，$Q_{II} = 348\text{kJ/mol}$；区域Ⅲ，温度修正了的应变速率较高，应变速率敏感性指数较小，$m_{III} = 0.22$，屈服应力 σ_{yIII} $= 10^{13m_{III}}K_{III}\dot{\varepsilon}^{m_{III}}\exp\left(\dfrac{m_{III}Q_{III}}{RT}\right)$，$Q_{III} = 695\text{kJ/mol}$。

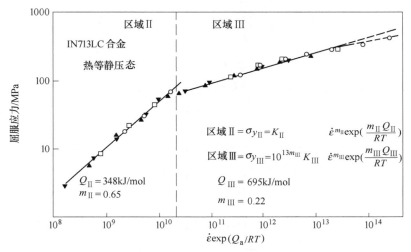

图 4.6　热等静压固结态 IN713LC 合金的流变应力与温度修正了的应变速率的关系（在相同显微组织条件下的超塑性流变）[15]
（经 J. P. A. Immarigeon and the National Research Council of Canada 同意引用）

　　MAR-M200 粉末在 γ' 相固溶温度以上进行热等静压固结得到粗晶，像初始细晶材料在热加工过程中一样，对于一个给定的应变率粗晶压坯也表现出形成细晶显微组织的趋势。图 4.7 给出了初始粗晶材料在温度 1060℃、应变 0.6 及应变速率 $3.0 \times 10^{-4}\text{s}^{-1}$ 的热加工过程中，沿着原始晶界发生了部分再结晶。

4.2.1　热塑性加工

　　热塑性加工（thermoplastic processing，TP）[16] 是一种粉末加工技术，与传统粉末冶金方法相比，用这种技术加工的高温合金粉末可以在相当低的应力和温度下进行固结和成形。这是通过冷加工粉末实现的，导致晶粒度在再结晶过程中显著细化。热塑性加工粉末的细晶使其在高温下变得很软，因此更容易固结。粉末的冷变形可通过在回转式球磨机和搅拌式球磨机中研磨或通过轧制实现。在搅拌式球磨机中研磨可以得到最细小的再结晶晶粒，但是需要几个小时的研磨时间。一种更有效的方法是粉末轧制，压下量至少 40%。这样就可以得到完全再结晶的细晶组织。

图 4.7 热等静压 MAR-M200 合金粉末坯料的初始粗晶组织发生
部分再结晶后的显微组织 ($\varepsilon = 0.6$，1060℃，$\dot{\varepsilon} = 3 \times 10^{-4} s^{-1}$) [13]
（经 the Metallurgical Society of AIME 同意引用）

图 4.8 给出了在 1038℃ 压制成形后热塑性加工粉末的硬度与温度的关系。由图可以看出，在 750℃ 以上热塑性加工的粉末，与雾化粉末相比，变得软得多，这一影响与晶粒度有关（对于在搅拌式球磨机中研磨的粉末为 0.4~2μm，轧制的粉末为 1~6μm，在回转式球磨机中研磨的粉末为 60μm，雾化粉末为 70μm）。

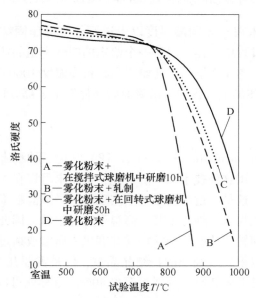

图 4.8 在 1038℃ 压制成形后热塑性加工粉末的显微硬度与温度的关系[16]

热塑性加工粉末的极细晶粒非常有利于在挤压、锻造和热等静压过程中的热变形。与常规的粉末高温合金 IN100 粉末相比，热塑性加工的高温合金粉末可以在相同的挤压比以及低大约 100℃ 的挤压温度下进行挤压。相反，在大约 1120℃ 相同的挤压温度下，与常规加工的粉末的 16∶1 的挤压比相比，可以实现 50∶1 的挤压比。

冷模镦粗热塑性加工的粉末可以降低径向开裂的趋势。这可以通过粉末锻造加以证明：粉末先在 1065℃ 预压制成形，然后在 1093℃、$10^{-2}\,\mathrm{s}^{-1}$ 应变速率条件下进行常规压机锻造。同样的，热塑性加工的粉末对热等静压加工的响应也有所改善。

在 1070℃、103MPa 压力条件下，热塑性加工的 IN792 粉末（粉末粒度为 −40 目/−380μm）可以固结成全密度，而未热塑性加工的雾化粉末，即使在更高温度下（温度 1180℃ 和压力 103MPa）热等静压后也不能达到全密度。

4.2.2　热机械加工过程中的位错亚结构强化

在低于再结晶温度和 γ′ 相固溶温度的条件下，通过温加工获得的位错亚结构可提高变形高温合金的中温（不高于 760℃）强度[17]。在粉末高温合金 IN100 和 U700 轧制后也发现有类似的强化效果[18]。

4.3　冲击波热机械加工

很多工作都研究了时效前爆炸冲击载荷对镍基高温合金的显微组织和力学性能的影响[19,20]，其中包括粉末高温合金。在这一又被称为“冲击时效”的方法中，由塑性冲击波在材料内传播产生的高能率条件下，材料产生了冷加工塑性变形。

对变形高温合金 U700 实施的冲击时效产生了瞬态塑性变形，并伴随小的残余变形，其效果与 19% 冷轧材料相当[20]。冲击时效的材料具有显著的高温塑性和韧性，持久寿命优于常规热机械加工的材料。此外，室温和高温的低周疲劳寿命有所提升，高于热处理的材料。性能的改善归因于高体积分数的细小的一次 γ′ 相以及弥散分布和热稳定的位错亚结构的共同作用。通过加工前的时效处理来控制一次和二次 γ′ 相的尺寸分布，U700 合金的某些性能可以得到进一步的提高。

Robertson 等人[21]对挤压+超塑性等温锻造 IN100 合金进行了冲击时效处理。在此，他们使用了 F100 发动机的亚尺寸的一级盘和三级盘。在处理前这些盘件用铅封装进行保护。采用预冲击时效的热机械加工，发现强度提高以及 538℃ 的低周疲劳寿命有升高的趋势。

尽管冲击强化仍然存在技术方面的限制，但目前对高强高温合金的严格要求可以不考虑关于爆炸加工的一些不利的经济因素。

4.4 获得双重（项链）组织的热机械加工

迄今为止，所讨论的所有的热机械加工方法的目的在于获得均一晶粒尺寸的显微组织。如果中断再结晶过程，就可以得到特殊的双重显微组织，该组织本质上由较粗大的温加工晶粒和较细小的再结晶晶粒组成，较粗大的温加工晶粒被粗晶界上一串较细小的再结晶晶粒所包围，如图4.9所示。这种显微组织在粉末高温合金和镍基变形高温合金中都得到过，对低周疲劳性能是有利的。希望得到项链组织的一个例子是René95合金。在René95合金中获得项链组织的热机械加工包含以下三个步骤[22]：

（1）在 γ' 相固溶温度以下（1093～1138℃）变形，变形量为40%～50%。

（2）在 γ' 相固溶温度以上（1163℃）高温再结晶，得到粗晶组织。

（3）低温部分再结晶，在 γ' 相固溶温度以下（1079～1107℃）变形，变形量为40%～50%。

再结晶细晶粒

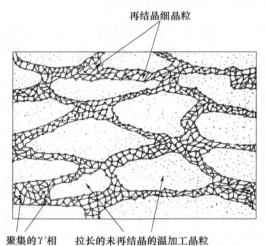

聚集的 γ' 相　　拉长的未再结晶的温加工晶粒

图4.9 双重（项链）显微组织示意图

在高温再结晶过程中形成的粗大晶粒被拉长，并且被在较低温度的终变形过程中形成的细小的再结晶晶粒包围。粗大的晶粒具有精细的亚结构，使其具有温加工显微组织特性。

4.5 在热等静压过程中的热机械加工

热等静压的一个独特的优势是可以制造出其他方法所无法得到的复杂形状的制件。与热等静压+锻造制造工艺相比，不锻造会显著降低成本。但是，热等静压通过热机械加工可实现强度提升的潜力最小。为了获得全致密压坯，热等静压温度必须在再结晶温度以上，因此消除了固结过程中产生亚结构强化的可能性。在热等静压过程中可用于影响显微组织的主要变量是温度和从 γ' 相固溶温度的冷却速率。在 γ' 相固溶温度以下热等静压得到细晶再结晶组织，这是因为弥散的第二相 γ' 颗粒阻碍了晶粒长大。在某些合金中，上述热等静压条件会导致在原始颗粒边界上形成 MC 型碳化物[23]。为了避免发生这种情况，建议使用两步固结方法[24]。该方法包括在较低温度下进行第一步固结，在晶界处析出 $M_{23}C_6$ 型碳化物，而不是在原始颗粒边界处析出 MC 型碳化物；第二步固结是在较高温度下进行以完成致密化。在热等静压过程中加热至 γ' 相固溶温度以上导致 γ' 相颗粒溶解，形成较粗的晶粒。通常，认为热等静压后较细的晶粒是比较好的，因为随后的热处理总是可能从初始的细晶粒得到较粗的晶粒。图 4.10 给出了所研究的几种粉末高温合金的热等静压温度与 γ' 相固溶温度的关系。根据合金的类型，热等静压温度可以高于或低于 γ' 相固溶温度。

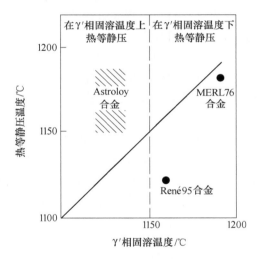

图 4.10 几种粉末高温合金的热等静压温度与 γ' 相固溶温度的关系

热等静压后的冷却速率是决定显微组织和力学性能的另一个因素，在热等静压后使用某一确定的冷却速率，但不能认为是热机械加工的一部分。可以通过使用不同的淬火介质改变冷却速率，同时冷却速率也取决于部件的尺寸。冷却速率主要影响第二相颗粒的尺寸、体积分数和分布。

4.6 获得粗晶组织的热机械加工

为了提高较高温度下的承温能力，正如涡轮工作叶片应用的需求，必须通过等温晶粒粗化或者定向晶粒粗化，降低晶界滑动引起的蠕变变形。遗憾的是，针对发展必要加工过程的系统性研究非常少。

4.6.1 等温晶粒粗化

原则上获得粗晶可能有两种途径：临界应变（变形）退火和异常晶粒长大。

在临界变形退火中[25]，晶粒粗化基于形核率和长大速率以不同的方式取决于变形量，长大速率随变形量线性增大，而形核率随变形量以更高阶函数增大（随着变形量的增大，形核率比长大速率增大得快）。此外，要开始发生再结晶，变形量必须超过某一值（临界变形量）。由于再结晶晶粒度取决于长大速率与形核率的比值，因此其最大值出现在临界变形量附近。在进一步增大变形量的过程中，再结晶后的晶粒度随着核心数量的增多而逐渐减小。Dahlén 和 Winberg[26] 对热等静压固结+挤压的粉末高温合金 Astroloy 以及挤压的粉末高温合金 IN738 进行小变形，然后在 γ' 相固溶温度以上进行再结晶。IN738 合金固溶处理后进行临界变形，然后在 1220℃ 进行再结晶退火，可以得到最大晶粒度为 200μm。

异常晶粒长大或二次再结晶是获得粗晶组织的另一种方法。对高温合金的此种晶粒粗化技术已经进行了一些研究[27]。

虽然在正常晶粒长大过程中平均晶粒度增加，但不同晶粒的尺寸比值实际上保持不变。在异常晶粒长大过程中可观察到另外一种情形。在这种情况下，单个晶粒之间的尺寸差异增大是由于某些较大晶粒快速长大的结果。当这些大晶粒吞并了所有的其他晶粒后，留下的大晶粒的尺寸又重新可以是比较均匀的。

Hillert[28] 建立了用公式表达的在含有第二相颗粒的合金中基于晶界移动的正常晶粒长大和异常晶粒长大理论。根据该理论，异常晶粒长大是由具有不同曲率的两个晶粒间的压差引起的。第二相颗粒对晶界移动的影响表现为对晶界移动施加了一个拖曳力，其大小与颗粒的体积分数成正比、与颗粒的半径成反比。针对单个晶粒的长大速率可以得到下列方程式：

$$\frac{dR}{dt} = \frac{1}{2}M\gamma\left(\frac{1}{R_{cr}} - \frac{1}{R} - \frac{3f}{4r}\right) \tag{4.2}$$

式中　　R——异常长大晶粒的半径；

M——晶界迁移率；

γ——单位面积的晶界能；

R_{cr}——平均晶粒度；

f——第二相颗粒的体积分数；

r——第二相颗粒的半径。

根据这个模型异常晶粒长大必须同时满足以下三个条件：

（1）合金中必须存在第二相颗粒，以阻止正常晶粒长大。

（2）初始平均晶粒度必须小于 $4r/3f$，这是在存在第二相的情况下，在正常晶粒长大时可获得的平衡的最大晶粒度。

（3）必须至少有一个晶粒比平均晶粒度大得多。

Miner[29]最早用某种高温合金中二次再结晶的方法研究了异常晶粒长大，他研究了在等温退火过程中以及在温度梯度退火过程中 IN713LC 合金中的异常晶粒长大机制。在 γ' 相固溶温度以上的加热过程中，发现在异常晶粒长大之前存在一个孕育期，其长短与 γ' 相溶解所需的时间有关。

在参考文献［27］中详细研究了挤压温度和加热速率对粉末高温合金 René95 中异常晶粒长大的影响，可以确定以下三种加工制度：

（1）在 γ' 相固溶温度以下挤压有助于稳定晶界析出的高体积分数的 γ' 相，实际上消除了以任何加热速率加热至退火温度 1232℃时的异常晶粒长大（γ' 相固溶温度为 1149℃）。

（2）在 γ' 相固溶温度附近挤压增大了异常晶粒长大的趋势。

（3）在 γ' 相固溶温度以上挤压导致形成了直径为 2~3mm 的晶粒。

在所有挤压条件下，与快速加热退火相比，慢速加热退火增大了异常晶粒长大趋势。由此得出结论，晶界 γ' 相的溶解控制异常晶粒长大。

最有可能的是，在更普遍的情况下涉及两种第二相颗粒：γ' 相和晶界碳化物。这一推断已在常规工艺制造的 Fe-Ni-Cr 合金的再结晶研究中得到了证实[30]，此时异常晶粒长大是由 $M_{23}C_6$ 型碳化物控制的。

在诸如 René95、IN100 或 MERL76 高含量 γ' 相合金中，γ' 相固溶温度和碳化物固溶温度相当接近。此外，γ' 相的体积分数总是比碳化物的体积分数高得多，因此由 γ' 相产生的晶粒稳定效果更为显著。另一方面，可以预期合金中两种析出相之间的耦合效应，例如 Astroloy 合金，其中两个固溶温度间的温差大约为70℃。因此，在变形 Astroloy 合金中观察到两个阶段的晶粒粗化也就不足为奇了[31]。图 4.11 给出的示意图是三种合金中 γ' 相和 MC 型碳化物固溶温度的相对位置对晶粒粗化行为的影响。

另一种诱发异常晶粒长大的方法如图 4.1（b）所示。为了获得较大的晶粒[3]，必须对合金进行附加冷加工。在稍低于再结晶温度下进行初挤压后，在再结晶温度以下对材料进行冷变形（U700 合金的压缩率为 30%~50%），然后在 γ' 相固溶温度以下进行再结晶退火处理。在 γ' 相固溶温度以上、初熔温度以下进行进一步热处理，发生晶粒长大。采用这一工艺过程顺序，在 U700 合金中可以得到直径达数厘米的晶粒，甚至单晶。

影响晶粒长大的其他因素 在一种合金中，晶粒长大在很大程度上取决于碳化物的大小和分布，如原始颗粒边界上偏析的 TiC。Larson[32]对三种固结的 IN100 粉末在高温下的晶粒长大进行了对比研究。三种粉末分别采用氩气雾化法、旋转电极法和溶氢雾化法（dissolved-hydrogen process，DHP）制取。只有旋转电极法制备的材料表现出与变形材料类似的晶粒长大行为，而在氩气雾化法和

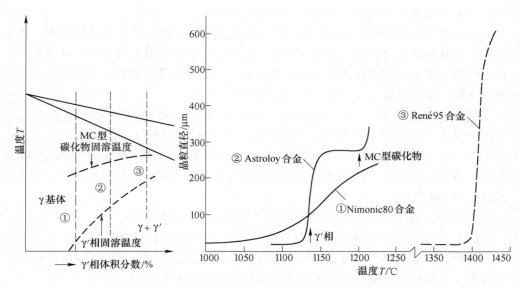

图 4.11　γ′相和 MC 型碳化物固溶温度的相对位置对三种高温合金晶粒粗化行为的影响

溶氢雾化法制备的材料中晶粒长大受到抑制，如图 4.12 所示。引起这种差异的原因是在旋转电极法制取的粉末内出现了较大的碳化物颗粒，而在其他两种粉末内的 TiC 颗粒集中分布在原始颗粒边界上。

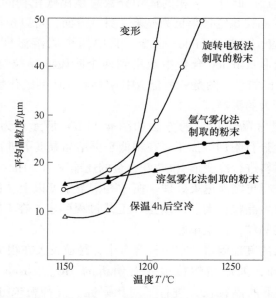

图 4.12　三种不同粉末（旋转电极法、氩气雾化法和溶氢雾化法制取的粉末）制备的粉末高温合金 IN100 的晶粒度与退火温度的关系（给出变形材料的数据以供对比）[32]

降低粉末高温合金中的碳含量是增大再结晶晶粒尺寸的最好的办法。因此，建议方法之一就是合金含有极低的碳含量。在超塑性成形后，合金可以进行晶粒长大热处理（晶粒度约为300μm）[8]。后续的渗碳处理可以固定晶界，阻碍晶界滑动。对于较大的横截面，这一方法有明显的局限性。

尝试过的另一种方法是把亚稳态碳化物与无碳的基础合金混合起来，用热挤压方法对这一混合物进行固结[33]。然后对固结材料进行热处理，使晶粒长大至约135μm，同时使亚稳态碳化物溶解，以便在后续的时效过程中析出不连续的颗粒状晶界碳化物。用该方法得到的最好合金是溶氢雾化的添加 VC［w(C) = 0.28%］的改型 MAR-M246 合金。最终热处理后合金具有最大的持久寿命（在温度1038℃和应力104MPa的条件下），大约为铸造 MAR-M246 合金的52%。

实现晶粒粗化还有一种方法，就是在固相线温度以上进行加热。最简单的方法是预合金粉末的液相烧结[34]，用此方法已经得到了相当大的晶粒。由于用这一方法不可能得到全致密压坯，因此使用外部压力可以进一步致密压坯。这一过程可以直接在高压釜（热等静压机）中完成。相反的，如果致密的细晶粉末压坯在高压釜内在固相线温度以上进行加热，则可以得到类似的粗晶显微组织。Freche 等人[35]在对挤压的镍基粉末高温合金 NASA TRW VIA 的研究工作中使用了这种方法。结果表明，挤压态合金显示出通常的细晶组织，具有超塑性。在固相中进行晶粒粗化热处理还不足以得到所要求的粗晶组织。然而，当在高压釜内初熔温度以上进行热处理，使形成的所有孔隙闭合时，晶粒会显著粗化。由于形成有害的粗大的晶界相，这种方法已经被放弃[36]。

4.6.2　定向晶粒粗化

正如在等温晶粒粗化中那样，通过定向晶粒粗化得到拉长的晶粒，有两种截然不同的方法。Buchanan[37]描述了一种定向晶粒粗化工艺。首先对热压制成形的高温合金粉末在 γ′ 相固溶温度以上进行热处理，随后进行1%～3%的临界变形，最后材料以1.2～5cm/h 的速率通过温度梯度炉，实现温度梯度的单向再结晶。温度梯度区内的最高温度高于 γ′ 相固溶温度，但是低于合金的初熔温度。

第二种方法是基于粉末压坯中的异常晶粒长大，粉末压坯经过充分的预变形，如通过挤压。如前所述，Miner[29]首先把这种方法用于粉末高温合金 IN713LC。将挤压棒放入温度梯度约为28℃/cm 的工业梯度炉内。在退火过程中梯度炉的加热功率缓慢增加，这与把试样朝着炉子较热端移动具有相同的效果。温度梯度区内的最高温度在 γ′ 固溶温度和初熔温度之间。Miner 用二次再结晶孕育期随着温度的降低而延长，解释了柱状晶（拉长的晶粒）形成的原因。在最高温度区内，异常晶粒快速形成，由于其长大速度很快，能够长到试样较冷的区域，在此异常晶粒尚未开始形成。定向晶粒粗化已成为快速凝固粉末压坯热机械加工最重要的方法之一。前面所提到的原理同样适用于这些合金。

4.6.3 锯齿状晶界的形成

镍基合金的标准热处理工艺包含从固溶温度采用空冷的方式冷却。还可以采用从 γ' 相固溶温度以下的固溶温度以较低的冷却速率冷却，通常冷却速率为 2℃/min。这种热处理的主要作用是使晶界滑动变得更加困难，同时也增加了晶界扩散的路径。从显微组织的观点看，不同冷却速率间的主要差别在于晶界形态。慢的炉冷处理形成波状晶界，而标准空冷处理则形成平直晶界。

用不同的加工方法在含高体积分数 γ' 相的合金中都可以得到锯齿状晶界（变形合金 Nimonic115[38]，粉末高温合金 IN792[39]、IN713LC[34]、René95[40] 和铸造高温合金 IN738[41]）。在 γ' 相含量低的 Nimonic105 合金中不能形成锯齿状晶界[42]。在奥氏体耐热钢中也观察到锯齿状晶界[43]。锯齿状晶界的凸出和凹陷之间的高度以及两个凸出部分的间距与合金通过 γ' 相固溶温度或碳化物固溶温度的冷却速率成正比。在缓慢冷却过程中，晶界析出物发生形核和长大。与此同时，析出物向相邻的晶界方向移动，晶界被拖向析出物，形成锯齿状晶界[44]，晶界假设为粗化的晶界析出物之间最短的路径（即晶界为平直状），从而在最初的平直晶界上形成一个明显的波浪状（形成锯齿状晶界），如图4.13 所示。在粉末高温合金 IN792 中，锯齿状晶界显著提高了蠕变裂纹扩展抗力[39]。

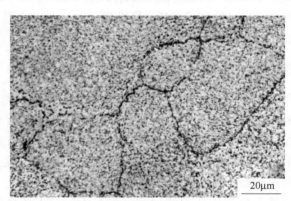

图4.13 粉末高温合金 IN713LC 中的锯齿状晶界[34]

4.7 多重性能热机械加工

实际上，所有在高温下运行的部件在服役过程中都要经受温度和应力的共同作用。由于诸如涡轮工作叶片和涡轮盘等部件的设计要求接近材料性能的极限，进一步扩大工作温度和应力范围的一种方法，是在部件的每一部位获得一种最佳的显微组织，以达到该部位承受的具体的应力和温度的共同作用对性能的要求。

最简单的方法是应用"双性能"理念。这将以涡轮盘为例加以阐述。正在使用不同的合金系开展涡轮盘的发展计划，以优化轮缘部位的蠕变断裂强度（高温和低应力）及低温轮毂部位的拉伸性能。这可以通过以下方法实现。

4.7.1 选择性热机械加工的应用

研究已经表明，通过热机械加工可以提高拉伸性能。双性能盘理念是指用热等静压方法生产粉末锻造预成形坯，对中心区域进行锻造，余下的边缘区域不锻造，如图 4.14 所示。这种方法已被应用于低碳粉末高温合金 AF115[45]。热处理包括刚锻完的锻件的快速冷却和无需再固溶处理的直接时效。其结果正如所预料的那样，拉伸性能显著提高，而蠕变性能降低。同时，盘缘的蠕变强度没有变化。

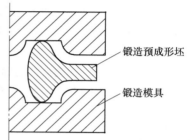

锻造预成形坯

锻造模具

图 4.14 双性能盘锻造模具和预成形坯形状示意图[45]

4.7.2 径向定向再结晶的应用

为了检验制造汽车燃气涡轮整体涡轮转子原则上的可能性，AF2-1DA 合金通过预合金粉末挤压进行固结，之后通过等温锻造成形[46]。在径向施加温度梯度（见图 4.15），由于提高了轮缘部位的最高温度，高温区沿着径向由轮缘向中心逐渐移动。最终的显微组织为：在轮毂部位是细的等轴晶组织，在轮缘和叶片部位是粗的再结晶晶粒（拉长的晶粒）组织。在这种热处理情况下其结果正如所预料的那样，从细晶显微组织到粗晶显微组织的过渡不连续。这种方法也被应用于粉末高温合金 IN100 和 MAR-M200 以及快速凝固合金。

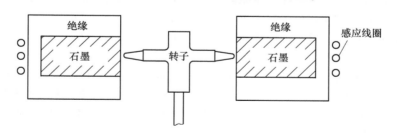

图 4.15 径向定向再结晶的应用[46]

（经 the Metal Powder Industries Federation 同意引用）

4.7.3 两种不同材料的热等静压固—固连接工艺

热等静压固—固连接（热等静压扩散连接）工艺主要是由美国底特律柴油

机阿里逊分部（Detroit Diesel Allison）研发出来的[47]。叶片环（由铸造或粉末冶金加工而成）和高强粉末盘（powder metallurgy disks）分别单独制造，然后通过热等静压进行扩散连接。得到的整体叶轮具有提高承温能力的潜力，其承温能力高于整体叶轮铸件。

利用常规铸造的 MAR-M246 合金叶片环和 PA101 粉末高温合金（几乎相当于 IN792）盘对这一理念进行了验证。拉伸和持久强度试验的结果表明，扩散连接效果很好，接头强度系数❶接近 100%，强度水平几乎接近最弱材料的性能。

不难看出，双性能或多性能部件的设计理念尚未充分发挥出其潜力。粉末冶金技术具有在微尺度上改变材料性能的优势。

参 考 文 献

[1] Couts, W. H., in C. T. Sims and W. C. Hagel (editors), *The Superalloys*, John Wiley, New York, 1972, p. 451.

[2] *US Patent* 3 519 503, July 7, 1970.

[3] *US Patent* 3 639 179, 1979.

[4] *US Patent* 3 669 810, Jun. 13, 1972.

[5] Allen, M. M., Athey, R. L. and Moore, J. B. *Progr. in Powder Metallurgy*, 31, 1975, p. 243.

[6] Athey, R. L. and Moore, J. B., in J. J. Burke and V. Weiss (editors), *Powder Metallurgy for High-Performance Applications*, Syracuse University Press, Syracuse, New York, 1972, p. 281.

[7] Dahlén, M. 'Thermomechanical processing of powder metallurgy superalloys', Doctoral Thesis, Dept. of Engineering Metals, Chalmers University of Technology, Gothenburg, Sweden, 1980.

[8] Reichmann, S. H. and Smythe, J. W. *Int. J. Powder Met.*, 6, 1970, p. 65.

[9] Moskovitz, L. N., Pelloux, R. M. and Grant, N. J. *Proc. 2nd Int. Conf. on Superalloys Processing*, MCIC Report, 1972, Paper Z.

[10] Menzies, R. G., Edington, J. W. and Davies, G. J. *Metal Sci.*, 15, 1981, p. 210.

[11] Menzies, R. G., Davies, G. J. and Edington, J. W. *Metal Sci.*, 16, 1982, p. 483.

[12] Reichman, S. H. and Smythe, J. W., in F. Benesovsky (editor), *Proc. 7th Plansee Seminar*, Reutte, Austria, 1971.

[13] Immarigeon, J. -P. A., Van Drune, G. and Wallace, W., in B. H. Kear *et al.* (editors), *Superalloys-Metallurgy and Manufacture*, AIME, New York, 1976, p. 463.

[14] Immarigeon, J. -P. A. and Floyd, P. H. *Metall. Trans.*, 12A, 1981, p. 1177.

[15] Immarigeon, J. -P. A., private communication, 1976.

❶ 译者注：接头强度与母材强度之比的百分数。

[16] Larson, J. M., Thompson, F. A. and Gibson, R. C., in B. H. Kear *et al.* (editors), *Super-alloys-Metallurgy and Manufacture*, AIME, New York, 1976, p. 483.

[17] Kear, B. H., Oblak, J. M. and Owczarski, W. A. *J. Metals*, June 1972, p. 1.

[18] Ref. 44 in G. H. Gessinger and M. J. Bomford, *Int. Met Rev.*, 19, p. 51.

[19] Meyers, M. A. and Orava, R. N., in M. A. Meyers and L. E. Murr (editors), *Shock Waves and High-Strain-Rate Phenomena in Metals*, Plenum Press, New York, 1981, p. 805.

[20] Orava, R. N. 'The aging response of shock deformed nickel-base superalloys', U. S. Naval Air Systems Command, Final Technical Report, Dec. 1971, Contract No. N00019-71-C0099.

[21] Robertson, J. M., Simon, J. W. and Tillman, T. D. 'Shock wave thermomechanical processing of aircraft gas turbine disk alloys', Pratt & Whitney Aircraft Group, U. S. Naval Air Systems Command, Final Technical Report, Aug. 1979, Contract No. N00019-78-C-0270.

[22] Menon, M. N. and Reimann, W. H. *J. Mater. Sci.*, 10, 1975, p. 1571.

[23] Blackburn, M. J. and Sprague, R. A. *Metals Technology*, 4, 1977, p. 388.

[24] Thamburaj, R., Wallace, W., Chari, Y. N. and Prakash, T. L. *Metal Sci.*, to be published.

[25] Shewmon, P. G. (editor), *Transformation in Metals*, McGraw-Hill, New York, 1969.

[26] Dahlén, M. and Winberg, L. *Metal Sci.*, 13, 1979, p. 164.

[27] Menon, M. N. and Gurney, F. J. *Metall. Trans.*, 7A, 1976, p. 731.

[28] Hillert, M. *Acta Met.*, 13, 1965, p. 227.

[29] Miner, R., NASA TM X-2545, April 1972.

[30] Koul, A. K. and Pickering, F. B. *Acta Met.*, 30, 1982, p. 1303.

[31] Muzyka, D. R. and Maniar, G. N., in '*Metallography*', ASTM STP 557, American Society for Testing and Materials, Philadelphia, Pennsylvania, 1974, p. 298.

[32] Larson, J. M., in H. H. Hausner (editor), *Modern Developments in Powder Metallurgy*, Vol. 8, Plenum Press, New York, 1974, p. 537.

[33] Kortovich, C. S., NASA-CR-121044, 1973.

[34] Thamburaj, R., private communication, 1982.

[35] Freche, J. C., Ashbrook, R. L. and Waters, W. J. 'Application of powder metallurgy to an advanced-temperature nickel-base alloy', NASA-TRW VI-A, NASA TN D-6560, 1971.

[36] Wallace, W., Holt, R. T. and Terada, T. *Metallography*, 6, 1973, p. 511.

[37] *US Patent* 3 850 702, 1974.

[38] White, C. H., in W. Betteridge and J. Heslop (editors), *The Nimonic Alloys*, 2nd Edition, Edward Arnold, London, 1974, p. 82.

[39] Larson, J. M. and Floreen, S. *Metal. Trans.* 8A, 1977, p. 51.

[40] Shimanuki, Y., Nishino, Y., Masui, M. and Doi, H. *J. Jap. Soc. Powd. and Powd. Met.*, 25, 1978, p. 14.

[41] Beddoes, J. C. and Wallace, W. *Metallography*, 13, 1980, p. 185.

[42] Koul, A. K., National Research Council, Ottawa, private communication, 1982.

[43] Tamaziki, M. *J. Jap. Inst. of Metals*, 30, 1966, p. 1032.

[44] Koul, A. K. and Gessinger, G. H. , *Acta Met.* , 31, 1983, p. 1061.

[45] Carlsson, D. M. , in J. K. Tien *et al.* (editors), *Superalloys* 1980, American Society for Metals, Metals Park, Ohio, 1980, p. 501.

[46] Huges, S. E. , Anderson, R. E. and Athey, R. L. , in H. H. Hausner *et al.* (editors), *Modern Developments in Powder Metallurgy*, Vol. 14, MPIF – APMI, Princeton, New Jersey, 1981, p. 131.

[47] Ewing, B. A. , in J. K. Tien *et al.* (editors), *Superalloys* 1980, American Society for Metals, Metals Park, Ohio, 1980, p. 169.

5　粉末高温合金的力学性能[●]

为了消除高合金化铸造合金中的宏观偏析而开发了粉末高温合金。针对不同的应用情况，需要对合金的中温和高温力学性能进行优化。对于高温下使用的涡轮工作叶片，蠕变断裂强度和塑性是最重要的。对于在中温范围工作的盘件，其主要的性能是高屈服强度和抗拉强度，以及高的低周疲劳强度和蠕变强度，然而，在盘件温度更高的轮缘部位，蠕变强度是其主要的力学性能。

合金实际的力学性能，既是由其化学成分和热处理决定的，又取决于晶粒度和晶粒形状，位错亚结构，以及 γ′ 相和碳化物的尺寸、形貌和分布。所有影响组织的这些因素都取决于所采用的加工工艺。此外，力学性能也受粉末处理过程中引入的各种缺陷的影响。

为了理解粉末高温合金的力学性能特点，必须认识到，它们的化学成分与铸造合金相近，而主要制造技术与变形合金相似。

表 5.1 列出了用粉末冶金方法制造的几种主要高温合金。它们可以分为以下三类：

（1）与非粉末冶金合金成分相同的合金，但大部分碳含量有所降低。

（2）经过成分调整的合金。

（3）新合金。

以下文中的讨论是基于表 5.1 中所列出的合金的开发和优化所积累的经验。如上所述，合金的使用温度——中温或者高温是其成分优化最重要的因素。

表 5.1　部分镍基粉末高温合金的化学成分　　　（质量分数/%）

合金	C	Cr	Co	Mo	W	Ta	Nb	Hf	Al	Ti	V	B	Zr	Fe	Ni
未调整成分的合金															
IN100	0.18	10	15	3	—	—	—	—	5.5	4.7	1	0.014	0.06	—	余
改型 IN100	0.07	12.4	18.5	3.2	—	—	—	—	5.0	4.3	0.8	0.02	0.06	—	余
LC Astroloy	0.023	15.1	17.0	5.2	—	—	—	—	4.0	3.5		0.024	<0.01	—	余
U700	0.15	15.0	18.5	5.3	—	—	—	—	4.2	3.5		—		1.0 max	余
Waspaloy	0.04	19.3	13.6	4.2	—	—	—	—	1.3	3.6		0.005	0.048	—	余
NASA Ⅱ B-7	0.12	8.9	9.1	2.0	7.6	10.1	—	1.0	3.4	0.7	0.5	0.023	0.080	—	余

[●]　5.4 节和 5.5 节由 W. Hoffelner 撰写。

合金	C	Cr	Co	Mo	W	Ta	Nb	Hf	Al	Ti	V	B	Zr	Fe	Ni
René80	0.20	14.5	10.0	3.8	3.8	—	—		3.1	5.1	—	0.014	0.05	—	余
AF2-1DA	0.35	12.2	10.0	3.0	6.2	1.7			4.6	3.0		0.014	0.12	—	余
MAR-M200	0.15	9.0	10.0	—	12.0	—	1.0		5.0	2.0		0.015	0.05	—	余
IN713LC	0.05	12.0	0.08	4.7	—	—	2.0		6.2	0.8		0.005	0.1	—	余
IN718	0.04	18.6		3.1			5.0		0.4	0.9		—	—	18.5	余
IN738	0.17	16.0	8.5	1.7	2.6	1.7	0.9		3.4	3.4		0.01	0.1	—	余
IN792（PA101）	0.12	12.4	9.0	1.9	3.8	3.9			3.1	4.5		0.02	0.10	—	余
AF115	0.045	10.9	15.0	2.8	5.7	—	1.7	0.7	3.8	3.7		0.016	0.05	—	余
调整成分的合金															
MERL76	0.015	11.9	18.0	2.8	—		1.2	0.3	4.9	4.2		0.016	0.04	—	余
René95	0.08	12.8	8.1	3.6	3.6		3.6		3.6	2.6		0.01	0.053	—	余
改型 MAR-M432	0.14	15.4	19.6	—	2.9	0.7	1.9	0.7	3.1	3.5		0.02	0.06	—	余
新合金															
RSR103	—	—	—	15.0	—	—	—		8.4	—	—	—	—	—	余
RSR104	—	—	—	18.0	—	—	—		8.0	—	—	—	—	—	余
RSR143	—	—	—	14.0	—	6.0	—		6.0	—	—	—	—	—	余
RSR185	0.04	—	—	14.4	6.1	—	—		6.8	—	—	—	—	—	余

5.1　粉末的显微组织对固结材料的组织和力学性能的影响

　　粉末雾化过程中颗粒的快速冷却速率对所制取的粉末的显微组织有显著的影响（见第 2 章）。通常，粉末中含有比铸锭中更多的亚稳相。粉末压坯中的偏析程度大幅降低，使合金的初熔温度提高，如 IN100 合金提高了 45K。从目前报道看，固结粉末材料和相同成分的变形材料的力学性能的差异主要归因于晶粒组织和 γ′相形貌的不同。如果合金进行热机械加工，得到像粉末合金一样的细晶组织，那么力学性能的这些差异就不存在了。这可以从 IN792 合金的粉末冶金态与铸造+挤压态之间性能的比较中看出来[1]。相似的结果在快速凝固 IN100 合金的研究中已有报道，合金通过定向再结晶处理获得粗晶组织，其性能与铸造 IN100合金的性能相当[2]。

　　尽管合金最终的组织可能与先前的加工历史无关，然而，可以预料到不同的析出反应动力学，这已经在倾向于形成 σ 相的合金中观察到了，如图 5.1所示[3]。

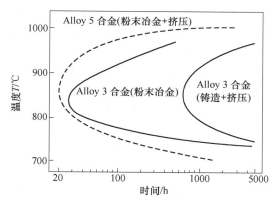

图 5.1　铸造和粉末合金在时效过程中形成 σ 相的时间（Alloy 3 是调整了 Nb 的 IN100 合金，Alloy 5 是调整了 Nb 和 C 的 AF2-1DA 合金）[3]

（经 the Metals Society 同意引用）

5.2　微合金化元素对合金力学性能的影响

由于粉末颗粒细小和较大的比表面积以及粉末压制技术的特点，固结粉末压坯中的原始颗粒边界和晶界成为有益的合金元素和有害的杂质偏聚的最重要的位置。有关镍基高温合金中杂质和痕量元素方面的研究，Holt 和 Wallace[4] 已经进行了综述。

在粉末合金中被公认为有害的元素为：残留气体，如氧和氮；残留非金属，主要是硫。

5.2.1　氧

图 5.2 给出了降低氧含量对铸造[5]和粉末高温合金[6]持久寿命的有利影响。通常，氧含量降低至（50~100）×10⁻⁶会显著提高合金的持久寿命。氧含量对合

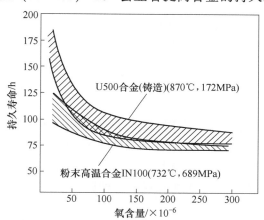

图 5.2　氧含量对铸造高温合金 U500[5]和粉末高温合金 IN100[6]持久寿命的影响

金中温塑性的影响与之相似，如图 5.3 所示。图中给出了不同方法生产的 IN738 合金的拉伸塑性的最低值（在 800℃）。真空铸造和粉末冶金方法制造的 IN738 合金中氧含量最低[7]。低压等离子喷涂捕获了更多的氧，因此拉伸塑性降低[8]。机械合金化（mechanical alloying，MA）（在含氧的氩气环境下球磨）导致合金中的氧含量最高，合金的塑性最低[9]。

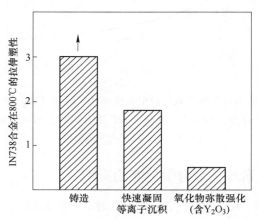

图 5.3　不同方法生产的 IN738 合金在 800℃ 的拉伸塑性[7~9]

由环境污染带来的氧所引起晶界脆化的问题受到了极大的关注，Woodford 和 Bricknell[10] 对此进行了综述。他们认为脆化与晶界固定存在联系。在中温通过晶界滑动发生变形，通过在邻近晶界区域的滑移和晶界迁移对变形进行协调。氧脆是由晶界固定和缺乏晶界协调引起的。针对氧渗透导致晶界钉扎，已经提出了几种机制。一种是氧在晶界偏析，另一种是氧在硫化物上析出[11]。防止氧脆的措施包括：

（1）使用保护涂料。

（2）调整化学成分以形成稳定的 Cr_2O_3 层。

（3）通过添加铪和硼调整内在的化学成分，铪和硼元素也在晶界偏析，阻止氧的晶界扩散。

5.2.2　硫

硫在镍基高温合金中的有害作用受到了越来越多的关注[12]。Wallace 等人[13] 证实了在粉末高温合金 IN713LC 中富钛和锆的 M_2SC 型硫碳化物的存在。这些相是在高于固相线温度的热等静压过程中形成的。在此期间，硫和碳在晶界液体熔池凝固过程中与难熔金属元素发生反应。这种析出相会严重降低拉伸塑性和持久塑性。

已用于优化粉末合金的有益的微量元素包括铪、硼和碳。

5.2.3 铪

铪作为合金元素的应用不久前才开始[14]。已经表明，铪加入铸造合金能够提高合金的抗拉强度、持久寿命和中温塑性。铪通过以下几种方式改善铸造合金的组织：

（1）铪改变一次 MC 型碳化物的形貌，由汉字草书状变为晶界不连续的块状，这种形态的 MC 型碳化物表现出更高的裂纹扩展抗力。

（2）铪还进入 γ' 相，增加晶界块状 γ' 相的体积分数。晶界形态由平面状变成复杂曲面状，提高合金的低温塑性，降低中温晶界滑动速率。

Larson 等人[15]已经阐述了添加铪对 Astroloy 粉末高温合金的 γ' 相形貌和碳化物反应的影响。加入 0.25% ~ 1.7% 的 Hf 促进晶界上胞状 γ' 相的形成。这些析出相较大的尺寸可用 γ' 相的非均匀形核和均匀形核温度之间较大的差异来解释。在含铪的粉末高温合金 NASA Ⅱ B-11[16] 和 MERL76[17] 中也发现了胞状 γ' 相的形成。在 MERL76 合金中铪还促进 γ' 相粗化和过时效。铪可以提高 γ' 相的固溶温度和降低合金的初熔温度。因此，对于在 γ' 相固溶温度和固相线温度之间进行热等静压处理的合金设计，添加铪是一个重要的手段，因为铪能够控制两个温度差的大小。

铪对碳化物形成的影响是非常重要的。铪是强碳化物形成元素，比钛更容易与碳结合。另外，HfC 分布在粉末颗粒内部，不会像 TiC 那样发生分解和在粉末表面重新析出形成薄膜。因此，在固结过程中铪不会在原始颗粒边界上形成 MC 型碳化物网[18]。铪也会使碳化物平衡反应趋向于得到更多的 MC 型碳化物，如在 NASA Ⅱ B-11 合金中，发现 M_6C 型碳化物含量降低，而 MC 型碳化物含量增加[16]。在 760℃ 及以下，铪改型的 NASA Ⅱ B-11 合金改善了力学性能（从表 5.2 铪改型的几种粉末 NASA Ⅱ B-11 合金和铸造 NASA Ⅱ B-11 合金的室温力学性能对比也可以看出）。在更高的温度下，晶粒度的影响变得更加重要。在铪改型的粉末 NASA Ⅱ B-11 合金中晶粒度随着碳含量的增加和铪含量的降低而增大，碳促使 γ' 相体积分数降低。

表 5.2 粉末和铸造 NASA Ⅱ B-11 合金室温拉伸性能[16]

合金	$w(C)$ /%	$w(Hf)$ /%	$\sigma_{0.2}$/MPa	σ_b/MPa	δ/%	ψ/%
1（粉末）	0.088	<0.1	1200	1510	10.3	12.1
2（粉末）	0.084	2.5	1250	1590	10.2	11.4
3（粉末）	0.205	<0.1	1180	1590	11.9	12.1
4（粉末）	0.190	2.6	1230	1470	5.8	9.1
5（粉末）	0.142	1.4	1210	1450	6.9	9.8
铸造	0.08	<0.01	1190	1470	10.0	13.5

5.2.4 硼

高温合金中硼含量通常为 $(50\sim500)\times10^{-6}$。硼像锆一样，可以显著提高高温合金的热加工性和蠕变断裂性能。之前已经提到，硼可以抵消氧化导致的环境恶化的不利影响。由于硼原子尺寸小及硼在基体和 γ' 相中溶解度低，硼偏聚在晶界空位处，从而减少晶界扩散反应[19]。硼既以原子的形式又以析出硼化物的形式偏聚于晶界[20]。

在用大气压固结法的粉末成形中（见 3.2.3.1 节）[21]，有间接的证据表明，在高温合金粉末中加入少量的硼酸，和金属氧化物结合，可以提高粉末表面活性，使在粉末固结过程中速率控制的扩散系数提高几个数量级。

硼作为合金元素，被有意地加入到粉末高温合金 LC Astroloy（AP1）中[22]，但是没有改善力学性能。图 5.4 给出了 AP1 合金中硼化物的固溶温度与合金的固相线温度之间的相关系。如果选择的热等静压固结温度高于硼化物的固溶温度，则金属硼化物会完全固溶。但是，由于在这么高的温度下晶界失去了钉扎作用（没有晶界钉扎位置），晶粒发生明显长大，且在冷却过程中，在晶界上形成连续的脆性硼化物/碳化物薄膜。

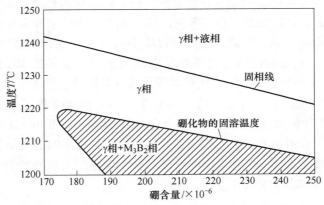

图 5.4 粉末高温合金 LC Astroloy（AP1）中硼化物的
固溶温度与合金的固相线温度之间的相关系

5.2.5 碳

碳在粉末高温合金中起着多种作用。碳必须形成不连续的晶界碳化物，才能有效地减缓晶界在高温和中温下的滑动。与原型铸造合金相比，在很多粉末高温合金中碳含量很低。在铸造合金中需要高碳含量是为了降低合金的固相线温度，从而提高合金的铸造性能。高碳含量第二个有益的作用是在熔体中碳可以与硫和氧发生反应。

在压制氩气雾化粉末中最早观察到的一种现象是 MC 型碳化物以连续的薄膜形式析出，勾勒出原始颗粒边界。含有这种碳化物的合金表现出较差的塑性，原始颗粒边界阻碍晶粒长大。有很多方法可以用来解决消除原始颗粒边界问题：

（1）降低碳含量至（50~100）×10⁻⁶。

（2）加入更加稳定的碳化物形成元素，如钽和铪，将主要的碳化物反应从粉末颗粒表面转移至粉末颗粒内部。

（3）化学清洗粉末，清除粉末表面的 MC 型碳化物形成元素[23]。将粉末置于 HCl-H₂ 气氛中，金属与其发生反应，形成 MCl 和氢气。如果需要处理大量粉末及再现力学性能，这种方法会存在诸多问题。该方法已经用于 IN100、U700 和 Rene95 合金粉末的处理。结果表明，为了保证在热等静压过程中粉末可靠的连接，粉末反应的平均深度必须达到将近 25μm。

（4）选择合适的热等静压固结温度和热处理制度的组合，消除或改变粉末颗粒表面的 MC 型碳化物。

在此讨论粉末高温合金 Astroloy 中碳含量和热处理制度对形成 $M_{23}C_6$ 型碳化物和 MC 型碳化物的协同作用。研究结果表明，对粉末高温合金 Astroloy 或与其相当的 C 含量（质量分数）为 0.08% 的 U700 粉末合金，在 γ′ 相固溶温度以上进行热等静压，导致在原始颗粒边界上形成 MC 型碳化物[24]。另一方面，对于 $w(C)=0.02\%$ 的粉末高温合金 Astroloy，当其在 γ′ 相固溶温度以下进行热等静压时，合金中也会出现由 MC 型碳化物勾勒出的原始颗粒边界，然而在 γ′ 相固溶温度以上进行热等静压，MC 型碳化物大部分溶解[25]。关于碳对碳化物析出和溶解温度的显著影响可作如下解释（见图 5.5）：在高碳合金中 γ′ 相、$M_{23}C_6$ 型碳化物和 MC 型碳化物的析出动力学与 U700 中的相似[26]。可以看到在 γ′ 相固溶温度以上加热会使 MC 型碳化物稳定析出。降低碳含量会有两方面影响（见图 5.6）：

（1）如实验数据所证实的那样[25]，MC 型碳化物固溶温度降低至接近 γ′ 相固溶温度。

（2）MC 型碳化物开始析出曲线向右移，碳化物析出时间延长，表明反应更加缓慢。

Koul[27] 在 Ni-Fe-Cr 合金中也观察到了类似的规律。尽管低碳的粉末高温合金 Astroloy（LC Astroloy）在高于 γ′ 相固溶温度热等静压后，仍然观察到原始颗粒边界上还有少量的 MC 型碳化物析出，但是，它对蠕变断裂性能的不利影响大幅减小。除了根据 MC 型碳化物固溶温度来调整热等静压温度以外，减少原始颗粒边界的第二个办法是对粉末进行预热处理，即在 950℃ 下保温 16h，使得在整个粉末内形成 $M_{23}C_6$ 型碳化物。在后续加热到更高温度的条件下，TiC 更倾向于在颗粒内，而不是在颗粒表面析出。很有可能碳含量（质量分数）在 0.02% 以上时，碳含量稍微增加就会造成在原始颗粒边界上形成的 MC 型碳化物体积分数的增加。例如在 $w(C) = 0.034\%$ 的 Astroly 合金的两个相邻粉末颗粒的界面上形成了 MC 型碳化物，而在自由粉末颗粒表面上却没有观察到 MC 型碳化物[28]。

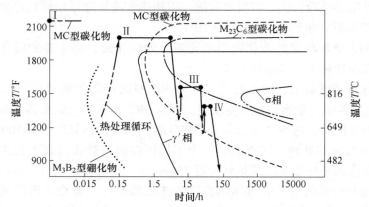

图 5.5　U700 合金（高碳含量的 Astroly 合金）的温度—时间析出曲线（TTP 曲线）[26]
（经 Elsevier Publish Co. 同意引用）

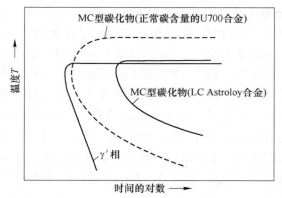

图 5.6　碳含量对 U700 和 Astroly 合金温度—时间析出曲线影响的示意图

5.3　组织对静态力学性能的影响

　　通常，变形高温合金和粉末高温合金采用的强化原理是相同的。这些强化机制在文献［29，30］中已经做了很详细的综述，我们将仅对粉末加工方面进行再次讨论。其中一方面在于，人们越来越意识到了热机械加工在获得特别有利的显微组织方面所起的作用。为了达到优化中温力学性能的目的，主要是拉伸性能和蠕变性能，在热机械加工方面开展了大量的研究工作。为了有效地进行这种力学性能的优化，首先考虑的是其重要参数，其次考虑决定某种特殊性能的基本的强化机制。三种不同温度下的晶粒度对短时和长时力学性能的影响充分说明了这一点，如图 5.7 所示。对于给定的两种晶粒度，存在一个等强温度，低于该温度，细晶粒有利于高力学性能，反之，粗晶粒更有利。等强温度可以被描述为基体强度与晶界强度相等时的温度，它与施加的应力和应变速率范围有关。晶粒度本身不是决定力学性能的因素，但是晶粒度是影响基体内和晶界上强化相的尺寸和分布的主要组织参数之一，从而决定了基体和晶界在变形过程中所起的相对作用。因此，将强化机制分为两类是更合理的，正如 Ansell[31] 在氧化物弥散强化合金（oxide-dispersion-strengthened alloys）中提出的。

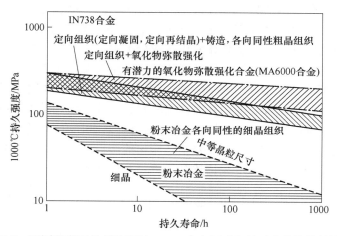

图 5.7 不同温度下的晶粒度对 IN738 合金短时和长时力学性能的影响

5.3.1 直接基体强化和颗粒强化

这包括在本书第 1 章中所列出的所有的强化机制。对于镍基高温合金可以归纳如下：

（1）固溶强化。

（2）共格 γ′ 相析出强化。

（3）晶界碳化物析出强化。

与前两种机制的大量的理论研究相比，关于晶界上弥散颗粒所起的作用进行的定量解释，目前开展的研究工作还是很少。

5.3.2 间接颗粒强化

材料的所有组织被认为决定着材料的变形。力学性能取决于以下因素：

（1）晶粒度。

（2）晶粒形状，包括织构。

（3）晶界形状，平直状或锯齿状。

（4）位错亚结构。

前三种参数本质上主要是几何参数，它们主要的作用则是决定晶粒内部在低温和中温时的滑移行为，以及影响在中温和高温时晶界滑动的相对作用。析出相颗粒的作用在于稳定晶粒组织。如果存在位错亚结构，析出相颗粒也有利于稳定位错亚结构。

5.3.3 直接和间接强化对比

理解不同强化机制的另一种方式就是，要认识到直接强化机制都是基于每一种相的强度和它们之间的相互作用，例如，它们本质是受高温合金相图控制的，而间接强化机制则与高温合金具体的化学成分无关。

图 5.8 给出了直接和间接强化机制的相对作用与温度之间关系的示意图。固溶强化实际上不取决于温度，然而，析出强化机制则随着温度的升高开始时增强，而后强烈减弱；随着温度的升高，细晶粒和位错亚结构的有利作用降低，而粗晶粒对力学强度的贡献作用在增加。所有合金强化机制的理论每次都是基于一种强化机制进行描述的，且通常需要很多简化的假设。合金强度的定量模拟作为所有合金强化机制的总和，可能仍然会一直是难以达到的目标。

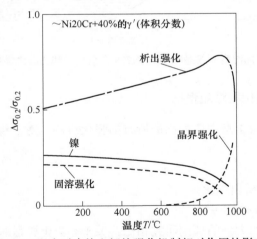

图 5.8 温度对直接和间接强化机制相对作用的影响

5.3.4 关于直接强化机制的研究工作

通常可以说，粉末盘合金（PM disc alloy）的选择，一直遵循着更高强度合金体系的开发模式。强度的提升是通过增加固溶强化元素含量及选择具有最高 γ′ 相体积分数的合金来实现的。从图 5.9 可以看出这种发展规律，它描述了一些商用和试验用的盘件合金中温强度与 γ′相强化元素含量之间的关系。

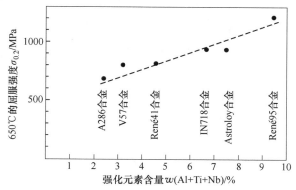

图 5.9　盘件合金的中温强度与 γ′相强化元素含量之间的关系

对战略元素短缺的担心促使了关于钴对镍基高温合金力学性能影响的定量研究工作的开展[32]。钴从供应问题上讲，它是最关键的元素之一，其对镍基合金是至关重要的，因为它能够降低堆垛层错能[33]，从而使得交滑移更加困难。如 MERL76 和 AF115 等粉末盘合金含 Co 达 18%（质量分数）。这些合金及 MERL76 合金基体中钴含量的降低明显增加了堆垛层错能[32]，从而将蠕变速率提高了一个数量级。钴通过不同的方式影响着合金组织，表 5.3 总结出了 MERL76 合金中钴以不同方式对蠕变性能和组织的影响。有一种观点认为，为避免力学性能的严重下降，必须保证这些合金中至少含有 10%（质量分数）的钴元素。

表 5.3　降低钴含量对 MERL76 合金组织和蠕变性能的影响[32]

显　微　组　织	蠕变速率
提高堆垛层错能	提高
提高铝和钛在基体的固溶度，从而降低 γ′相体积分数	提高
降低碳在基体的固溶度，从而增大 γ/γ′晶格错配	降低
降低碳在基体的固溶度，从而增加 $M_{23}C_6$ 型碳化物在晶界上的析出	降低，但塑性降低

关于 γ/γ′晶格错配在高温合金蠕变中的作用仍然是一个有争议的话题。虽然 Gerold 和 Haberkorn[34] 及 Gleiter[35] 等人的模型表明，两相合金系中的临界分切应力随着因晶格错配产生的共格应变的增加而提高，而实验证据表明，晶格错配对镍基高温合金的蠕变有益也有弊[36,37]。Law 和 Blackburn[38] 发现随着错配的增加，三种粉末高温合金 B6（MAR-M432）、MERL76 和 AF115 的蠕变断裂寿命提高，如图 5.10 所示。所选的三种合金几乎具有相同的 γ′相含量，但固溶强化元素含

量不同。而这在一定程度上更加放大了晶格错配对 AF115 合金的蠕变断裂寿命影响。蠕变试样的显微组织实验证据表明，B6 合金具有比 AF115 更快的回复速率。有一种观点认为晶格错配强化是一个中温时重要的蠕变机制，而在更高温度下 γ′ 相的粗化将会消除较低温度下晶格错配强化的有益作用。

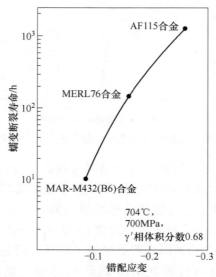

图 5.10 晶格错配对三种粉末高温合金蠕变断裂寿命的影响[38]

晶界析出相可以弱化也可以强化晶界[39]。根据 Ashby[40]，晶界析出相的存在可以使扩散蠕变在微观层面发生变化。有证据表明，晶界析出相的存在会改变晶界作为空位源或空位阱的效率。对于含有晶界析出相的材料，晶界滑动理论分析表明[41]，主要是晶粒度而不是晶界析出相颗粒限制晶界滑动的速率，而晶界析出相可稳定晶粒度。晶界碳化物是导致在高温蠕变断裂过程中晶间断裂的主要原因，因为它们成为孔洞的优先形核位置。关于含析出相晶界对高温性能常见的影响将在下文中进行讨论。

5.3.5　关于间接颗粒强化机制的研究工作

晶粒度是控制中高温力学性能的主要参数。图 5.11 明显地显示出了挤压态细晶组织（0.2μm）和粗晶组织 MA738 合金（含 Y_2O_3 的 IN738 合金）的力学性能与温度之间的关系。晶粒度与力学性能间关系的参数研究鲜有报道。图 5.12 给出了 IN792 粉末高温合金在 704℃时蠕变裂纹扩展的初始应力强度因子与晶粒度之间的关系[1]。当晶粒尺寸从 10μm 增加至 100μm，应力强度因子则从 16MPa·$m^{1/2}$增加至 40MPa·$m^{1/2}$。在诸多其他的高温合金中，同样也发现了裂纹扩展与晶粒度具有强关联性[1]。

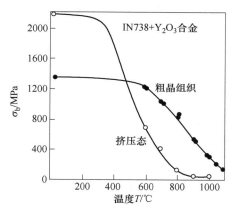

图 5.11　MA738 合金和铸态 IN738
合金的力学性能与温度的关系

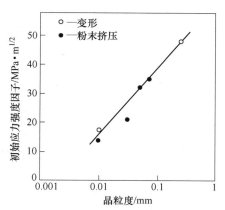

图 5.12　粉末高温合金 IN792 在 704℃
时蠕变裂纹扩展的初始应力强度
因子与晶粒度间的关系[1]
（经 Metallurgical Society of AIME 同意引用）

　　目前，像粉末高温合金 Astroloy 颇为关切原始颗粒边界的形成，除此之外，一致认为，在低于 γ' 相固溶温度下进行粉末压实，通过 γ' 颗粒相稳定细晶尺寸，得到拉伸性能和蠕变断裂性能的最优组合。

　　晶界形貌也会严重影响中温蠕变和拉伸性能。图 5.13 表明，在低于 γ' 相固溶温度下缓冷而得到锯齿状晶界的粉末高温合金 IN792，其蠕变裂纹扩展抗力得到了相应提高[1]，对合金力学性能类似的影响已在 AP1 合金中观察到[42]。

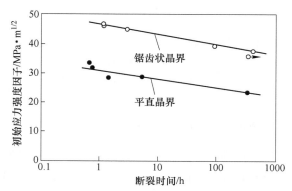

图 5.13　锯齿状晶界和平直晶界的粉末高温合金 IN792 的蠕变裂纹扩展抗力[1]
（经 Metallurgical Society of AIME 同意引用）

　　在低于 γ' 相固溶温度下通过各种温加工方法产生的位错亚结构，可提供附加的中温强化。可以采用轧制、锻造或挤压进行变形。图 5.14 给出了温轧粉末高温合金 IN100 在不同温度下的力学性能[43]。

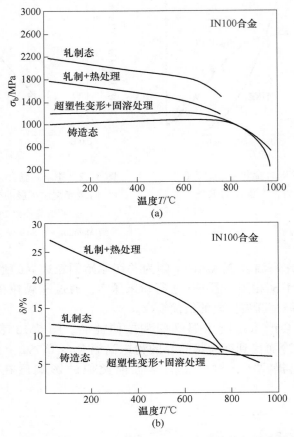

图 5.14 粉末和常规铸造合金 IN100 的力学性能与温度的关系

(经 the Metals Society 同意引用)

(a) 抗拉强度 σ_b；(b) 断后伸长率 δ[43]

5.3.6 粉末高温合金 Astroloy 的力学性能

粉末高温合金 Astroloy 由低碳含量的 Astroloy 合金衍生而来，是专门设计的用于制造粉末盘（powder metallurgy disk）的合金[44]，它是美国普惠公司研究的第二种粉末盘合金，并标牌为 AP1。AP1 是由维金合金公司（Wiggin Alloys Ltd.，英国）进行开发和生产的主要盘件合金，并主要供给罗罗公司（Rolls Royce，罗尔斯—罗伊斯公司，简称罗罗公司，英国）和其他欧洲发动机制造商使用。

有很多工业的或实验的加工方法可用于控制显微组织和力学性能。表 5.4 总结了与粉末高温合金 LC Astroloy 相关的加工工艺。其中部分加工工艺是为了避免在原始颗粒边界上析出 MC 型碳化物这种有害组织。表 5.4 给出了 13 种不同的加工工艺，采用这些工艺可以得到三类显微组织：细晶组织、项链组织和粗晶组织。图 5.15 给出了热等静压工艺条件以及与热等静压工艺相对应的晶粒度。如果事先对粉末进行冷加工，热等静压固结可以在相当低的温度下进行，并在热等静压过程中发生再结晶，得到的晶粒尺寸为 $1.5\mu m$。在比 γ' 相固溶温度稍微低的温度下热等静压，可以得到细的晶粒度为 $12\mu m$。在稍微高于 γ' 相固溶温度的温度下热等静压，则可以得到的晶粒尺寸为 $43\mu m$。使用较高的热等静压温度的益处在于可以溶解 MC 型碳化物，从而使晶界免于连续的碳化物析出。以上加工手段主要是控制晶粒组织，而第二组工艺参数，也就是热处理，是控制 $M_{23}C_6$ 型碳化物和 γ' 相的析出及分布。基本上包括三类热处理工艺，都比传统 Astroloy 合金的热处理简单。所有的热处理制度都是以高于 γ' 相固溶温度，低于硼化物固溶温度进行热等静压为基础的。

（1）热等静压，缓冷或者快冷。

（2）热等静压+在 1070~1150℃ 固溶+在 980℃ 析出 $M_{23}C_6$ 型碳化物+在 760℃ 析出 γ' 相。

（3）热等静压+在 1070~1150℃ 固溶+在 760℃ 析出 γ' 相。

表 5.4　用于或建议用于粉末高温合金 LC Astroloy 的工艺路线及得到的显微组织

序号	固 结	后续变形	显微组织	文献
1	低于 γ' 相固溶温度热等静压	（a）—	细小的再结晶晶粒组织	[47]
		（b）低于 γ' 相固溶温度等温锻造	细晶组织	[47]
2	低于 γ' 相固溶温度两步热等静压	—	细晶组织，在原始颗粒边界上没有 MC 型碳化物析出	[45]
3	热塑性加工+低于 γ' 相固溶温度热等静压	（a）—	非常细小的晶粒组织	[46]
		（b）低于 γ' 相固溶温度等温锻造	细晶组织	[46]
		（c）常规锻造	细晶组织	[46]
4	高于 γ' 相固溶温度热等静压	（a）—	增大的晶粒	[25，47]
		（b）高于 γ' 相固溶温度等温锻造	项链组织	[47]

序号	固 结	后续变形	显微组织	文献
4	高于 γ′ 相固溶温度热等静压	(c) 常规锻造 　热加工 　热加工/温加工 　温加工	粗晶组织 项链组织和细晶组织 项链组织和细晶组织	[47] [47] [47]
5	高于硼化物固溶温度热等静压	(a) — (b) 低于 γ′ 相固溶温度等温锻造	粗晶组织 细晶组织+温加工组织的混合组织	[49] [49]

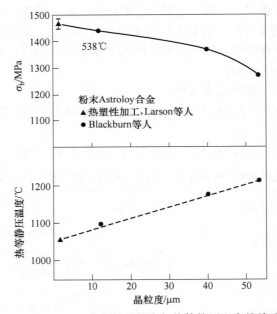

图 5.15　LC Astroloy 合金的晶粒度与热等静压温度的关系以及
热等静压温度对 538℃拉伸性能的影响

可以清楚地看出，这些大量的加工和热处理参数将会得到各种的力学性能组合。在下文中，将会选择相关的力学性能数据来体现主要参数的作用。

图 5.15 给出了在热处理制度不变的情况下，晶粒度（或热等静压温度）对538℃拉伸性能的影响。随着晶粒尺寸的增加，拉伸性能降低。图中没有给出732℃、560MPa下的持久性能，该性能随着晶粒尺寸增加而提高。选择高于 γ′ 相固溶温度热等静压，主要改善了缺口韧性[25]。

提高固溶后冷却速率及不进行碳化物稳定化处理是提高合金低中温强度的方法，这是由于形成了更多大体积分数的 γ′ 相和超细的 γ′ 相。该热处理的缺点是在大约 760℃ 的含氧气氛中出现拉伸脆性[45]。冷却速率对 γ′ 相体积分数和 760℃ 力学性能的这种影响在随后经过锻造的材料中也得到了证实。图 5.16 给出了不同工艺条件下材料的力学性能，即在 1215℃，接近硼化物固溶温度进行热等静压，热等静压+在低于或高于 γ′ 相固溶温度下等温锻造，在随后的固溶处理时进行盐淬快冷或在空气中缓冷[47]。760℃ 屈服强度直接与 γ′ 相体积分数成正比，如图 5.17 所示。图 5.17 还表明，在低于 γ′ 相固溶温度锻造得到的双重晶粒组织较均匀晶粒组织具有更高的屈服强度[48]。这种屈服强度的提高可归因于再结晶晶粒中的细小 γ′ 相，还可能归因于再结晶细晶粒产生的一些强化作用。

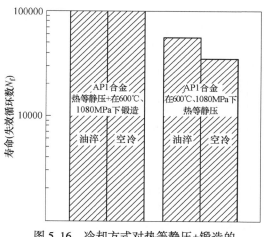

图 5.16 冷却方式对热等静压+锻造的粉末高温合金 Astroloy（AP1）在不同温度下的力学性能的影响[47]

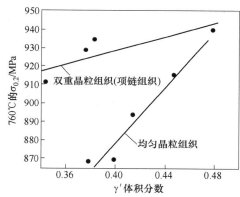

图 5.17 γ′ 相体积分数对项链组织和均匀晶粒组织的粉末高温合金 Astroloy 760℃ 屈服强度的影响[48]

相反的，拉伸塑性、持久寿命和持久断后伸长率随着热处理冷却速率的增加而降低，如图 5.18 所示[25]。对"两步"热等静压和含有锯齿状晶界的材料的初步研究结果表明，这样的处理工艺有进一步改善 760℃ 持久性能的潜力[45]。

5.3.7 粉末高温合金 René95 的力学性能

René95 合金是高合金化 γ′ 相强化的镍基高温合金。由于高合金化容易产生偏析，因此，很难用常规工艺生产。René95 粉末高温合金与 René95 合金的不同点在于，稍微地降低了碳含量和铬含量。该合金的化学组成有利于抑制碳化物在原始颗粒边界上析出。粉末高温合金 René95 已经得到开发并应用于美国的通用电气公司。

表 5.5 给出了在合金开发过程中所采用的几种加工路线及相应的显微组织。René95 变形合金因具有项链显微组织，显示出优异的力学性能[50]。所有最初的加工路线都以获得这种特殊的显微组织为目的。为了降低成本，逐渐开发出获得

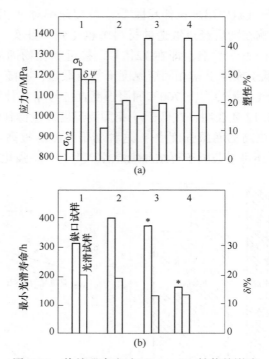

图 5.18　热处理冷速对 LC Astroloy 性能的影响

（经 the Metals Society 同意引用）

（a）620℃拉伸；（b）732℃，560MPa 持久性能[25]

1—1100℃，空冷+982℃保温 4h+760℃保温 8h；2—1100℃，空冷+760℃保温 8h；3—1100℃，482℃盐淬+760℃保温 8h；4—1100℃，315℃盐淬+760℃保温 8h；＊—部分缺口试样寿命小于 100h

近净成形（near-net shapes，NNS）或净成形（net shapes，NS）工艺，最初是传统锻造方法[51]，然后是热模锻造[52]，最后发展到热等静压净成形[53]。直接热等静压固结 René95 合金存在低周疲劳性能分散性较大的问题，促进了锻造技术以及经过挤压进行剪切变形而获得锻坯的加工技术更广泛的应用，这些技术使用的目的是为了破碎陶瓷夹杂物和减小缺陷的平均尺寸[54]。

表 5.5　粉末高温合金 René95 所采用的工艺路线及获得的显微组织

序号	固结	随后变形	显微组织	文献
1	低于 γ′相固溶温度热等静压	（a）—	细晶组织，晶粒度与粉末粒度成正比	[53]
		（b）低于 γ′相固溶温度常规锻造	细晶组织	[51]
		（c）热模锻造或低于 γ′相固溶温度等温锻造	细晶组织	[52]

续表 5.5

序号	固结	随后变形		显微组织	文献
2	低于 γ′ 相固溶温度挤压	(a) —		细晶组织	
		(b) 低于 γ′ 相固溶温度常规锻造		细晶组织	
3	高于 γ′ 相固溶温度热等静压	(a) —		增大的晶粒	[53]
		(b) 低于 γ′ 相固溶温度常规锻造		项链组织	[51]
		(c) 低于 γ′ 相固溶温度热模锻造		项链组织	[52]

大多数粉末高温合金 René95 的报道都是技术性的，现在还缺少关联显微组织与力学性能的科学数据。但是，从定性上讲，该中温力学性能的变化趋势与粉末高温合金 Astroloy 所观察到的趋势是类似的：

（1）拉伸性能随着晶粒度的减小而提高。

（2）蠕变和持久性能随着晶粒度的增加而提高。

与粉末高温合金 Astroloy 不同，René95 粉末固结的优选温度是低于 γ′ 相固溶温度，主要原因是航空发动机上大多数部件目前需要高拉伸性能。第二个原因是锻坯晶粒越细，其热加工性越好。

热等静压最佳工艺参数是在 1121℃ 、103MPa 下保温 3h。在该温度下热等静压，合金可获得抗拉强度与塑性的最佳组合，晶粒尺寸为 20μm。晶粒度间接地受控于原始粉末粒度分布。图 5.19 给出了粉末高温合金 René95 650℃ 拉伸性能和持久寿命，该合金在低于 γ′ 相固溶温度进行热等静压固结及相似的热处理[55]。当初始粉末颗粒尺寸减小时，拉伸和持久性能提高。挤压成形或压坯的

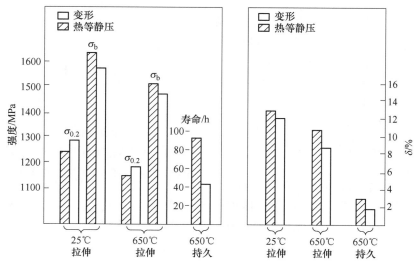

图 5.19　低于 γ′ 相固溶温度的热等静压粉末高温合金 René95 650℃ 拉伸性能和持久寿命[55]

后续加工会明显减小因原始粉末粒度分布导致的拉伸性能的差异。

热等静压固结锭坯或挤压固结锭坯，经常规锻造后所获得的力学性能完全取决于所采用的变形条件及变形后所获得的组织。挤压锭坯在 1080℃ 进行 60% 变形量的锻造，可将晶粒尺寸减至 5μm，这是由于在锻造过程发生了动态再结晶的结果。所以，并不奇怪，与锻前挤压锭坯相比，这样小晶粒尺寸的铸锭，其持久寿命会降低（650℃、1030MPa 下持久寿命 400h 降至 184h）。同样的锻造条件应用到直接热等静压固结锭坯上，则持久寿命由 195h 增加至 659h，这是由于形成了项链组织[56]。

显然，通过充分利用等温锻造技术和使用不同的锻造温度可以获得更广泛的晶粒度范围。对热等静压固结 IN713LC 合金粉末的等温锻造研究得出一般规律，即只要形变量足够大，组织则发生演变，其本质上就不再取决于原始组织，而仅仅是由所选的变形条件决定[57]。通过选择合适的应变速率和温度，等温锻造既可以获得细晶，也可以获得粗晶。

热处理是影响热等静压固结粉末力学性能的主要因素。对于 René95 合金而言，热处理的主要目的是改变 γ′ 相体积分数和粗细 γ′ 相的相对比例。高于 γ′ 相固溶温度固溶及随后的快速冷却可得到最高数量的 γ′ 相，但是这也会导致淬裂及不希望的晶粒长大。低于 γ′ 相固溶温度固溶会导致不同冷速下得到的 γ′ 相数量不同[58]。

固溶冷却速率与截面尺寸、淬火介质和转移时间有关。在两种固溶温度下，冷却速率对 650℃ 拉伸性能的影响如图 5.20 所示。对于给定的截面尺寸，冷却速率有可能通过有限元分析和实验确定，然后找出冷却速率与力学性能的对应关系。对于复杂形状和截面尺寸各异的工件，选择性热处理可确保力学性能的合理分布。

对直接热等静压固结的 René95 合

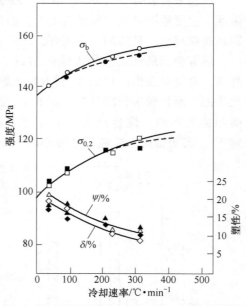

图 5.20 两种固溶温度下的冷却速率对粉末高温合金 René95 650℃ 拉伸性能的影响[58]

金，通过以下热处理可获得最佳的综合力学性能：$T_{γ′固溶温度}$—15℃ 保温 1h，538℃❶盐淬+871℃ 保温 1h，空冷+650℃ 保温 24h，空冷。

---

❶ 原著中是 38℃，有误，译者修改为 538℃。

5.3.8　IN100 系粉末高温合金的力学性能

IN100 是一种高 γ' 相体积分数、碳含量（质量分数）高达 0.18% 的铸造合金，开发并应用于高温涡轮工作叶片。鉴于其优异的高温强度，IN100 被普惠公司选用于粉末盘合金（PM disk alloy），粉末高温合金 IN100 具有比粉末高温合金 Astroloy 更高的承温能力。

在美国和欧洲，很多研究人员也把粉末高温合金 IN100 当做合金系模型[59]，并阐述了所采用的大量不同的加工工艺，见表 5.6。

在粉末高温合金 IN100 及其工艺研发过程中形成了多种成分（见表 5.7），总结为以下三类：

（1）与铸造合金（碳质量分数 0.18%）成分相同的粉末合金。

（2）改型 IN100 合金（碳质量分数 0.07%，提高铬和钴含量）。

（3）MERL76 合金（碳质量分数 0.02%，去掉了钒，添加铌和铪元素）。

表 5.6　IN100 系粉末高温合金采用的加工路线

（正常的和低碳的 IN100、改型 IN100、MERL76）

序号	固　结	随后变形	显微组织	文献
1	低于 γ' 相固溶温度热等静压+低于 γ' 相固溶温度挤压	低于 γ' 相固溶温度等温锻造	细晶组织	[62]
2	低于 γ' 相固溶温度一步热等静压	—	细晶组织	[17, 65]
3	高于 γ' 相固溶温度一步热等静压	(a) —	增大的晶粒	[63]
		(b) 低于 γ' 相固溶温度常规锻造	项链组织，热处理后为粗晶组织	[63]
		(c) 高于 γ' 相固溶温度挤压	增大的晶粒	[63]
4	低于 γ' 相固溶温度两步热等静压	低于 γ' 相固溶温度常规锻造	细晶组织	[24]

表 5.7　IN100 系列粉末高温合金的名义化学成分 （质量分数/%）

合金	Ni	C	Cr	Co	Mo	Nb	Al	Ti	B	Zr	V	Hf
高碳 IN100	余	0.18	10.0	15.0	3.0	—	5.5	4.7	0.014	0.06	1.0	
改型 IN100	余	0.07	12.4	18.5	3.2	最大 0.04	5.0	4.3	0.02	0.06	0.78	—
MERL76	余	0.02	12.5	18.5	3.2	1.4	5.0	4.4	0.02	0.06	—	0.4

在第一类合金中，高碳含量导致在原始颗粒边界上形成 TiC，从而限制晶粒

长大速率。Larson[60]已经对高碳含量的粉末高温合金 IN100 的晶粒长大和力学性能开展了研究。这类合金经过挤压和标准热处理后，其力学性能通常要比直接铸造和变形的要好。连续的碳化物膜会稍微降低中温塑性，但是断裂总是起源于原始颗粒边界上的碳化物颗粒。Moskovitz 等人[61]对该合金采用了几种组合工艺，基本上证实了 Larson 的结果。图 5.21 给出了室温拉伸性能与加工历史的关系。将温度升高至约 650℃，不同工艺获得的 IN100 合金的相对强度并没有较大的变化。

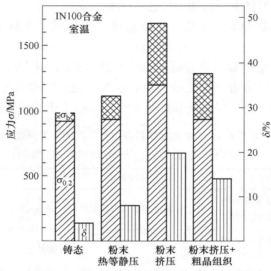

图 5.21　粉末高温合金 IN100 室温拉伸性能与加工历史的关系[61]

在第二类合金中，碳含量降低，对它们的开发不仅是因为需要进一步提高中温拉伸性能和蠕变断裂塑性，也是因为合金研发早期的目的之一，即可能将其用做涡轮工作叶片材料，要求晶粒长大到直径大于 200μm，来提高合金的高温蠕变性能。

最重要的商业发展就是使用普惠公司的挤压 + 超塑性等温锻造工艺（Gatorizing and superplastic forging process）获得了最佳的中温拉伸和蠕变断裂性能组合[62]。由于当温度高于 1093℃时 MC 型碳化物开始在原始颗粒边界上析出，在实际生产中，采用两步压制技术：先在 1010℃进行预压制，然后在 1080℃进行挤压，挤压比为 6∶1。锻造后采用四步热处理，从低于 γ′相固溶温度的固溶处理开始：1121℃保温 2h，油淬 + 871℃保温 0.67h，空冷 + 649℃保温 24h，空冷 + 760℃保温 4h，空冷。

在欧洲的实验室里，人们尝试了不同的工艺。Betz 等人[24]采用两步热等静压压制，随后在低于 γ′相固溶温度下进行常规锻造。所选热等静压工艺（980℃

保温 15h+980℃，187MPa，保温保压 3h，+1100（或 1160）℃，195MPa，保温保压 3h）的目的，是为了 $M_{23}C_6$ 型碳化物能够在粉末颗粒内部析出，从而减少原始颗粒边界上析出碳化物所需碳元素的数量。与在 1100℃ 热等静压相比，在 1160℃ 热等静压有些晶粒发生了粗化。锻造后进行 1220℃ 的固溶处理（高于 γ' 相固溶温度）。

　　所得力学性能要比挤压+超塑性等温锻造的 IN100 合金低。在 1160℃ 热等静压得到的粗大晶粒，降低了 730℃ 下的持久塑性。

　　Raisson 和 Honnorat[63] 采用了高于 γ' 相固溶温度的一步热等静压。三种处理方法［（1）仅热等静压、（2）热等静压+低于 γ' 相固溶温度锻造、（3）热等静压+高于 γ' 相固溶温度挤压］所得到的显微组织，其原始颗粒边界上总会析出大量的 TiC。为了使这些析出颗粒溶解，选择在 1200℃ 进行固溶。该固溶处理导致了旋转雾化（Creusot Loire Electrode Tournante，CLET，是由克勒索-卢瓦尔公司开发的一种旋转电极法）粉末压坯中产生较明显的晶粒粗化（80~135μm）。使用氩气雾化低含碳量 IN100 粉末降低了晶粒的长大速率（24μm），这与 Larson[60] 对高碳含量 IN100 粉末高温合金研究时所体现的规律有点相似。这种雾化粉末制备的材料通常具有较低的塑性，这可归因于其形成了更细和更多连续的碳化物晶界薄膜。直接热等静压固结的材料则随着热等静压温度的升高而塑性降低；热等静压后变形可以提高持久寿命和蠕变塑性。

　　进一步降低碳含量（质量分数）至 0.004%~0.006%[64,65]，会导致晶粒长大至 300μm，无明显原始颗粒边界，该材料的晶界未出现碳化物。因为在高温下仅依靠粗大晶粒还不足以降低晶界的滑动（见图 5.22），Reichman and Smythe[64] 对材料进行了渗碳处理，稳定了晶界，进一步提高了持久寿命。他们建议需要 0.1%（质量分数）的碳来进行渗碳稳定化处理。

　　由于经济成本方面的考虑和缺乏低碳粉末高温合金 IN100 热等静压成功的经验，导致普惠公司进行大量的合金开发工作[17]，其目的是使 IN100 直接热等静压件的力学性能与挤压+超塑性等温锻造的相当。粉末高温合金 LC Astroloy 的研究经验已经表明了控制热等静压温度在 γ' 相固溶温度附近（低于或高于）的重要性。在 IN100 合

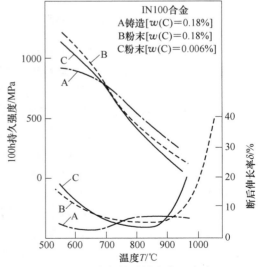

图 5.22　碳含量对粉末高温合金 IN100 100h 持久强度的影响[65]

金中，γ' 相固溶温度与液相线温度非常接近。对合金进行研究的目的，是通过进一步降低碳含量（质量分数）至约 0.02% 以及添加 1.4% 的铌和 0.4% 的铪，从而提高液相线温度和降低 γ' 相固溶温度。改变这些合金的另一个原因，是通过控制碳化物含量来提高塑性。钒作为 IN100 的合金元素，其被去除是为了提高长期服役的商用发动机所需的耐热腐蚀性。这样就产生了 MERL76 合金，其 γ' 相固溶温度为 1191℃。该合金在 1182℃ 和 103MPa 下保温保压 3h 热等静压，得到的中等晶粒尺寸为 14μm，而在 1173℃ 和 1203℃ 热等静压，则晶粒尺寸分别为 7μm 和 28μm。选择在 1182℃ 热等静压固结，其缺口持久寿命得到提高的同时，仍然保持良好的拉伸性能。

在从热等静压温度开始缓慢冷却的过程中，产生了粗大的过时效 γ' 相，尺寸由基体中的 2.5μm 到晶界上的 10μm。为了改进这种显微组织，采用 1163℃ 保温 2h 的高温固溶处理。采用以下的四步时效处理可以得到如表 5.8 所示的一系列力学性能：1163℃ 保温 2h、油淬+871℃ 保温 0.67h、空冷+992℃ 保温 0.75h、空冷+649℃ 保温 16h、空冷+760℃ 保温 16h、空冷。

表 5.8　MERL76 合金的力学性能[17]

拉伸性能（截面厚度为 37.5mm）					持久性能		
温度/℃	$\sigma_{0.2}$/MPa	σ_b/MPa	δ/%	ψ/%	T/℃	σ/MPa	τ/h
室温	1070	1610	20	28	649	965	175
621	1060	1480	21	28	732	655	100
704	1050	1320	16	23			

5.3.9　Ni-Al-Mo 合金（快速凝固合金）的力学性能

对快速凝固合金进行相关的合金和工艺研发，其主要目的是提高如涡轮工作叶片等指定应用部件的高温力学性能。这就意味着，需要获得粗晶、定向或单晶组织，而不是涡轮盘应用所需的细晶组织。

用于生产镍基高温合金粉末的快速凝固技术，最初是被用于以下四类合金[66]：

（1）传统的析出强化高温合金，如 IN100。

（2）被称为共晶高温合金的合金，如 Ni-6.2Al-31.5Mo。

（3）简单的具有高 γ' 相体积分数的合金，如 Ni-10Cr-9Al-1Ti-0.2C。

（4）基于 Ni-Al-Mo 三元系的合金。

通常，相同的粉末固结和热加工技术用于常规高温合金粉末加工，然而作为固结技术，挤压比热等静压更受青睐[67]。热等静压以及热等静压+等温锻造是在主要第二相固溶温度的 0.8~1.0 倍的温度下完成的。

据报道，具有微晶组织的快速凝固粉末，在热等静压固结过程中发生超塑性变形，但不会导致树枝晶粉末颗粒发生变形，这种情况同样发生在等温锻造过程中。

尽管随后的退火温度很高（约 $0.9T_M$），且能有效地消除残余铸造组织，但是晶粒粗化非常困难。另一方面，热等静压固结后挤压或松散粉末直接挤压，都会得到均匀再结晶细晶组织。最好的挤压条件是，挤压温度为主要第二相固溶温度的 $0.8 \sim 1.0$ 倍和挤压比大于 $8:1$。所得显微组织非常均匀，初熔温度比传统工艺所得材料要高 $90℃$ 之多。倘若抑制再结晶的第二相颗粒在熔化开始前发生溶解，这些合金有可能会发生异常晶粒长大。通过区域退火可以得到均匀一致的晶粒组织。

以上前三类合金退火态性能，在最好的情况下，与常规工艺（如铸造）生产的同种合金的相当：

（1）在定向再结晶热处理条件下，一系列常规高温合金显示出最好的强度性能。增加碳元素、难熔合金元素及 γ' 相形成元素含量，会以与同种定向凝固铸造合金相同的方式提高合金强度。这些粉末合金的晶粒取向是<110>方向，该方向弹性模量约是定向凝固合金弹性模量的两倍，而这被认为可提高涡轮工作叶片的振动特性。然而，高弹性模量对热疲劳性能是不利的。

（2）具有共晶成分的合金不会发生定向晶粒粗化，并且在高于 $0.8T_M$ 的温度下发生快速的相聚集，这会降低高温力学性能。

（3）基于 Ni-Al-Cr 合金系的高 γ' 相含量的合金，具有与 MAR-M200 定向凝固合金相近的强度水平，由于铝和钨含量高，还具有优异的抗氧化性。

到目前为止，基于 Ni-Al-Mo 合金系的三元和四元合金获得了最引人关注的力学性能数据。在普惠公司开展的一项大规模合金研发项目中，根据化学成分已经形成了几种合金，其力学性能超过了最好的单晶高温合金。

表 2.5 给出了四种合金的成分。四元合金之间主要的差异在于，是使用钽还是钨作为 Ni_3Mo 中间相的稳定元素。

图 5.23 给出了单晶合金 RSR143 合金在 $1038℃$、$207MPa$ 下不同晶体学方向的蠕变曲线[68]。曲线清楚地展示了该成分合金的强度潜力。对比 RSR143 合金的数据，似乎表明，对于该合金粉末工艺本身在高温力学性能方面没有什么优势[69]，这最有可能是因为在粉末合金中仍然存在晶界。经固溶的合金，在 $1038℃$ 的初始蠕变阶段形成了<100>方向的筏状 γ' 相组织，导致这种合金的蠕变强度得到进一步提高，如图 5.24 所示。这种组织被认为是 γ 和 γ' 相高晶格错配引起的界面应变和外部应变共同作用的结果，如图 5.25 所示。

与定向凝固相比，快速凝固工艺可以提高合金的力学性能，如图 5.26 中 104 合金所示。快速凝固合金也比目前所开发的单晶合金强度高，如图 5.27 所示。RSR104 合金强度比同材料的定向凝固合金有明显提高，认为是由于粉末合金具有更高的均匀性[70]。RSR185 合金比 RSR104 合金和常规的 MAR-M200 合金强度高，其原因可归结于其增强了固溶强化作用以及在 γ/γ' 相界面上存在细小弥散的亚稳 Ni_xMo 相。

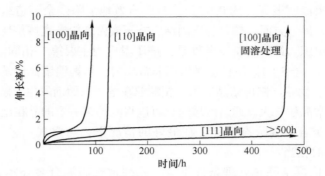

图 5.23 在 1038℃、207MPa 下单晶高温合金
RSR143 不同晶体学方向的蠕变曲线[68]
（经 the American Society for Metals 同意引用）

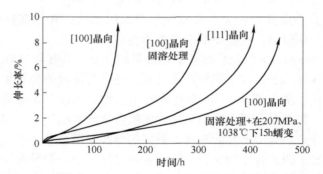

图 5.24 时效态（1080℃保温 4h+870℃保温 16h）、固溶态及
具有筏状 γ′ 相（经 1038℃预蠕变处理）的单晶高温合金
RSR143 在 899℃、414MPa 下的蠕变曲线[68]
（经 the American Society for Metals 同意引用）

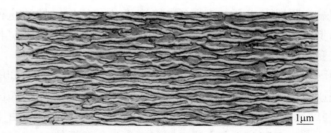

图 5.25 固溶处理的单晶高温合金 RSR143 在 1038℃
初始蠕变阶段形成的筏状 γ′ 相组织[68]
（经 the American Society for Metals 同意引用）

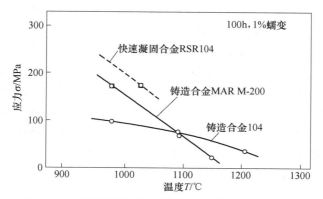

图 5.26 快速凝固和定向凝固工艺制备的 104 合金及
铸造合金 MAR-M200 的力学性能[70]

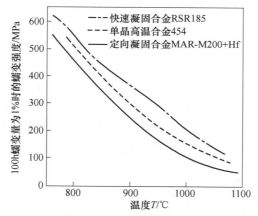

图 5.27 快速凝固合金 RSR185、单晶高温合金 454 和
铸造合金 MAR-M200 的力学性能与温度的关系

5.4 高温低周疲劳❶

5.4.1 设计考虑因素

本书对低周疲劳的讨论一定是集中在只在中温范围工作的航空涡轮盘材料。低周疲劳也是决定高温工作的涡轮工作叶片寿命的一个重要参数。然而，由于缺乏研究，对于更高温度下使用的涡轮工作叶片，现在还不可能建立粉末高温合金与低周疲劳性能的对应关系。

❶ 本节由 G. H. Gessinger 和 W. Hoffelner 共同编写。

在航空涡轮盘的设计中，对于一种材料的使用必须满足以下标准[25,70]：

（1）工作过程中尺寸增加不能超过一个临界值，避免检修后在重新组装过程中出现问题。因此，必须选具有适当的强度和蠕变性能的材料。

（2）盘件应当能容忍超速而不发生破裂。一个无重大缺陷的盘件，其破裂性能取决于材料的切向应力和抗拉强度。如果存在裂纹或者其他类似的缺陷，则盘件不稳定破裂抗力取决于裂纹的几何尺寸、垂直于裂纹的应力大小和材料的断裂韧性。

（3）盘件必须能够承受足够大的载荷变化，即 1000~100000 次的空—陆循环。低周疲劳通常被认为是决定盘件寿命的因素，且已经在很多盘件合金中得到普遍研究。循环寿命由两个阶段决定：一定尺寸（如 0.8mm）的裂纹萌生；循环载荷下的裂纹扩展。

温度和保持时间也明显影响着寿命。对粉末高温合金盘件或其他材料盘件的寿命进行评估，需要了解转子上所有相关零件的载荷情况。为了确定局部应力和应变，需要执行以下步骤[71~74]：

（1）规范转子几何参数。

（2）明确飞机代表性的飞行任务（起飞、爬升、巡航和降落等），并确定相应的转子速度。

（3）确定盘件的温度分布与由（2）明确的不同飞行任务时间的关系。

（4）弹塑性应力分析。根据与时间相关的转子转速和温度分布来确定应力和应变。由于寿命受转子某些零件的非弹性循环变形限制，所以需要进行非线性分析。这可以使用弹塑性有限元方法或者是结合 Neuber 方法[75]进行线性分析。

对不同盘件的分析发现，盘件大部分发生弹性变形。但是，在应力集中处，如螺栓孔和冷却通道，应力已经超过了屈服点。由于在其周围为弹性材料，这些区域在循环载荷作用下产生了循环塑性变形，总应变量高达约 1%。要想对应力—应变历史曲线上某一特定点进行完整的说明，需要大量的空—陆循环模拟。由于所关注的材料在很大程度上是循环稳定的，所以通常只对一个循环进行分析。通常，要对反映空—陆循环过程中盘件关键部位行为的载荷曲线进行简化，并由带保持时间和无保持时间的较小载荷替代，这样可以减少试验时间和计算量。对应力和温度的分析表明，对温度高达 650℃ 的轮缘来说，保持时间有着重要作用，但相对来说，保持时间对盘件中心部位的作用较小。

为了评估盘件的寿命或者对比不同转子合金的服役性能，必须进行以下实验室试验，即利用小光滑试样的疲劳寿命来评价缺口部件的疲劳寿命，并控制试样应变与材料缺口根部相同，这称为应变控制低周疲劳。

另一种测量高温低周疲劳的方法是通过载荷或应力控制试验。在更高温度更低频率的典型热疲劳制度下，蠕变是主要的变形方式，应力可作为主要的变量，对材料的行为作出较好的解释。尽管不能精确地反映涡轮盘的载荷和应力状态，但应力控制的低周疲劳试验也被频繁地用于中温情况。这不仅是历史原因，也是由于其试验更容易。

平均应力对疲劳行为有显著的影响。平均应力通常可用比值 $R(\sigma_{min}/\sigma_{max})$ 或比值 $A(\sigma_a/\sigma_m)$ 表示，其中 σ_{min}、σ_{max}、σ_a、σ_m 分别代表最小应力、最大应力、应力幅和平均应力。$R = -1(A = \infty)$ 对应的是零平均载荷的完全交变疲劳，而 $R = 0(A = 1)$ 对应的是只有拉伸载荷的疲劳。在应变控制低周疲劳下，情况会更加复杂。比值 R 可定义为最小应变与最大应变之比：

$$R = \frac{\varepsilon_{min}}{\varepsilon_{max}} \tag{5.1}$$

图 5.28 给出了在 $R = 0$ 及不同的总应变条件下应力—应变曲线。在较低的应变范围，对应着较高的平均应力，而在高的应变范围，平均应力接近于零。

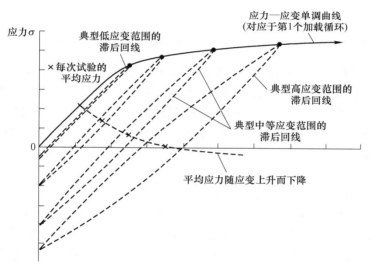

图 5.28　典型涡轮盘合金平均应力与总应变范围的关系曲线[74]
（在全部应变范围内对于完全交变应变试验平均应力接近于零）

这意味着，对于给定的平均应变，平均应力通常是总应变的函数。只有当 $R = -1$ 时，平均应力和平均应变同时等于零。

为简单起见，大多数完全交变（对称循环）应变和零平均应变试验是在恒定的幅值和温度下进行的。为说明时间依赖效应，另外需要进行带保持时间的疲劳试验。为了预测真实条件下的疲劳寿命，采用适当的模型来说明瞬态温度、平均应力和复杂载荷波的影响。

5.4.2　裂纹萌生

应变—寿命疲劳曲线以双对数进行绘出，N_f 或 $2N_f$ 分别为失效循环数或失效反向数，用来代表疲劳寿命。图 5. 29 为疲劳曲线的示意图。

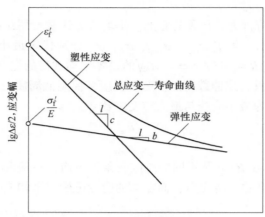

图 5.29 总应变寿命分解为弹性应变寿命和非弹性（塑性）应变寿命

在图 5. 29 中总应变幅可以由稳态滞后回线分解为弹性应变分量和塑性应变分量。那么，总应变即是弹性应变和塑性应变的总和。弹性应变曲线和塑性应变曲线均近似直线。两条线分别相交于纵坐标的 ε_f' 和 σ_f'/E 点，即疲劳延性系数和疲劳强度系数除以弹性模量。那么，总应变幅作为弹性应变幅和塑性应变幅的和可以写成[76]：

$$\frac{\Delta\varepsilon}{2} = \frac{\Delta\varepsilon_e}{2} + \frac{\Delta\varepsilon_p}{2} = \frac{\sigma_f'}{E}(2N)^b + \varepsilon_f'(2N)^c \qquad (5.2)$$

式中，b 和 c 是材料常数。这个简单关系式有助于理解材料常数对高温低周疲劳寿命的影响。塑性越好的材料，在较大的应变情况下，给定应变幅时可获得更高的寿命或在给定寿命时具有更高的应变幅。而较高强度材料，应变越小寿命越高。抗拉强度和塑性通常是相互矛盾的，因此，在中应变的情况下，具有不同强度的两种材料的疲劳曲线可发生相交。

很重要的一点是，高温下的低周疲劳在很大程度上是时间相关的疲劳。时间依赖效应，如氧化和蠕变，用以解释所有的高温合金随着温度的升高而疲劳寿命明显降低的原因（见图 5.30）[77]，而短时力学性能，如流变应力、抗拉强度和拉伸塑性基本保持不变。

为了更好地理解所观察到的粉末高温合金低周疲劳行为，值得我们简要考虑显微组织和氧化对裂纹萌生机制的影响。基于在先进的盘件设计中的工业经验和趋势，0.8mm 的表面裂纹长度通常可作为裂纹萌生的判据。裂纹萌生的机制已经由 Wells[78]、Gell 和 Leverant[79] 进行了综述。美国国家材料咨询委员会（US National Materials Advisory Board）[80] 已经编撰了专门关于高温合金的最新评论。

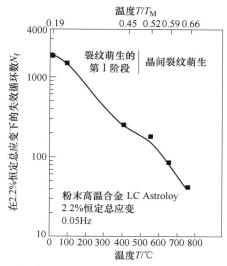

图 5.30　粉末高温合金 LC Astroloy 在 2.2%恒定总应变下的
失效循环数与温度的关系曲线[77]

疲劳裂纹萌生的过程可以看做由以下三部分组成：

（1）微裂纹的形成，或者显微镜能观察到的首条裂纹。

（2）相互独立的微裂纹连接，形成主裂纹前沿。

（3）一个主裂纹扩展至表面，长度为 0.8mm。

微裂纹的形成可通过不同的机制：滑移带的形成、氧化及孔洞。

在较低的温度下，微裂纹在滑移带上形成，而滑移带是由不均匀的平面滑移形成的。800℃以下滑移带的氧化会加速上述过程。滑移带微裂纹与材料的晶粒度成正比。像在粉末高温合金中，当晶粒度减小时，单个的滑动位移变小，因此，微裂纹形成减缓。如果存在硬第二相颗粒（碳化物）和孔洞等缺陷，裂纹萌生将受到抑制。

在较高的温度下发生更加均匀的滑移。疲劳裂纹在应力轴法线平面上可以是穿晶或者是沿晶。图 5.31 给出了 U700 合金的断裂路径示意图[77]，其断裂机制和裂纹萌生位置与试验频率有关。当温度低于 $0.5T_M$ 时，主要是穿晶断裂，当高于此温度时，主要是沿晶断裂。随着频率的降低，该温度边界会移向更低的温度，这是因为与时间相关的晶界氧化变得更加重要。

在有足够时间的条件下，发生因氧化而导致的晶界脆化，氧化增强的沿晶开裂最为明显。Raj[81] 对沿晶孔洞的形成进行了模拟，他指出，裂纹尖端附近的晶界滑动导致了晶界析出相处的应力集中，随之形成孔洞。在非常慢的应变速率下，析出颗粒处的应力将通过蠕变而松弛，从而减缓孔洞的形成。然而，在较高

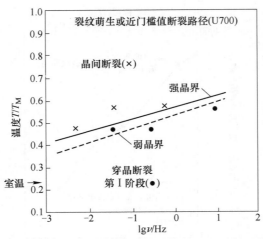

图 5.31　U700 合金裂纹萌生或近门槛值裂纹扩展的断裂路径图[77]

的应变速率下，孔洞引发的疲劳损伤就开始了。还指出，对于晶界滑动的最佳析出颗粒尺寸和体积分数以及孔洞与氧化效应无关。

在实际的盘件服役状态下，出现氧化增强的沿晶开裂要比大量内部孔洞导致的开裂快得多。

尽管微裂纹的连接占据着疲劳寿命的主要部分，但它仍然是一个被忽略了的研究问题。Sheldon 等人[82]最近的研究表明，在相应的应力强度下，大裂纹和小裂纹扩展机制本质上是相同的。从统计学上讲，它们在对显微组织障碍（如晶界会趋向于延迟裂纹扩展）的响应存在差异。这将在 5.5 节进行更加详细的介绍（5.5 节考虑了小裂纹的扩展）。

沿晶微裂纹的连接优先在垂直于最大拉应力方向的晶界上发生。定性地讲，该过程最适合与含水环境中的晶间应力腐蚀开裂相比较[83]。氧化膜形成的动力学可以对该过程作出机理性解释。室温下发生裂纹停滞，而中温时裂纹不会停滞。

5.4.3　温度和显微组织对低周疲劳的影响

高温合金的低周疲劳寿命随着温度的升高而迅速降低，而显微组织以不同的方式影响着这样的行为。图 5.32 给出了粉末高温合金 LC Astroloy 热处理后四种不同的显微组织[77]。图 5.33 给出了在 2.2% 总应变量保持不变的情况下，温度对这四种显微组织疲劳寿命的影响。在较低温度下显微组织对低周疲劳的影响相对较小。含有细小 γ′相和具有最佳抗拉强度的显微组织，其疲劳寿命最长。在温度高于 $0.55T_M$ 时，发生由低温穿晶断裂向高温沿晶断裂的转变。

从显微组织上看，控制断裂不再是基体强度，而是晶界强度。$M_{23}C_6$ 型碳化

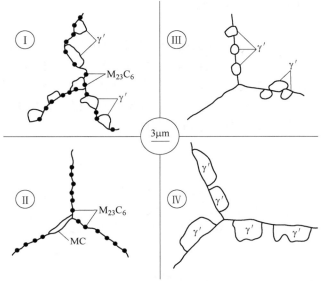

图 5.32　粉末高温合金 LC Astroloy 四种不同显微组织的晶界示意图[77]

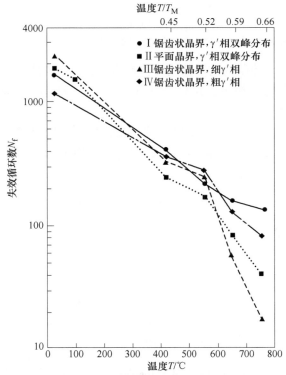

图 5.33　温度对粉末高温合金 LC Astroloy

疲劳寿命的影响（对应图 5.32 中四种不同的显微组织）[77]

物和晶界一次 γ' 相将会限制晶界滑动。最佳实验结果就是要获得具有轻微锯齿状晶界的Ⅰ型组织。

关于图 5.33 给出的结果对于其他合金和其他试验条件具有普适性，应该谨慎对待才是合理的。鉴于 IN718 合金得到的和图 5.34 显示的实验结果[84]，该说法得到了进一步证明。在较大的总应变量下，疲劳寿命随着温度的升高而降低。然而，对应于长寿命、低总应变量，这一趋势发生了相反的改变，在给定的应变范围内疲劳寿命在某一中间温度达到了峰值。

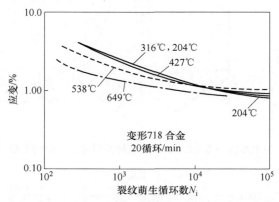

图 5.34 在不同温度下 IN718 合金总应变与裂纹萌生循环数的关系曲线[84]

显微组织对应力控制的高温低周疲劳寿命（$R=0$）的影响与其对拉伸性能的影响相似。AP1 合金（粉末高温合金 Astroloy）在 600℃ 的低周疲劳寿命可以通过以下方式提高[22]：

（1）提高固溶温度（见图 5.35），增加随后析出的 γ' 相数量。

（2）提高固溶处理的冷却速率，增加细小 γ' 相的体积分数。

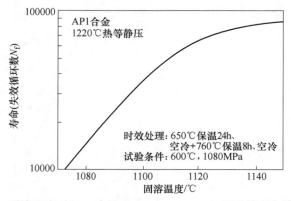

图 5.35 固溶温度对 AP1 合金在 1080MPa、600℃ 下疲劳寿命的影响[22]

（3）获得项链组织，而不是直接热等静压固结的粗晶组织，因为粗晶组织的疲劳寿命较低。

从这些研究中我们可以得出这样一条重要的结论，优化疲劳性能在发生断裂模式转变的中温下是最关键的。具有不同熔化温度和显微组织的不同合金对温度范围的响应不同。

5.4.4　不同粉末高温合金的高温低周疲劳

600~750℃对高温合金来说是一个中温范围。对于低温力学性能的最佳的显微组织，或者更适合于高温力学性能的显微组织，哪一个能够获得最佳的疲劳寿命，取决于合金系。

虽然对粉末高温合金的低周疲劳试验有了大量报道，但是要给出一般性结论往往不那么容易，这是因为不同合金的试验条件经常发生改变。表 5.9 列出了最近的一些粉末高温合金低周疲劳研究结果。由于粉末高温合金含有粉末处理所带来的正态分布缺陷，低周疲劳试验可分为应变控制或应力控制（$R=0$ 或 $R=-1$），通过人工引入孔洞或夹杂物进行模拟试验，以研究这些缺陷对高温低周疲劳的独立影响。

表 5.9　粉末高温合金最近的一些低周疲劳研究结果

合金	试验条件						评论内容	文献
	类型	频率/Hz	R 值	$T/℃$	环境	保持时间/s		
MERL76	应力控制	2	$R_\sigma = 0.03$	室温，483	空气	—	夹杂物的影响	[99]
	应变控制	0.33	$R_\varepsilon = -1$	650	空气	900		[72]
NASA Ⅱ B-7	应变控制	0.33	$R_\varepsilon = -1$	650	空气	900		[72, 86]
IN100	应变控制	0.33	$R_\varepsilon = -1$	650	空气	900		[72, 86]
Astroloy	应变控制	0.33	$R_\varepsilon = -1$	650	空气	900		[72, 86]
	应变控制	0.5	$R_\varepsilon = -1$	室温，500	空气	—	陶瓷夹杂物的影响	[97]
	应变控制	0.33	$R_\varepsilon = -1$	650	空气	—	细小孔洞的影响	[102]
	应变控制	0.3	$R_\varepsilon = -1$	室温，600	空气	—	夹杂物的影响	[98]
	应力控制		$R_\sigma = 0$					
	应变控制	$\dot{\varepsilon}_t = 1\times10^{-2} \sim 2\times10^{-6}\,s^{-1}$	$R_\varepsilon = -1$	400，550				[137]
	塑性应变控制			650，730				
Rene95	应变控制	0.33	$R_\varepsilon = -1$	650	空气	900		[72, 74]
	应变控制	0.33	$R_\varepsilon = -1$	650	空气	900	直接热等静压和热等静压+锻造	[134]
	应变控制	0.33，0.0008	不同的 R_ε	650，704	空气	60，600	复杂载荷	[136]

合金	试验条件						评论内容	文献
	类型	频率/Hz	R值	T/℃	环境	保持时间/s		
AF115	应变控制	0.33	$R_e=0$	室温, 650, 760	空气	—	缺陷的影响	[95, 96]
	应变控制	0.33, 0.016	$R_e=-1$	室温, 538, 650	空气	60~300		[136]
		0.003	$R_e=0$	760, 815				
AF2-1DA	应变控制	0.33	$R_e=0$	室温, 650, 760	空气	—	缺陷的影响	[95, 96]
	应变控制	0.33, 0.003	$R_e=-1$	室温, 650, 760	空气	60~300		[136]
			$R_e=0$	815				
AP1	应力控制		$R_\sigma=0$	600	空气	—	—	[22]

5.4.4.1 不同高温合金在650℃下的高温低周疲劳

在 $R=-1$ 和 $R=0$、频率为0.33Hz和拉伸保持15min的条件下，人们对许多粉末高温合金进行了应变控制低周疲劳试验研究。

图5.36给出了7种合金在应变比 $R_e=-1$、频率为0.33Hz试验条件下循环应变控制低周疲劳性能和 N_5 值（N_5 是载荷降低5%时所需的循环数）的对比曲线。在高应变短寿命区合金疲劳寿命的排列顺序，在低应变长寿命区时，会发生一定程度的反转。对于 $R=0$ 和拉伸保持15min的疲劳试验得到了相似的曲线[72,74,85,86]。即使考虑到每种合金经过不同的热机械加工和不同的热处理，在总应变 $\Delta\varepsilon_t=2\%$ 时高应变数据与拉伸塑性值的关联性也相当好，如图5.37所示。同样的，在较高寿命值时（10^5 循环），总应变与抗拉强度相关联，如图5.38所

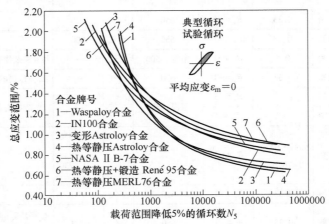

图5.36 7种镍基高温合金在650℃应变控制低周疲劳
性能的对比（应变比 $R_e=-1$，频率0.33Hz）[72]

示。由于抗拉强度与拉伸塑性呈线性关系，相关参数的选择多少有点随意，但是根据 Manson-Coffin（曼森-科芬）公式（见式 5.2），这应该是合理的。研究发现平均应变影响并不明显，而平均应力影响显著。在高应变范围内平均应力接近于零，不会造成疲劳寿命的降低。然而，与应变范围相当和平均应力为零的试验对比，在低应变范围内，平均应力很大，高温低周疲劳寿命明显降低。每个循环拉伸保持 15min 严重降低疲劳寿命，见表 5.10，表中给出了在总应变范围为 1% 时的疲劳寿命降低率，这可能要理解为蠕变、疲劳和环境的交互作用。降低疲劳寿命的一个参数是晶粒度。细晶合金的疲劳寿命降低更为严重（见表 5.10），表明细晶合金对晶界失效机制（如氧化）的敏感性比粗晶合金更高。

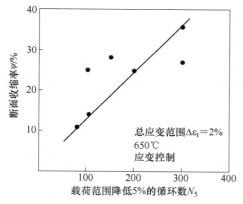

图 5.37　7 种镍基高温合金（见图 5.36）
在 650℃疲劳寿命与拉伸塑性的关系[72]

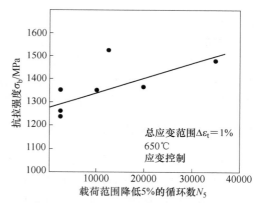

图 5.38　7 种镍基高温合金（见图 5.36）
在 650℃疲劳寿命与抗拉强度的关系[72]

表 5.10　保持 900s 时疲劳寿命降低率（总应变范围为 1%）

合　金	降低率/%	晶粒度/μm		Cr 质量分数/%
		一次晶粒	项链组织中的细晶	
热等静压+锻造的 René 95	89	50~70	10~15	12.8
IN100	85	4~6		12.0
热等静压固结的 MERL76	84	15~20		12.0
NASA Ⅱ B-7	62	4~6		8.9
热等静压固结的 Astroloy	45	50~70		15.1
Waspaloy	42	40~150		19.3
热等静压+锻造的 Astroloy	29	50~100	10~15	14.7

表 5.10 还列出了每种合金的铬含量。可以看出，随着铬含量的增加，疲劳寿命的降低减小。这与较高铬含量的合金应该具有更高的抗氧化性相符合，这将

在 5.5.4 节做进一步讨论。

目前所说的低周疲劳试验，从定性的角度对比不同合金的疲劳性能是非常有用的，但试验不能定量说明疲劳（有与没有平均应力条件下）与蠕变之间更为复杂的交互作用。为了提高对如此复杂交互作用的预测水平，开发并提出了一些寿命预测唯象分析方法（phenomenological life-prediction methods）。其中某些方法已经被用于包括粉末高温合金在内的盘件合金的低周疲劳数据预测[74,87,88]。所使用的四个主要的疲劳寿命预测方法是应变范围分区法（SRP）[89]、频率分离法（FS）[90]、Ostergren 模型法[91]和损伤速率模型法[92]。文献［87］指出，所有这些模型都能合理准确地预测给定疲劳和蠕变组合的失效循环数（数据分散带因子从 FS 的 3.6 到 SRP 的 5.4）。通过先进拟合技术[93]，可以将 SRP 的分散因子降至 3.6。

对更为复杂服役循环的寿命预测，验证试验给出了足够的准确性。如果材料状况发生不可预见的改变，比如存在大夹杂物或孔洞，那么所有这些模型的预测能力通常会失效。为满足这方面预测应用要求，疲劳寿命预测模型不得不拓展，需包括由统计分布的缺陷引起的裂纹扩展。

5.4.5 缺陷对低周疲劳寿命的影响

现有文献都有这样的共识，即疲劳裂纹萌生主要取决于显微组织缺陷。在粉末高温合金中，存在两种不同类型的缺陷：孔洞和陶瓷夹杂物。

孔洞，可以来源于不完全的致密化，也可以是氩气雾化过程的副产物。

陶瓷夹杂物，如来源于设备内壁上残留陶瓷夹杂物或者雾化过程形成的氧化物。

图 5.39 给出了夹杂物的不利影响。图中对比了采用-200 目（-75μm）和-80 目（-180μm）粉末热等静压固结的 Astroloy 合金的 Weibull 线[94]。-80 目（-180μm）粉末的合金的疲劳性能要比-200 目（-75μm）的差，这是因为在-80 目（-180μm）粉末中缺陷尺寸更大。

对疲劳试样断口分析表明[95,96]，存在一个转换应变范围，高于该应变范围，疲劳断裂源在表面或近表面，而低于该应变范围，疲劳断裂源在内部缺陷，如图 5.40 所示。这个转换应变范围与合金成分和缺陷情况有关。断裂源位置的转变可以作出如下解

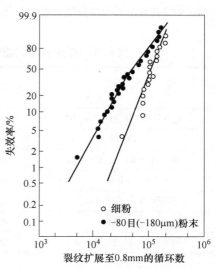

图 5.39 细粉和粗粉热等静压固结的
Astroloy 合金的低周疲劳寿命[94]

释：在大应变范围下，经过总疲劳寿命中的一小段时间后，裂纹萌生在最多缺陷处。因此，疲劳寿命将受控于裂纹扩展。在表面或近表面的裂纹，其扩展速率要比内部的快，这是因为表面缺陷具有更高的应力强度因子及受到氧化的影响。在小应变范围下，低于转换应变范围，裂纹萌生仅在应力强度因子最高的尖锐夹杂物处。

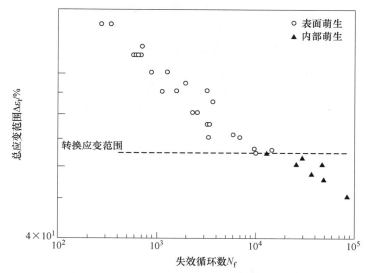

图 5.40　AF2-1DA 合金在 760℃ 优先疲劳断裂源位置[96]

夹杂物可以对裂纹萌生过程产生不同的影响，因为夹杂物既可以剥离也可以开裂。在第一种情况中，夹杂物的形状决定了缺口根部半径，而裂纹萌生的循环次数与缺口根部半径成反比。对于第二种情况，则形成了极其尖锐的裂纹，该裂纹与夹杂物形状无关，只有夹杂物尺寸和位置决定应力强度因子。

Jablonski[97] 导出了在深度为 3/2d （d 为陶瓷夹杂物直径）的表面薄层处，引发断裂的所必需的陶瓷夹杂物浓度的关系式。因为在这个深度，尖锐开裂夹杂物周围的应力强度因子会超过位于试样更深处夹杂物计算出的值：

$$W_c = \frac{\rho_c}{\rho_m}\left\{\frac{d^3}{6l}\left[r_0^2 - \left(r_0 - \frac{3d}{2}\right)^2\right]^{-1}\right\} \times 10^6 \qquad (5.3)$$

式中　W_c——陶瓷夹杂物的量，$\times 10^{-6}$；

ρ_c，ρ_m——分别代表陶瓷夹杂物和基体的密度；

l——试样的标距；

r_0——试样的半径。

关系式给出了在近表面薄层中存在一个夹杂物所必需的陶瓷夹杂物的最小浓度。可以看出，较低密度的陶瓷夹杂物需要的浓度比较高密度的低，满足在临界位置存在一个夹杂物颗粒的要求，细小陶瓷夹杂物需要的浓度比粗大的低。另一方面，与粗陶瓷夹杂物相比，细陶瓷夹杂物的危害要小些，这是由于细陶瓷夹杂物尺寸小而应力强度因子较低。当低周疲劳寿命受限于一给定尺寸的陶瓷夹杂物时，陶瓷夹杂物需要的浓度必须低于由公式（5.3）计算的浓度值。这些结论总结在图5.41中。陶瓷夹杂物在室温的危害性要比在中温的低。直径达到200μm的 Al_2O_3 或者 SiO_2 颗粒，并没有降低粉末高温合金 Astroloy 的室温低周疲劳寿命[97]；较大的缺陷在较高的应变幅时降低疲劳寿命[98]。在室温下开裂敏感性降低的原因，是由于在夹杂物颗粒—基体界面上夹杂物剥离引起的有效裂纹长度是相当短的（对于150μm 的 Al_2O_3 颗粒，裂纹长度约为25μm）。相反的，在较高的温度下（500~600℃），在低周疲劳试验过程中夹杂物颗粒发生开裂，形成了与夹杂物直径相同长度的尖锐裂纹。在应变控制疲劳试验中，夹杂物通常使疲劳寿命降低40%~80%，这取决于应变量和缺陷尺寸。

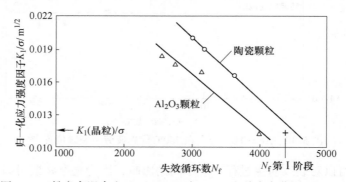

图 5.41   粉末高温合金 LC Astroloy 在 500℃ 和总应变范围 $\Delta\varepsilon_t = 1\%$
条件下归一化应力强度因子与疲劳寿命的关系[97]

对于 MERL76 合金，确定了不同直径的半圆形氧化铝和氧化镁对 20℃ 疲劳寿命的影响[99]。夹杂物被当做缺口和尖锐的裂纹处理，结果表明，夹杂物的表现与缺口颇为相似；如假设成尖锐裂纹，则会得到一个保守的下限值。

与这些缺陷相比，在铸造镍基高温合金中铸造孔洞在 850℃ 可起到尖锐裂纹的作用[100]。这意味着裂纹起源于铸造孔洞，而疲劳寿命也可能严重降低。

不完全致密化或者氩气雾化过程导致的孔洞，疲劳寿命降低不太显著。首先，这取决于它们的几何形状。这些孔洞大多都是球形的，而陶瓷夹杂物则类似于椭圆形孔洞。Harkegard[101]指出在椭圆形孔洞处的塑性应变集中要明显大于球形孔洞处的塑性应变集中。其次，孔洞通常是由于粉末处理过程中氩气滞留造成的，尽管量大，但是它们通常尺寸太小而不会产生严重影响。在孔隙度为 1.4%（约 2μm 的直径和 20μm 间距）的热等静压固结的粉末高温合金 Astroloy 中，孔洞影响到了疲劳裂纹萌生，产生更多的沿晶裂纹扩展。然而，在 650℃ 高总应变条件下，疲劳寿命却只有少量的降低，与拉伸塑性的降低成比例关系[102]。但是，25μm 的孔洞则导致疲劳寿命降低 60%。以上所述的不同研究结果和结论再一次总结在表 5.11 中。

表5.11　粉末高温合金疲劳断裂源和早期裂纹扩展的总结

应变范围	观　察　结　果	文献
大应变（$\varepsilon_t \geqslant 0.6\%$）	在 650~750℃，裂纹起源于表面（第Ⅱ阶段，小缺陷）或者表面（近表面）缺陷（大尺寸缺陷）	[95, 96]
	从室温至 500℃，裂纹起源于表面（第Ⅰ阶段，小缺陷）或者表面（近表面）缺陷（大尺寸缺陷，裂纹扩展第Ⅰ阶段）	[95~97]
小应变（$\varepsilon_t < 0.6\%$）	在 500~700℃，裂纹起源于内部缺陷（裂纹扩展第Ⅱ阶段）	[95, 96]
	在室温，裂纹起源于表面（疲劳第Ⅰ阶段，小缺陷）或者表面（近表面）缺陷（大尺寸缺陷，裂纹扩展第Ⅰ阶段）	[95, 96]

5.5　高温疲劳裂纹扩展和蠕变裂纹扩展❶

无论是在静态载荷还是动态载荷，无论是在室温还是在高温，裂纹扩展都可发生。就像在裂纹萌生时一样，控制裂纹扩展速率的断裂模式，是与温度、时间（和频率）、应力比、保持时间和环境有关。

裂纹扩展速率通常以 da/dN 或者以 da/dt 进行绘制。da/dN 表示在循环应力条件下在一个循环内发生的裂纹扩展量，da/dt 则表示单调加载条件下的裂纹扩展速率。这两个参数可以通过试验频率 ν 相关联起来：

$$\frac{\mathrm{d}a}{\mathrm{d}N} = \frac{1}{\nu}\frac{\mathrm{d}a}{\mathrm{d}t} \tag{5.4}$$

在恒定幅载荷条件下裂纹扩展通常与断裂力学参数有关，疲劳裂纹扩展速率 da/dN 可以与循环应力强度因子范围相关联：

$$\Delta K = 2\sigma\sqrt{(\pi a)}\,\alpha \tag{5.5}$$

式中　　σ——应力幅；

a——裂纹长度；

α——几何函数。

虽然 ΔK 是一个纯弹性参数，但是该关系式可用于镍基高温合金直至达到高温的情况，这在变形合金 U700 中得到了明确的体现[103]。然而，在由于极端加载条件或几何条件而导致弹性方法失效的情况下，应当使用一个更加通用的参数，即循环 J 积分。最初这个思想是由 Dowling 和 Begley[104] 以 J 积分的变量 ΔJ

---

❶　由 W. Hoffelner and G. H. Gessinger 共同完成。

提出的。在一定的假设前提下[105,106]，如果使用循环 J 参数，而不是变量 ΔJ 的话，该思想已被证明是具有物理依据的。对于很多应用场合，非弹性应变量和疲劳裂纹扩展速率在高应变区可以得到一个相当好的相关性[107]。然而，Huang 和 Pelloux[108]经过细致的考究，指出这些关系式不具有通用性。

许多研究报道了裂纹扩展速率和循环应力强度因子范围 ΔK 之间的关系式。Paris 和 Erdogan[109]提出了下面这个简单的关系式：

$$\frac{\mathrm{d}a}{\mathrm{d}N} = C(\Delta K)^m \tag{5.6}$$

式中，C 和 m 是材料常数。然而，在中温和高温，裂纹扩展受应力、温度和时间相关参数的复杂影响，这样对式（5.6）的使用变得困难。一种特别有效的数据表示方法是由佛罗里达州的普惠公司提出的 SINH 模型，该模型最初用来描述循环频率对 IN100 合金裂纹扩展速率的影响[110]，该模型基于双曲线正弦方程：

$$\lg\left(\frac{\mathrm{d}a}{\mathrm{d}N}\right) = C_1\sinh\{C_2[\lg(\Delta K) + C_3]\} + C_4 \tag{5.7}$$

式中的系数被证明是与试验频率、应力比和温度有关。C_1 是材料常数（对于大多数镍基高温合金的值为 0.5）；C_2 是 r、ν 和 T 的函数；$C_3 = f(C_4, \nu, R)$；$C_4 = g(\nu, R, T)$。尽管该模型没有任何的物理根据，但是它有个好处，就是能够描绘出超过几十条裂纹扩展速率的 $\mathrm{d}a/\mathrm{d}N$ 与 ΔK 关系曲线的全部形状。它还能很好地用于表征试验频率、应力比和温度的影响，图 5.42 给出了示意图。图中分别单独给出了频率、应力比和温度等三种变量对疲劳裂纹扩展速率在中温区的影响。$\mathrm{d}a/\mathrm{d}N$ 与 ΔK 曲线上的拐点沿直线进行移动，并勾画出了这些的影响。

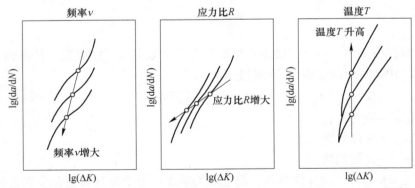

图 5.42　频率、应力比和温度对疲劳裂纹扩展的影响（根据 Annis 等人[110]）

蠕变裂纹扩展和疲劳裂纹扩展一样，在高温时会起到重要作用。Riedel 和 Rice[111]给出了对蠕变过程中尖锐裂纹尖端处的应力场和应变场的数学分析。相比于试样几何尺寸，塑性区尺寸较小，在这种情况下，线弹性应力强度因子 K 控制着蠕变裂纹扩展。作为蠕变过程的一个结果，塑性区尺寸随着试验时间的增加而增大。一旦蠕变塑性区尺寸相比于试样几何尺寸变得较大时，与路径无关的 C^* 积分将控制着蠕变裂纹扩展。C^* 积分可以直接由 J 积分通过将应变替换成应变速率获得。由 K 控制到 C^* 控制的转换时间可以通过计算得出[111]。对于高强低塑性抗蠕变合金，K 的使用，针对蠕变裂纹扩展速率的相关性，收到令人满意的效果[100,112]。

在下文，针对裂纹扩展速率影响因素，将作进一步详细的讨论。表 5.12 中列出了近期有关粉末高温合金裂纹扩展的几项研究结果。

5.5.1 温度对疲劳裂纹扩展速率的影响

在低温下，裂纹扩展速率主要是 ΔK 除以弹性模量的幂函数。因此，裂纹扩展速率的温度依赖性随着温度的升高只有微小的变化。Pearson[113] 首先证明了弹性模量的归一化因子的重要性。为排除环境的影响，在真空下由 Speidel[83] 获得的数据给出了相当好的一致性。

当温度升高至 $0.5T_M$ 及以上时，裂纹扩展速率快速增加，显微组织参数，如晶粒度和与时间相关的参数，决定着裂纹扩展速率。

疲劳裂纹扩展速率与温度的相关性可以分为两个不同的裂纹扩展过程：纯循环相关的裂纹扩展过程，其本质上是一个疲劳损伤过程；时间相关的过程。循环相关的疲劳裂纹扩展仍然取决于弹性模量，而时间相关的疲劳裂纹扩展过程则可能受到蠕变、环境或两者共同作用的影响。时间相关的裂纹扩展可显著地受到组织变化的控制，这将会在下文中进行讨论。

Shahinian 和 Sadananda[114,115] 及 James[116] 等人研究了几种镍基高温合金温度对疲劳裂纹扩展速率的影响。这些作者所报道的在 $\Delta K = 33\mathrm{MPa} \cdot \mathrm{m}^{1/2}$ 时的疲劳裂纹扩展速率数据以图 5.43 所示的分散带形式给出。图中还给出了粉末高温合金[72,74]、变形高温合金[103,117] 和铸造高温合金[100] 的疲劳裂纹扩展数据。从图中可以得出这样的结论，在中等应力强度因子范围，镍基高温合金的疲劳裂纹扩展速率落在一条分散带内。随着温度的升高，分散带变宽，这表明，在高温时时间的相关影响作用变得显著。导致裂纹扩展速率不同的原因之一可能是试验频率。图 5.43 中给出的材料的试验频率范围为 $0.17 \sim 60\mathrm{Hz}$[114,100]。可得出结论之一是，在该频率区间内，对于所研究的温度和材料来说，这项参数影响甚微。但是，当进一步降低频率或者进一步提高温度时，频率作用会更加明显（见 5.5.2 节）。影响分散带宽度的另一个量是晶粒度，有这么一个普遍趋势，即细晶材料比粗晶材料具有更高的裂纹扩展速率。特别是在较低的 ΔK 值时，显微组织和晶粒度成为疲劳裂纹扩展重要的参数，这将在 5.5.5 节进行讨论。

第三个参数就是大气环境，随着温度的升高其会变得具有侵蚀性，并影响裂纹扩展。例如，在 Annis 等人[110] 的研究工作中，粉末高温合金 IN100 在空气中

表 5.12　粉末高温合金裂纹扩展的近期几项研究结果

合金	类型	频率/Hz	R 值	T/℃	环境	保持时间/s	备　注	文献
粉末高温合金 Astroloy	疲劳裂纹扩展速率	0.33	0.05	650	空气	900	SINH 模型	[85,86]
	疲劳裂纹扩展速率	1~0.1	0.05	650	空气	—	热处理	[42]
	疲劳裂纹扩展速率	$(10\sim1)\times10^{-3}$	0.05	650,700,760	空气,真空	120,900	蠕变—疲劳连续加载效应	[112]
	蠕变裂纹扩展速率	—	—	655,700,725,765	空气,真空	—		[112]
NASA Ⅱ B-7	疲劳裂纹扩展速率	0.33	0.05	650	空气,氩气	900	SINH 模型	[85,86]
AF2-1DA	疲劳裂纹扩展速率	0.17	0.1,0.5,0.8	427,650,760	空气	30,120,300,600	SINH 模型	[122]
IN792	蠕变裂纹扩展速率	—	—	704	空气	—	冶金因素	[1]
AP1	疲劳裂纹扩展速率	40	0.1	室温	空气	—	晶粒度,显微组织	[130]
挤压+超塑性等温锻造 IN100	疲劳裂纹扩展速率	0.33	0.05	650	空气	900	SINH 模型	[85,86]
	疲劳裂纹扩展速率	0.33	0.1~0.8	538~760	空气	120	SINH 模型	[110]
	蠕变裂纹扩展速率	—	—	732	空气	—	不同模型对比	[135]
Rene95	疲劳裂纹扩展速率	0.33	0.05	650	空气	900	热等静压,热等静压+锻造	[74,85]
	疲劳裂纹扩展速率	0.33	0.05	538	空气	—	疲劳裂纹扩展模型	[128]

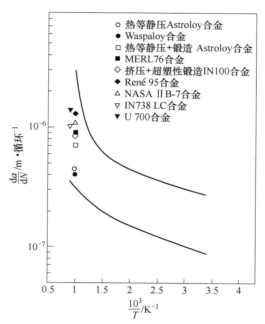

图 5.43 在 $\Delta K = 33\mathrm{MPa} \cdot \mathrm{m}^{1/2}$ 时镍基高温合金的裂纹扩展速率与
温度的相关性（分散带表示文献［114］中的数据）

的疲劳裂纹扩展速率的温度相关性与氧化速率相关。对于同种合金，研究发现氧化动力学在 732℃ 附近会发生改变，高于此温度时氧化激活能升高。在较低的温度下，氧化动力学遵循线性规律。而高于 732℃ 时，氧化则遵循更快的抛物线规律，这与疲劳裂纹扩展速率随温度升高而增大是一致的。

如上所述，温度对疲劳裂纹扩展的影响是一个相当复杂的现象，而且取决于各种参数。其中一些将在后面章节中进行更详细的介绍。

5.5.2 频率对疲劳裂纹扩展速率的影响

高温疲劳裂纹扩展涉及热激活过程的事实，也表明了疲劳裂纹扩展速率对试验频率存在强烈的相关性。图 5.44 给出了 650℃ 和 760℃ 恒定温度下疲劳裂纹扩展速率与频率关系一般情况的示意图，ν 代表频率。图中是以粉末高温合金 LC Astroloy 为例的[112]。在其他几种镍基高温合金中也观察到了疲劳裂纹扩展速率与频率这种相同的相关性[42,100,118,119]。在高温和低频率的情况下，时间相关的过程占主导，而在低温和高频率的情况下，循环相关的过程占主导。在低频时，裂纹扩展速率与频率成反比，表明时间相关的裂纹扩展成为主导的断裂过程。图 5.44 还包含了所观察到的断裂模式图。在较高频率（和在较低温度）下主要为穿晶断裂，但在低频率（和在较高温）下，变为晶间断裂。在中间频率和中间温度观察到了混合断裂模式，此时蠕变和疲劳发生交互作用。

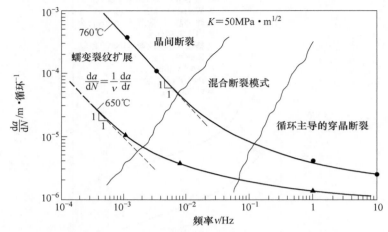

图 5.44 在 650℃ 和 760℃ 时频率对粉末高温合金 LC Astroloy
疲劳裂纹扩展速率的影响 （$\Delta K = 50MPa \cdot m^{1/2}$）[112]

在惰性环境下镍基高温合金的疲劳裂纹扩展速率与频率相关性的各种研究表明，在惰性气氛下，也会发生随着频率的降低疲劳裂纹扩展速率增加的情况[119~121]。这表明，不仅是环境的作用，而且蠕变也很重要。然而，侵蚀性环境加大了这种作用效果。

5.5.3 保持时间的影响和蠕变裂纹扩展

在静载荷（蠕变裂纹扩展）或在带保持时间的循环载荷下，时间对裂纹扩展速率的影响，通常是在最大应力强度因子 K_{max} 时更好地看出来。

保持时间的影响会提高疲劳裂纹扩展速率，在图 5.45 中给出了对粉末高温合金 Astroloy 的影响[112]。断口分析表明，在低 ΔK 时，断裂路径是穿晶的，且具有明显的晶体学特征。随着保持时间的增加，断裂路径从晶间和穿晶的混合模式变为完全的晶间模式。随着温度的升高，保持时间的影响变得更加明显，见粉末高温合金 Astroloy[112]、AF2-1DA[122] 和 IN100[110]。

文献 [74，85，123] 研究并报道了 15min 的保持时间对 7 种不同的盘件合金的疲劳裂纹扩展的影响。不出所料，所有合金的疲劳性能都明显降低，尽管合金与合金间降低的量各不相同。其中有两个主要的因素导致裂纹扩展速率的增大：

（1）环境（空气）和合金之间的交互作用。

（2）晶粒度。

这两点将在随后（见 5.5.4 节和 5.5.5 节）分别进行探讨。

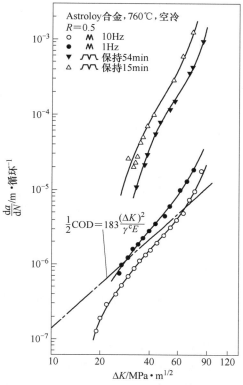

图 5.45　760℃空气环境下粉末高温合金 Astroloy
在不同加载波形时的疲劳裂纹扩展速率[112]

应力强度因子与裂纹扩展速率之间并不总是存在唯一的相关性。对粉末高温合金 René95 和变形合金 IN718 两种合金的测算表明[74]，试验应力范围也会影响裂纹扩展速率，如图 5.46 所示。最大影响发生于低 ΔK 值处，此时高试验应力会提高疲劳裂纹扩展门槛值（应力强度门槛值）。当存在保持时间时，这些合金的疲劳裂纹扩展门槛值也会发生常规的增加。疲劳裂纹扩展门槛值提高及带保持时间的疲劳裂纹扩展加速的现象，可以用 Shahinian 和 Sadananda[124] 的机械模型进行解释。根据该模型，时间相关的塑性区会在裂纹尖端形成，减缓了裂纹扩展。更高的总应力导致疲劳裂纹扩展门槛值在时间相关的塑性区比在循环应力强度塑性区更快速地增大。时间相关的塑性区的有益影响将一直延续至更高的应力强度水平。当循环塑性区尺寸增加至超过时间相关的塑性区尺寸时，循环裂纹扩展将成为主导机制。一旦门槛区被超过，裂纹就会迅速扩展，形成蠕变诱发微裂纹和裂纹尖端前沿孔洞。

随着拉伸载荷保持时间的增加或者频率的降低，蠕变成为主导变形方式。

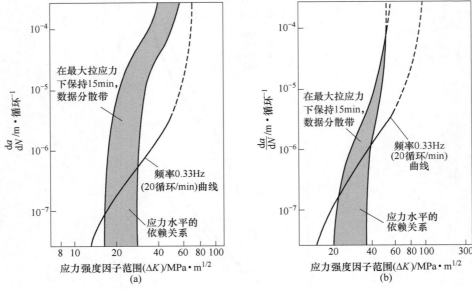

图 5.46 空气中带保持和不带保持 650℃循环裂纹扩展行为

(a) 热等静压+锻造 René95 合金；(b) IN718 合金[74]

Pelloux 和 Huang[112]已经测算在恒定载荷和一定温度范围内粉末高温合金 Astroloy 的蠕变裂纹扩展速率，如图 5.47 所示。随着温度从 655℃升高到 756℃，裂纹扩展速率增加了 $1×10^3$ 倍。断裂试样的断口形貌显示，该断裂为完全晶间断裂，并在晶界上伴有网状微孔。

根据 Sadananda 和 Shahinian[125]的研究，在静态载荷下裂纹扩展可以分为脆性断裂和韧性断裂。脆性断裂对温度和环境非常敏感，可以被裂纹尖端周围的塑性流变抑制。韧性断裂则主要受材料蠕变性能控制，而环境没有起如此重要的作用。

对于给定的材料，疲劳和蠕变裂纹扩展速率并不总是没有丝毫的联系。图 5.48 给出了顺序疲劳和蠕变（疲劳和蠕变共同作用）裂纹扩展试验结果。经过 1Hz 频率的几百次疲劳循环，随后发生蠕变裂纹扩展。如果经过了一段时间的疲劳裂纹扩展，那么蠕变裂纹扩展会变快。直到蠕变裂纹完全扩展至疲劳裂纹尖端处的预损伤循环塑性区，这种加速效应才会停止。这种起初的加速效应后，裂纹扩展速率恢复到初始的蠕变裂纹扩展速率。

5.5.4 环境对裂纹扩展的影响

镍基高温合金中蠕变-疲劳-环境交互作用的主题在最近的这几年里得到了相当多的关注，Floreen[126]对此进行了综述。

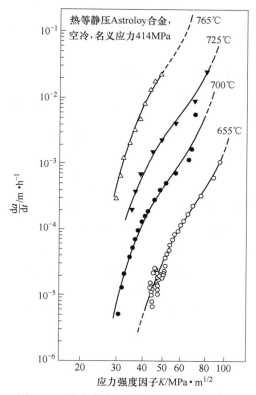

图 5.47 在空气中 4 种不同温度下的粉末
高温合金 LC Astroloy 蠕变裂纹扩展速率[112]

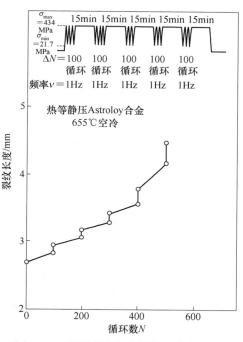

图 5.48 在顺序疲劳和蠕变试验中裂纹
长度与疲劳循环数的典型曲线[112]

在 0.1Hz 或更低的频率下，不利的环境如空气，会严重降低疲劳性能。正如之前所讨论的一样，这种性能的降低通常会伴随着穿晶断裂向晶间断裂的转变。有几位作者[83,127]认为，在侵蚀性环境中蠕变和疲劳裂纹扩展最好称作应力腐蚀开裂和腐蚀疲劳。据推测[126]，侵蚀元素从环境向晶界扩散，扩散速率足够高以至于保持在前进中的裂纹前沿之前，从而影响裂纹扩展速率。

在频率高于 0.1Hz、中温区、中等 ΔK 值条件下，在空气中测算的镍基高温合金疲劳裂纹扩展速率通常比在惰性气氛中测算值高 2～5 倍[72,83,112,115,119,121]。但是随着 ΔK 值的降低，腐蚀产物的积聚可能促进裂纹闭合或者腐蚀可能导致裂纹分叉[100,126]。这两种作用会降低有效应力强度范围，并致使疲劳门槛值比在惰性气氛中的高。

含有不同晶界碳化物显微组织的 Inconel X750 合金，在不同的环境下，对其蠕变裂纹扩展速率进行了测试[126]，结果见表 5.13。与在氩气中相比，在严重侵蚀性环境下蠕变裂纹扩展速率呈数量级提高，而在轻微侵蚀性环境下蠕变裂纹扩展速率则提高约 3 倍。从表 5.13 还可以看出，最佳的晶界碳化物形貌随着环境而改变。粉末高温合金对侵蚀性环境的反应与变形合金是相似的，这表明显微组织和合金成分主要影响裂纹扩展。

表 5.13　在 4 种环境下含有不同晶界碳化物显微组织的
Inconel X750 合金的蠕变裂纹扩展速率的对比

晶界碳化物显微组织	$da/dt/mm \cdot min^{-1}$, $\Delta K = 35MPa \cdot m^{1/2}$			
	氩气	空气	He+4%CH$_4$	He+3%SO$_2$
块状	7.0×10^{-4}	1.95×10^{-2}	7.0×10^{-4}	1.5×10^{-1}
胞状	1.15×10^{-3}	2.6×10^{-3}	3.1×10^{-3}	1.3×10^{-1}
—	7.0×10^{-4}	6.3×10^{-2}	7.0×10^{-4}	1.6×10^{-1}

已经提到过，铬是抗氧化的必需元素，见表 5.14，带保持时间的裂纹扩展抗力随着铬含量的增加而明显提高。不要忘了大家公认接受的假设，即光滑试样的低周疲劳失效在很大程度上是受裂纹扩展控制的（即 N_5，载荷降低 5% 时的循环数，对应 1 至几毫米深的裂纹），人们可能会认为铬含量对裂纹萌生数据也有相似的影响。这与表 5.10 的实验数据一致，表中保持 900s 的低周疲劳寿命的降低率（百分比）随着铬含量的增加而降低。

表 5.14　在 650℃ 保持 900s 的疲劳裂纹扩展速率相对增加值（$\Delta K = 30MPa \cdot m^{1/2}$）

合　金	裂纹扩展速率的相对增加值	晶粒度/μm		Cr 质量分数/%
		一次晶粒	项链组织中的细晶	
热等静压+锻造的 René95	242	50~70	10~15	12.8
IN100	43.4	4~6		12.0
热等静压固结的 MERL76	41.5	15~20		12.0
NASA Ⅱ B-7	335	4~6		8.9
热等静压固结的 Astroloy	3.3	50~70		15.1
Waspaloy	4	40~150		19.3
热等静压+锻造的 Astroloy	3.5	50~100	10~15	14.7

5.5.5　晶粒度、晶粒形态和显微组织对裂纹扩展速率的影响

在中温区和 $\Delta K = 33MPa \cdot m^{1/2}$ 时，不同盘件合金的疲劳裂纹扩展速率存在近一个数量级的差异，如图 5.43 所示。总的力学性能对疲劳裂纹扩展的影响与对低周疲劳裂纹萌生的影响是相反的。一般来说，循环强度最高的合金具有最高的裂纹扩展速率。图 5.49 给出了裂纹扩展速率 da/dN 与抗拉强度经过适当拟合后的关系。

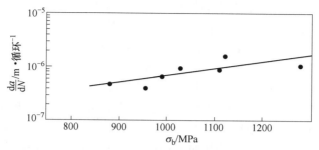

图 5.49 在 $\Delta K = 30\text{MPa} \cdot \text{m}^{1/2}$ 时空气中 7 种不同镍基高温合金 650℃疲劳裂纹扩展速率

对于显微组织相关的工程量的 Paris 公式［见式（5.6）］中系数 C 和指数 n，Bartos[128]进行了解释和综述。对于在 538℃测试的 René95 合金的不同显微组织（γ'相尺寸，晶粒度），由 Antolovich[129]等人首先提出的裂纹扩展规则，结果证明非常有用。一个将材料应变硬化行为和光滑试样的低周疲劳行为计算在内的方程式可以作如下表示：

$$\frac{\mathrm{d}a}{\mathrm{d}N} = 4l^{1+\frac{1}{c}}\left(0.7\frac{R}{E\varepsilon_{\mathrm{f}}\sigma_{\mathrm{YS}}}\right)^{\frac{-1}{c}}\Delta K^{\frac{-2}{c}} \qquad (5.8)$$

式中　E——杨氏模量；

　　　ε_{f}——断裂应变；

　σ_{YS}——屈服强度；

　　　c——式（5.2）给出的 Manson-Coffin 指数，其与应变硬化指数成反比关系；

　　　l——裂纹尖端过渡区尺寸，在该过渡区中假设 Manson-Coffin 公式成立。

对于 René95 合金，发现 l 与 γ' 相直径或 γ' 相颗粒间距相当。显微组织对疲劳裂纹扩展速率的影响在低应力强度时更大。当反向塑性区的尺寸超过晶粒尺寸时，二次裂纹形成开始，并使显微组织的影响达到最小化。主要针对不同的粉末高温合金，对比 Paris 公式中的指数实测值与式（5.8）计算值，结果如图 5.50 所示，计算值和实测值相当吻合。

研究粉末高温合金 AP1 晶粒度和显微组织对室温门槛值和近门槛值裂纹扩展的影响，表明了反向塑性区尺寸的重要性[130]。由热等静压、锻造及热处理得到的不同组织有项链组织和各种晶粒度的完全再结晶组织以及 γ' 相均匀分布和 γ' 相双峰分布的组织。对于所有材料，

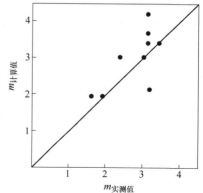

图 5.50 Paris 公式中指数 m 的实测值与按式（5.8）的计算值的对比

在低 ΔK 时为具有晶体学特征的裂纹扩展；随着 ΔK 的提高，裂纹扩展转变为疲劳条纹扩展模式。结果表明，当裂纹尖端反向塑性区尺寸达到晶粒尺寸时这种转变就会发生，而与其他显微组织变量无关。结果还表明，应力强度门槛值随着晶粒度的增加而增加，尽管 γ' 相分布也很重要。

图 5.51 总结并给出了裂纹尖端反向塑性区尺寸（$R_p{}^c$）与平均晶粒直径（d）的比值以及温度对在空气中疲劳裂纹形貌影响的示意图[77]。根据不同的温度，发生第 Ⅰ 阶段向第 Ⅱ 阶段转变的 $R_p{}^c/d$ 值可由约 1.0（低温）降低到约 0.2（高温）。在时间相关效应起主导作用时的温度下，发生沿晶裂纹扩展。

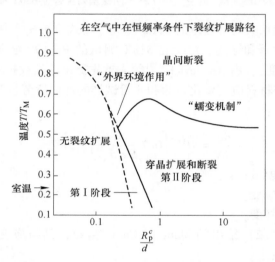

图 5.51 反向塑性区尺寸和晶粒度对镍基高温合金断口形貌影响的示意图[77]

晶粒度对疲劳裂纹扩展速率的影响如图 5.52 所示。细晶粒对最佳的低周疲劳强度是有利的，同时，具有最高的疲劳裂纹扩展速率。尽管侵蚀性环境会加大所观察到的裂纹扩展速率，但是这种影响与环境无关[126]。

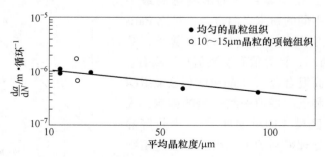

图 5.52 平均晶粒度对镍基高温合金 650℃空气中
疲劳裂纹扩展速率的影响（细晶项链组织）

晶粒度对疲劳裂纹扩展和蠕变裂纹扩展具有相反的作用。对于后者，粗大晶粒、锯齿状晶界对裂纹扩展抗力非常有利。相反地，锯齿状晶界对疲劳裂纹扩展速率没有影响。因此，总的来说，锯齿状晶界要比平直晶界好。显微组织对蠕变和疲劳总的影响总结在表5.15中。

表5.15　显微组织对无缺口试样的蠕变裂纹扩展速率、疲劳裂纹萌生、疲劳裂纹扩展速率和蠕变强度的影响

显微组织	蠕变 da/dt	疲劳裂纹萌生	疲劳 da/dN	蠕变强度
粗大的过时效析出相	降低	减缓	没影响	降低
粗晶	降低	加速	降低	降低
锯齿状晶界	降低	无影响	无影响	无影响

控制蠕变裂纹扩展的其他重要因素是晶界碳化物的类型和形貌。不同气氛下的试验结果表明，Inconel X750合金最佳的晶界碳化物形貌随着环境的变化而不同[126]（也可见表5.13）。沿晶界析出的 Ni_3Nb 可以降低晶界滑动和晶界扩散速率[125]，降低IN718合金空气中的蠕变裂纹扩展速率两个数量级还要多。很显然，对于同种合金成分的粉末合金也可以观察到相似的结果。

5.5.6　裂纹长度对疲劳裂纹扩展速率的影响

由循环应力强度门槛值计算得到的疲劳极限与光滑试样试验测得的疲劳极限进行对比，结果表明小裂纹扩展规律与长裂纹不同。特别是在门槛值区域，短裂纹似乎要比长裂纹扩展得快。这种裂纹扩展速率的差异可以通过测定短裂纹的裂纹扩展速率得到验证。

有一种力学的方法，通过循环积分 J 与有效裂纹长度相结合来描述小裂纹的裂纹扩展行为，有效裂纹长度是由光滑试样的疲劳极限和长裂纹疲劳裂纹扩展门槛值计算得到的[131]。

在挤压＋超塑性等温锻造的IN100合金中测算了短裂纹的裂纹扩展速率[82,132]。在这些研究中，认为短裂纹的初始高裂纹扩展速率（随着 ΔK 的提高而降低）是试样的人为因素引起的。然而，随后区域裂纹扩展的实际影响，是由晶界障碍物对短裂纹的明显影响而引起的。当塑性区尺寸大于平均晶粒尺寸时，短裂纹和长裂纹所得的数据变得难以区分。

短裂纹产生的另一个影响就是裂纹闭合，见McCarver和Ritchie[133]给出的变形Rene95合金的实验结果。他们研究了比值 R 为0.1时长裂纹（约25mm）和短裂纹（0.01~0.2mm）的近门槛值疲劳裂纹扩展行为，研究发现短裂纹的裂纹扩展速率更高，短裂纹的裂纹闭合机制不如长裂纹明显。

在对比长裂纹和短裂纹数据时，还需要阐明其他问题，如裂纹分叉、多重开裂和Ⅰ阶段裂纹早期扩展的作用[100]。

参 考 文 献

[1] Larson, J. M. and Floreen, S. *Metall. Trans.*, 8A, 1977, p. 51.

[2] Cox, A. R., Moore, J. B. and van Reuth, E. C. *AGARD-CP-*256, 1979, Paper 12.

[3] Law, C. C., Wallace, W., Ashdown, C. P. and Grey, D. A. *Metal Sci.*, 13, 1979, p. 627.

[4] Holt, R. T. and Wallace, W. *Int. Met. Rev.*, 21, 1976, p. 1.

[5] Jones, W. E. *Vacuum Metallurgy*, Reinhold, New York, 1957, p. 189.

[6] Larson, J. M., unpublished work referred to by R. F. Decker, in P. R. Sahm and M. O. Speidel (editors), *High-Temperature Materials in Gas Turbines*, Elsevier Scientific Publications, Amsterdam, 1974, p. 49.

[7] Woodford, D. A., General Electric Report No. 80 CRD 160, July 1980.

[8] Jackson, M. R., Rairden, J. R., Smith, J, S. and Smith, R. W. *J. Metals*, 33, 1981, p. 23.

[9] Gessinger, G. H. *Metall. Trans.*, 7A, 1976, p. 1203.

[10] Woodford, D. A. and Bricknell, R. H. 'Environmental embrittlement of high temperature alloys by oxygen', in *Embrittlement of Engineering Alloys*, Academic Press, New York, to be published.

[11] Bricknell, R. H., Mulford, R. A. and Woodford, D. A., *Metall. Trans.*, 13A, 1982, p. 1223.

[12] Floren, S. and Westbrook, J, H., *Acta Met.*, 17, 1969, p. 1175.

[13] Wallace, W., Hotlt, R. T. and Whelan, E. P. *J. Testing and Evaluation*, 3, 1975, p. 113.

[14] Kotval, P. S., Venables, J. D. and Calder, R. W. *Metall. Trans.*, 3, 1972, p. 453.

[15] Larson, J. M., Volin, T. E. and Larson, F. G. *Microstruct. Sci.*, 5, 1977, p. 209.

[16] Miner, R. V. Report No. 76-GT 112, ASME, 1976.

[17] Eng, R. D, and Evans, D. J., in J. K. Tien *et al.* (editors), *Superalloys* 1980. American Society for Metals, Metals Park, Ohio, 1980, p. 491.

[18] Wentzell, J. M. *Metals Engineering Quarterly*, 14, Nov. 1974, p. 47.

[19] Decker, R. F., in *Steel Strengthening Mechanisms*, Climax Molybdenum Co., Greenwich, Connecticut, 1970, p. 147.

[20] Walsh, J. M. and Kear, B. H. *Metall. Trans.*, 6, 1975, p. 226.

[21] *US Patent* 4227927, Oct. 14, 1980.

[22] Hack, G. A. J., Eggar, J. W. and Symonds, C. H., in *Powder Metallurgy Superalloys*, Vol. 2, Metal Powder Report Publishing Services Ltd., Shrewsbury, England, 1980, Paper 20.

[23] Billard, D. and Trottier, J. P. *Powd. Met. Int.*, 10, 1978, p. 83.

[24] Betz, W., Huff, H. and Track, W. *Advanced Fabrication Techniques in Powder Metallurgy and their Economic Implications*, AGARD-CP-200, 1976, Paper 7.

[25] Blackburn, M. J. and Sprague, R. A. *Metals Technology*, 4, 1977, p. 388.

[26] Stickler, R., in P. R. Sahm and M. O. Speidel (editors), *High-Temperature Materials in Gas Turbines*, Elsevier, Scientific Publications, Amsterdam, 1974, p. 115.

[27] Koul, A. K. *Metal Sci.*, 16, 1982, p. 591.

[28] Dahlén, M. and Fischmeister, H., in J. K. Tien et al. (editors), *Superalloys* 1980, American Society for Metals, Metals Park, Ohio, 1980, p. 449.

[29] Stoloff, N. S., in C. T. Sims and W. C. Hagel (editors), *The Superalloys*, John Wiley, New York, 1972, p. 79.

[30] Wilcox, B. A. and Clauer, A. H., in C. T. Sims and W. C. Hagel (editors), *The Superalloys*, John Wiley, New York, 1972, p. 197.

[31] Ansell, G. S., in G. S. Ansell et al. (editors), *Oxide Dispersion Strengthening*, Gordon and Breach, New York, 1968, p. 61.

[32] Law, C. C., Lin, J. S. and Blackburn, M. J. PWA-FR-14913, AD-A 102 074, May 1981.

[33] Xie, X. S., Chen, G. L., McHugh, P. J. and Tien, J. K. *Scripta Met.*, 16, 1982, p. 483.

[34] Gerold, V. and Haberkorn, H. *Phys. Stat. Sol.*, 16, 1966, p. 675.

[35] Gleiter, H. *Z. Angew. Phys.*, 23, 1967, p. 108.

[36] Gibbons, T. B. and Hopkins, B. E. *Metal Sci. J.*, 5, 1971, p. 233.

[37] Davies, R. G. and Johnston, T. L., in B. H. Kear et al. (editors), *Ordered Alloys*, Claitor's Publishing Division, Baton Rouge, Louisiana, 1970, p. 460.

[38] Law, C. C. and Blackburn, M. J. *Metall. Trans.*, 11A, 1980, p. 495.

[39] Raj, R. AD-AO80084, 1979.

[40] Ashby, M. F. *Scripta Met.*, 3, 1969, p, 837.

[41] Ray, R. and Ashby, M. F. *Metall. Trans.*, 2, 1971, p. 1113.

[42] Merrick, H. F. and Floreen, S. *Metall. Trans.*, 9A, 1978, p. 231.

[43] Gessinger, G. H. and Bomford, M. J. *Int. Met. Rev.*, 19, 1974, Figure 16, p. 51.

[44] Podop, M. T., in Hausner and P. V. Taubenblat (editors), *Modern Developments in Powder Metallurgy*, Vol. 11, MPIF-APMI, Princeton, New Jersey, 1977, p. 25.

[45] Thamburaj, R., Wallace, W., Chari, Y. N. and Prakash, T. L. *Metal Sci.*, to be published.

[46] Larson, J. M., Thompson, F. A. and Gibson, R. C., in B. H. Kear et al. (editors), *Superalloys: Metallurgy and Manufacture*, Claitor's Publishing Division, Baton Rouge, Louisiana, 1976, p. 483.

[47] Symonds, C. H., Eggar, J. W., Lewis, G. J. and Sidtiall, R. J., in *Powder Metallurgy Superalloys*, Metal Powder Report Publishing Services Ltd., Shrewsbury, England, 1980, Paper 17.

[48] Milam, D. L., Effect of forging temperature on the structure and mechanical properties of low carbon powder metallurgy Astroloy, Ph. D. Thesis, Purdue University, Lafayette, Indiana, 1978.

[49] Hack, G. A. J., Eggar, J. W. and Symonds, C. H., in *Powder Metallurgy Superalloys*, Metal Powder Report Publishing Services Ltd., Shrewsbury, England, 1980, Paper 20.

[50] Menon, M. N. and Reimann, W. H. *Metall. Trans.*, 6A, 1975, p. 1075.

[51] Bartos, J. L., Allen, R. E., Thompson, V. R., Moll, J. H. and Morris, C. A., SAE paper 740862, presented at National Aerospace Engineering and Manufacturing Meeting, San

Diego, California, Oct. 1974.

[52] Coyne J. E. and Couts, W. H., ASME 76-GT-110, 1976.

[53] Bartos, J. L and Mathur, P. S., in B. H. Kear et al. (editors), Superalloys: Metallurgy and Manufacture, Claitor's Publishing Division, Baton Rouge, Louisiana, 1976, p. 495.

[54] Sprague, R. A., private communication, 1982.

[55] Bartos, J. L. Powd. Met. in Defense Technology, 5, 1980, p. 81.

[56] Barker, J. F. and Van Der Molen, E. H., in Superalloys - Processing, AIME, New York, 1972, p. AA-1.

[57] Immarigeon, J. -P. A. and Floyd, P. H. Metall. Trans., 12A, 1981, p. 1177.

[58] Mathur, P. S. and Bartos, J. L., USAAMRDL Technical Report 76-30.

[59] Evans, R. W. 'Review of European powder metallurgy of superalloys', EOARD-TR-80-10.

[60] Larson, J. M., in H. H. Hausner (editor), Modern Developments in Powder Metallurgy, Vol. 8, Plenum Press, New York, 1974, p. 537.

[61] Moskovitz, L. N., Pelloux, R. M. and Grant, N. J., in Superalloys - Processing, AIME, New York, 1972, p. Z-l.

[62] US Patent 3519503, July 7, 1970.

[63] Raisson, G. and Honnorat, Y., in B. H. Kear et al. (editors), Superalloys: Metallurgy and Manufacture, Claitor's Publishing Division, Baton Rouge, Louisiana, 1976, p. 473.

[64] Reichmann, S. H. and Smythe, J. W., in H. H. Hausner (editors), Modem Developments in Powder Metallurgy, Vol. 5, Plenum Press, New York, 1971, p. 73.

[65] Lescop, P., Marty, M. and Walder, A. AGARD Conf. Proc. CP200, 1976, Paper 8.

[66] Moore, J. B. and van Reuth, E. C. 'Applications of rapidly solidified powder metallurgy superalloys in jet engine components', paper presented at Symposium P/M 80 in Washington, D. C., 1980.

[67] Bourdeau, R. G. and Moore, J. B., in R. Mehrabian et al. (editors), Rapid Solidification Processing - Principles and Technologies, Claitor's Publishing Division, Baton Rouge, Louisiana, 1978, p. 334.

[68] Pearson, D. D., Lemkey, F. D. and Kear, B. H., in J. K. Tien et al. (editors), Superalloys 1980, American Society for Metals, Metals Park, Ohio, 1980, p. 513.

[69] Cox, A. R. 'Application of rapidly solidified superalloys', DARPA, Quarterly Report 1 February 1978-1 May 1978, FR-10521.

[70] Bourdeau, R. G., Adam, C. and van Reuth, E. 'Application of rapid solidification to gas turbine engines', paper presented at Rapid Solidification Technology Conf., Sendai, Japan, August 1981.

[71] Sattar, S. A. and Hill, J. T., Air Transportation Meeting, Hartford, Connecticut, Soc. of Automotive Engineers, 1975, Paper 750619.

[72] Cowles, B. A., Sims, D. L. and Warren, J. R. NASA-CR-159409, 1978.

[73] Larsen, J. M., Schwartz, B. J. and Annis, C. G., AFML-TR-4159, Air Force Materials Laboratory, 1980.

[74] Sahani, V. and Popp, H. G. , NASA-CR-159433, 1978.

[75] Neuber, H. *Kerbspannungslehre*, 2nd Edition, Springer, Berlin, 1959.

[76] Raske, D. T. AND Morrow, J. D. , in 'Manual on low cycle fatigue testing', ASTM STP 465, American Society for Testing and Materials, Philadelphia, Pennsylvania, 1969, p. 1.

[77] Runkle, J. C. and Pelloux, R. M. , in J. T. Fong (editor), *Fatigue Mechanisms*, ASTM STP 675, American Society for Testing and Materials, Philadelphia, Pennsylvania, 1979, p. 501.

[78] Wells, C. H. , in *Fatigue and Microstructure*, American Society for Metals, Metals Park, Ohio, 1979, p. 307.

[79] Gell, M. and Leverant, G. R. 'Fatigue at elevated temperatures', ASTM STP 520, American Society for Testing and Materials, Philadelphia, Pennsylvania, 1973, p. 37.

[80] 'Analysis of life prediction methods for time-dependent fatigue crack initiation in nickel-base superalloys', NMAB-347, National Materials Advisory Board, 2101 Constitution Avenue, N. W, Washington DC 20418, 1980.

[81] Raj, R. , AFOSR-TR-80-0043, AD-A080084, Dec. 1979.

[82] Sheldon, G. P. , Cook, T. S. , Jones, J. W. and Lankford, J. *Fat. Eng. Mat. Struct.* , 3, 1981, p. 219.

[83] Speidel, M. O. , in P. R. Sahm and M. O. Speidel (editors), *High Temperature Materials for Gas Turbines*, Elsevier Scientific Publications, Amsterdam, 1974, p. 207.

[84] Sanders, T. H. , Frishmuth, R. E. and Embley, G. T. *Metall Trans.* , 12A, 1981, p. 1003.

[85] 'Evaluation of the cyclic behaviour of aircraft turbine disk alloys', NASA-CR-165123, 1980.

[86] Cowles, B. A. , Sims, D. L. , Warren, J. R. and Miner, R. V. *Trans. ASME*, 102, 1980, p. 356.

[87] Hyzak, H. L. , Technical Report, AFML-TR-79-4075, Wright-Patterson Air Force Base, Ohio 45433. 1979.

[88] Halford, G. R. and Nachtigall, A. J. *J. Aircraft*, 17, 1980, p. 598.

[89] Manson. S. S. , in 'Fatigue at elevated temperatures', ASTM STP 520, American Society for Testing and Materials, Philadelphia, Pennsylvania, 1973, p, 744.

[90] Coffin, L. F. ASME-MPC Symposium on Creep-Fatigue Interaction, MPC-3, ASME, Dec. 1976.

[91] Ostergren, W. *J. Test. and Eval.* , 4, 1976, p. 327.

[92] Majumdar, S. and Maiya, P. S. , in *Inelastic Behaviour of Pressure Vessel and Piping Components*, PVB-PB-028, ASME, New York, 1978, p. 43.

[93] Hoffelner, W. and Wüthrich, C. 'Evaluation of low cycle fatigue experiments using SRP', KLR 81-32C, Brown Boveri Research Center, CH-5401 Baden, Switzerland, Jan. 1981.

[94] VerSnyder, F. L. , in R. Brunetaud *et al.* (editors), *High Temperature Alloys for Gas Turbines*, Reidel Publishing, Dordrecht, The Netherlands, 1982, p. 1.

[95] Hyzak, J. M. and Bernstein, I. M. *Metall. Trans.* , 13A, 1982, p. 33.

[96] Hyzak, J. M. and Bernstein. I. M. *Metall. Trans.* , 13A, 1982, p. 45.

[97] Jablonski, *Mat. Sci. Eng.*, 48, 1981, p. 189.

[98] Betz, W. and Track, W. *Powder Met. Int.*, 13, 1981, p. 195.

[99] Law, C. C. and Blackburn, M. J., in H. H. Hausner *et al.* (editors), *Modern Developments in Powder Metallurgy*, Vol. 14, MPIF-APMI, Princeton, New Jersey, 1980, p. 93.

[100] Hoffelner, W. *Metall. Trans.*, 13A, 1982, p. 1245.

[101] Härkegard, G. *Eng. Fract. Mech.*, 6, 1974, p. 795.

[102] Miner, R. V. and Dreshfield, R. L. *Metall. Trans.*, 12A, 1981, p. 261.

[103] Sadananda, K. and Shahinian, P. *Eng. Fract. Mech.*, 11, 1979, p. 73.

[104] Dowling, N. E. and Begley, J. A., in 'Mechanics of crack growth', ASTM STP 590, American Society for Testing and Materials, Philadelphia, Pennsylvania, 1976, p. 82.

[105] Wüthrich, C. *Int. J. Fract.*, 20, 1982, p. R35.

[106] Wüthrich, C. and Hoffelner, W., in *Vorträge der 13. Sitzung des Arheitskreises Bruchvorgänge*, Deutscher Verband für Materialprüfung e. V., 1982, p. 214.

[107] Tomkins, B. *Phil. Mag.*, 23, 1971, p, 687.

[108] Huang, J. S. and Pelloux, R. M. *Metall Trans.*, 11A, 1980, p. 899.

[109] Paris, P. and Erdogan, F. *J. Basic Eng.* (*Trans. ASME, D*), 85, 1963, p. 528.

[110] Annis, C. G., Wallace, R. M. and Sims, D. L., Air Force Materials Laboratory Report, AFML-TR-76-176, 1976.

[111] Riedel, H. and Rice, J. R., in 'Fracture Mechanics: The Twelfth Conference', ASTM STP 700, American Society for Testing and Materials, Philadelphia, Pennsylvania, 1980, p. 112.

[112] Pelloux, R. M. AND Huang, J. S., in R. M. Pelloux and N. S. Stoloff (editors), *Creep-Fatigue-Environment Interactions*, The Metallurgical Society of AIME, 1980, p. 151.

[113] Pearson, S., *Nature*, Sept. 213, p. 1077.

[114] Shahinian, P. *Metals Technol*, 5, 1978, p. 372.

[115] Sadananda, K. and Shahinian, P. *Metall. Trans.*, 12A, 1981, p. 343.

[116] James, L. A. *J. Eng. Mater. Technol.* (*Trans. ASME, H*), 95, 1973, p. 254.

[117] Hoffelner, W. and Speidel, M. O. 'Resistance to crack growth under the conditions of fatigue, creep, and corrosion,' COST-50 2nd Round, Final Report, KLR 81-48C, BBC Research Center, CH-5405 Baden, Switzerland.

[118] Solomon, H. D. and Coffin, L. F., in 'Fatigue at elevated temperatures', ASTM STP 520, American Society for Testing and Materials, Philadelphia, Pennsylvania, 1973, p. 112.

[119] Gabrielli, F. and Pelloux, R. M. *Metall. Trans.*, 13A, 1982, p. 1083.

[120] Floreen, S. and Kane, R. H. *Fat. Eng. Mat. Struct.*, 2, 1980, p. 401.

[121] Gowalkar, S., Stoloff, N. S. and Duquette, D. J., in R. C. Gifkins (editor), *Strength of Metals and Alloys* (*ICSMA 6*), Pergamon Press, Oxford, 1982, p. 879.

[122] Sims, J. D. L. and Haake, F. K., AFML-TR-79-4160, March 1980.

[123] Gayda, J. and Miner, R. V., NASA-TM-81740, 1981.

[124] Shahinian, P. and Sadananda, K. *J. Eng. Mater. Technol.* (*Trans. ASME H*), 101,

1979, p. 224.

[125] Sadananda, K. and Shahinian, P., NRL Memorandum Report 3727, Naval Research Laboratory, Washington, D. C., February 1978.

[126] Floreen, S. 'Effects of environment on intermediate temperature crack growth in superalloys', in *Proc. AIME Symposium*, *Louisville*, *Kentucky*, *Oct.* 15, 1981.

[127] Floreen, S. 'High temperature crack growth structure−property relationships in Ni−base superalloys', in *Second Int. Symp. on Elastic−Plastic Fracture Mechanics*, in press.

[128] Bartos, J. L. 'Effect of microstructure on the fatigue crack growth of a P/M nickel−base superalloy', Ph. D. Thesis, University of Cincinatti, Cincinatti, Ohio 45221, 1975.

[129] Antolovich, S. D., Saxena, A. and Chanani, G. R. *Eng. Fract. Mech.*, 7, 1975, p. 649.

[130] King, J. E. *Metal Sci.*, 16, 1982, p. 345.

[131] El Haddad, M. H., Dowling, N. E., Topper, T. H. and Smith, K. N. *Int. J. Fract.*, 16, 1980, p. 15.

[132] Lankford, J., Cook, T. S. and Sheldon, G. P. *Int. J. Fract.*, 17, 1981, p. 143.

[133] McCarver, J. F. and Ritchie, R. O. *Mat. Sci. Eng.*, 55, 1982, p. 63.

[134] Bashir, S., Taupin, P. and Antolovich, S. D. *Metall. Trans.*, 10A, 1979, p. 1481.

[135] Donath, R. C., Technical Report AFWAL−TR−80−4131, Wright−Patterson Air Force Base, Ohio 45433, 1981.

[136] Conway, J. B. and Stentz, R. H., Technical Report AFWAL−TR−80−4077, Wright−Patterson Air Force Base, Ohio 45433, 1980.

[137] Roth, M. 'Hochtemperatur−Ermüdungsverhalten der Nickelbasislegierung P/M Astroloy', Doctoral Thesis, University of Erlangen−Nürnberg, West Germany, 1982.

6 粉末高温合金的质量控制和无损评价

6.1 引言

无损评价方法在粉末高温合金的寿命周期内起着重要和关键的作用。但是，无损评价方法存在以下限制：

（1）材料声波包络（sonic envelope of material）的几何形状比净成形工艺得到的形状要大。

（2）零件的预测寿命通常过于保守。

（3）已服役零件剩余寿命的评估。

第一点提到的问题应归因于目前应用最为广泛的超声检测所特有的缺点。超声检测很难用于检测具有复杂外形的零件，而且常规超声检测也不能满足近表面区域的检测，如6.2.1节所讨论的。

正如第5章所述，粉末高温合金的疲劳寿命受孔隙和陶瓷夹杂物的尺寸及分布的限制。因此，显然计算的疲劳寿命在很大程度上取决于这些缺陷的可检性。除了孔隙和夹杂物，还可能存在表面缺陷。表面缺陷主要是由零件在热处理过程中不合理的淬火工艺或者从超声检测形状到最终形状不合理的机械加工引起的。

最后一点是关于零件的退役。通常，不考虑实际损伤，盘件在服役一定时间后就要退役。这说明许多盘件在达到最终寿命之前就过早地报废了。断裂力学的基本原理和改进的无损评价方法能够有助于处理盘件退役问题，当盘件出现不可容忍的损伤时才退役，而不是在盘件服役一定时间后就退役。所谓改进的无损评价方法是指能够检测到小裂纹或因服役而产生的缺陷，并且确定它们的尺寸。

6.2 新零件的无损评价和质量控制

通过改进无损评价方法或者在工艺过程的不同阶段实施质量控制，可以解决声波包络和已存在缺陷检测的问题。

在生产的某个中间阶段进行检测，可能避免声波包络问题（例如在净形状锻造技术中，必须在预成形阶段进行检测）[1]。这种方法能够避免零件最终形状超声检测。这种观点尚存在争议，还没有被完全接受。能合理地确定已存在缺陷尺寸的一种方法是按照一定的间隔解剖盘件，并且从盘件上取下试样进行疲劳试验[2]。可以用金相法确定引起疲劳失效的缺陷尺寸和特征。这是一种合理的可重复的方法。该方法的优点是可以找出缺陷尺寸的实际上限，并且可以用于设计。

上述过程需要检测技术来控制装粉的质量，同时也要保证固结之前在装套过程中粉末的质量水平。一个被广为接受的粉末控制方法是水淘洗法（见 2.4.1 节）。在该项技术中，松散粉末被放置于一个垂直管中，使用流动的水使其悬浮起来。通过精确地设定水的流速，利用水流去除轻的颗粒（如陶瓷和有机物），这些颗粒被收集在过滤器上，而较重的粉末将落入垂直管底部的收集器中。随后可以检测和鉴定过滤器上的颗粒。

6.2.1　零件检测的无损评价方法

诸如盘件这类粉末零件的检测方法应该主要是对孔隙、非金属夹杂物以及表面裂纹非常敏感。这些方法应该满足以下要求：

（1）在具有高的置信水平的情况下，在零件的所有部位（表面和整个深度范围），典型陶瓷夹杂物（不大于 $150\mu m$）可检性。

（2）高的检测效率（低成本和短的检测时间）。

（3）全自动检测的能力。

目前，这些检测方法还不可用，但是正在不断地发展以满足上述某些要求。以下讨论的方法主要是限于检测夹杂物。表面裂纹的可检性在 6.3.2 节中进行探讨。由于超声检测是应用最广泛的技术，因此我们将着重讨论其在粉末合金中的应用。

6.2.1.1　常规超声检测

通常，超声检测在"脉冲反射"模式下进行，即超声波从换能器传输到材料中。材料中任何的非均质性都会对超声波产生散射，并反射至表面，在表面反射波可以被探头接收[3]。由于发射脉冲具有非常高的强度和一定的宽度，显然它会掩盖近表面区域内的反射波，这就解释了形成声波形状需要最小材料包络的原因（见图 6.1），即超声检测时零件需要留有一定的加工余量。

另一个限制因素是背景噪声信号，它取决于晶粒度和声波的波长 λ，可以用晶界散射因子 μ 表示。设垂直于超声声束的平均晶界面积为 A，当超声波频率在 5~10MHz 范围内时，以下关系式适用于 AP1 合金[4]：

$$\mu = K_1 A^n \tag{6.1}$$

式中，$0.5 < n < 1.5$，K_1 为常数。

在超声检测显示屏上可以测量出噪声幅度 h，A 与 h 的关系如下：

$$h = K_2 A^n \tag{6.2}$$

式中，K_2 为另外一个常数。

通过简单的计算可以得出噪声水平（dB）和 ASTM 晶粒度级别数（ASTM No.）之间的关系：

$$dB = -4.9(ASTM\ No.) + 8.3 \tag{6.3}$$

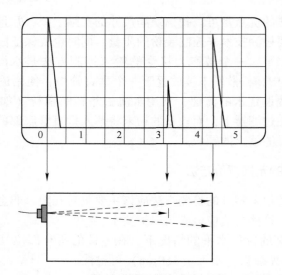

图 6.1　脉冲反射模式下超声检测工作原理示意图

（发射脉冲宽度掩盖了近表面的反射波）

　　通过 AP1 合金的测量结果重新建立了噪声水平和晶粒度之间的关系[4]，如图 6.2 所示。从图 6.2 可以看出，细晶材料中能够检测的缺陷最小尺寸比粗晶材料中的小很多。这种对晶粒度的敏感性就是造成常规变形奥氏体材料可检性差的主要原因。在这方面，细晶粉末高温合金表现出明显的检测优势。

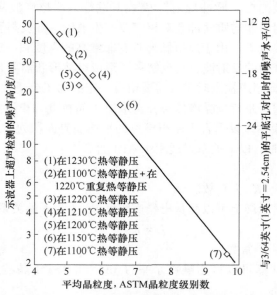

图 6.2　热等静压 AP1 合金超声噪声峰值水平与晶粒度之间的关系[4]

对于粉末盘合金，通过加入外来颗粒进行研究[5]。在厚度小于 40mm 的区域内，能够检出 0.4mm 的缺陷，但 130μm 的缺陷不能检出。

对于采用常规工艺生产的 Nimonic901 和 IN718 合金盘锻件，采用标准超声检测技术，在相同厚度范围内能检测到的裂纹最小尺寸约为 1mm[6]。

因此，对于较小尺寸的缺陷，其可检性仍需进一步提高。计算机辅助超声检测系统的发展对提高检测效率起了很大的作用。

6.2.1.2　强度模式超声检测

在该检测方法中使用可以调节频率的相对宽频带换能器[7]，而通常的检测方法使用在共振频率工作的窄频带换能器。该检测方法的检测频率可以在 5 ~ 12MHz 范围内自由选择，使检测具有最佳的信噪比，因此，对缺陷的可检性有略微的提高。但是，这种方法真正的优势是仅在距表面 0.75mm 以下的区域内具有较高的可检性，优于常规超声检测 3 ~ 4 倍[7]。因此，虽然灵敏度仍不是特别令人满意，但是对于消除声波包络，该方法具有实际的作用。

6.2.1.3　超声全息术

超声全息术采用与上述相同的系统。这种方法基于光学全息成像理论。这意味着，与常规脉冲反射方法相比，不仅可以利用幅度信息，而且还可以利用相位信息。

借助于合适的扫描器，超声波穿过实验对象，并记录傅里叶波形。结合参考信号，可以得到实验对象和反射缺陷的图像。文献 [3，8] 中对该方法进行了详细的描述。

6.2.1.4　康普顿散射

在此方法中著名的康普顿效应被应用于无损评价[7]。与其他技术或医学领域的应用相似，此方法利用 ^{60}Co 同位素作为 γ 辐射源，检测透射和散射电子束。产生散射的体积元出现在探测仪上，类似于一个辐射源，该辐射源的强度取决于该体积元含有材料的数量。体积元中的空隙意味着散射 γ 射线的材料数量降低，这将造成探测仪响应降低。很明显，缺陷的可检性随着检测体积的减小而增加。根据 René95 合金的测量结果进行理论推断[7]，可以得出在合理的阶段，此方法可以检出直径为 125μm 的缺陷，并且该过程可实现完全自动化。然而，Nulk[7] 建议该检测仅限于在零件临界区域的近表面。

基于这些考虑，很明显，超声全息术和康普顿散射可以改善灵敏度、可靠性和自动化程度。因此，它们在未来的无损评价中可能有广泛的应用。

6.3 剩余寿命评估

发动机转子部件高材料成本和对高使用性能的要求，导致了设计和退役规则的改变。通常，燃气涡轮发动机转子组件的寿命预测方法对使用寿命进行了保守估计。当达到了某一预定的循环寿命极限，组件就要退役。退役的依据是低周疲劳数据分析的下限，这表明在达到循环寿命时，1000 个零件（如盘件）中有 1 件将存在约为 0.75mm 长的疲劳裂纹。这就意味着 99.9% 的盘件过早地退役了，他们其中有许多仍具有相当长的使用寿命[9]，如图 6.3 和图 6.4 所示。考虑到成本因素，基于下限考虑的盘件不退役，当盘件达到危险损伤时退役，即"因故"才退役，这是可取的。最关键的一点是，应根据断裂力学考虑和缺陷可检性的限制，确定适宜的接收/拒收标准。无损评价方法必须对服役过程中由于疲劳和蠕变以及环境恶化产生的缺陷非常敏感。

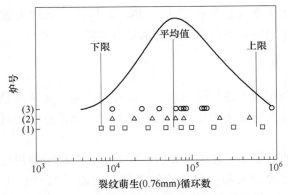

图 6.3 涡轮盘材料疲劳数据典型的分散性[9]

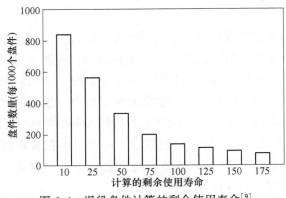

图 6.4 退役盘件计算的剩余使用寿命[9]

典型的疲劳损伤主要发生在表面，以滑移带的形式作为微裂纹的起点。蠕变损伤和高温高应变下的疲劳损伤一样，主要是由于孔洞长大和沿晶界连接造成的。环境引发的损伤可能表现为晶界脆化或者弱化。特别是镍基合金，在空气中高温暴露可能导致因沿晶界氧化而造成的严重脆化[10]。这些损伤机制的最终阶段是微裂纹（主要是表面裂纹），在实际服役条件下这些微裂纹可能扩展。

6.3.1　早期疲劳损伤的检测

正如 Buck 和 Alers[11] 所述，可以利用各种物理效应来检测和监测早期疲劳损伤。虽然已经得到某些可喜的结果，但是要满足燃气涡轮盘的检测，几乎所有的这些检测方法还需要进一步发展。然而，声波法具有相对大的潜力。一个很有潜力的方法是声波产生的谐波法[12]。在该方法中声波（例如 5MHz 的表面波）透过含有疲劳损伤的区域。在此区域的另一端测量二次谐波（10MHz）的幅度。随着循环次数的增加，二次谐波的幅度增加。结合某些关于已存在的微裂纹和裂纹长大规律的假设，这些测量结果可应用于基于二次谐波幅度的寿命预测模型[13]。目前这些测量仅限于铝合金和钛合金，但是也可以应用于镍基合金。

声衰减法已应用在镍基高温合金中，可检测疲劳损伤[14]。

目前正在探索把这些方法应用于高温材料和蠕变损伤[15]，但是还没得出明确的结果。

在盘件合金（Incoloy901 和 IN100）上已经成功地进行了声发射检测[16,17]，典型结果如图 6.5 所示。在第一条裂纹刚能被复型技术检测到之前，声发射活动性开始增加。在这种情况下，声发射能够成功地用于检测裂纹萌生。在应变控制的低周疲劳试验中发现 Incoloy901 合金的声发射行为不同于挤压+超塑性等温锻造 IN100 合金[16]。Incoloy901 合金的声发射率水平一直比较高。由于挤压+超塑性等温锻造 IN100 合金中没有孪晶，可以用 Incoloy901 合金中的孪晶机制来解释这两种合金声发射行为的差异。这些结果表明，声发射有可能成为一种无损研究疲劳机制的手段。

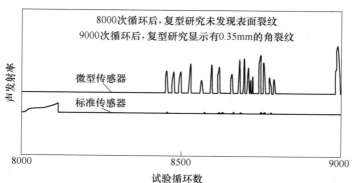

图 6.5　声发射率与循环数的关系[17]

涡流法在检测早期疲劳损伤中意义不大，这是由于该方法对于细小缺陷的灵敏度不够。

6.3.2 表面微裂纹的检测

为了给断裂力学剩余寿命预测提供所需的信息，必须知道裂纹的位置和尺寸。很明显，这需要定量的无损评价方法。在该领域一个普遍的问题是，检测概率是缺陷尺寸的函数，如图6.6所示。得到一个接近理想条件下的阶梯函数（在一定缺陷尺寸以上概率为1[18]），这是先进无损评价的一个目标，另一个目标是尽可能降低可检测缺陷的最小尺寸。

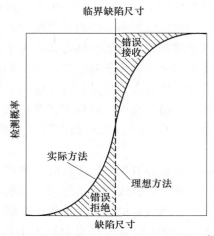

图 6.6　缺陷的检测概率与其尺寸的关系[18]

通过充分对比研究各种无损评价技术对热等静压粉末涡轮零件的检测结果可以得出，先进的表面渗透技术最适用于表面缺陷的检测[7]。

Cargill 等[17]在研究 IN718 合金涡轮盘因故退役时得出了不同的结论[19]。他们强调了发展自动化涡流技术和发展其他更加定量的无损评价技术的必要性。

通过对 Incoloy901 合金盘件剩余寿命的研究，在某种程度上可以阐明这些相互矛盾的结论。表 6.1 给出了不同检测技术检测能力的对比。可以看到，工业型液体渗透检测和实验室型液体渗透检测在检测能力方面存在很大的差异。这表明，该方法得到的结果在很大程度上取决于渗透剂的类型、检测环境和人员的技能。由表 6.1 还可看出，在实验室条件下涡流检测和应力增强的液体渗透检测具有高的可靠性。在后一种技术中，盘件上施加预应力，轻微地打开狭窄的表面裂纹。Cargill 等人[17]从他们自己的研究结果中得出，涡流检测和改进的液体渗透检测的基本检测能力可以满足对因故退役的涡轮盘的检测。然而，要在实际条件下达到这些检测能力，还需要开展大量的技术开发工作。

表6.1　不同无损评价方法可靠性总结

缺陷长度/mm	检测概率（95%置信度）/%			
	涡流检测	应力增强的液体渗透检测	实验室型液体渗透检测	工业型液体渗透检测
0.08~0.4	91.7	91.5	67.7	0
0.4~0.8	92.8	95.5	94.6	0
0.8~2.5	96.1	97.8	97.3	7.5
2.5~6.5	97.8	96.6	96.9	63.7

参 考 文 献

[1] Coyne, J. E. Couts, W. H. Chen, C. C. and Roehm, R. P., in *Powder Metallurgy Superalloys*, Vol. 1, Metal Powder Report Publishing Services Ltd., Shrewsbury, England, 1980, p. 11−1.

[2] Satter, S. A. and Hill, J. T., Air Transportation Meeting, Hartford, Connecticut, Soc. of Automotive Engineers, 1975, Paper 750619.

[3] Krautkrämer, J. and Krautkrämer, H. *Ultrasonic Testing of Materials*, 2nd Edition, Springer, Berlin, 1977.

[4] Hack, G. A. J. and Eggar, J. W., in *Powder Metallurgy Superalloys*, Vol. 2, Metal Powder Report Publishing Services Ltd., Shrewsbury, England, 1980, p. 20−1.

[5] Betz, W. and Track, W., in *Powder Metallurgy Superalloys*, Vol. 2, Metal Powder Report Publishing Services Ltd., Shrewsbury, England, 1980, p. 19−1.

[6] Dölle, H. Brown Boveri & Co., Central Laboratory, Baden, Switzerland, private communication, 1982.

[7] Nulk, D. E. 'A comparison of various NDI−processes using HIP−ed powder turbine parts', GE Report AVSCOM TR 76−23, General Electric Co., 1976.

[8] Schmitz, V. and Wosnitza, M. *First European Conf. on NDT*, *Mainz*, 1978, *Conf. Proc. 2*, Deutsche Gesellschaft für Zerstörungsfreie Prüfung e. V., Berlin, 1978, pp. 517, 523.

[9] Annis, C. G., Cargill, J. S., Harris, J. A. and Vanwanderham, M. C., in *Proc. Of the DAPRA/AFWAL Review of Progress in Quantitative NDE*, *Thousand Oaks*, *California*, *September* 1981, AFWAL−TR−81−4080, Wright−Patterson Air Force Base, Ohio 45433, 1981, p. 12.

[10] Woodford, D. A. *Metall. Trans.*, 12A, 1981, p. 299.

[11] Buck, O. and Alers, G. A., in *Fatigue and Microstructure*, American Society for Metals, Metals Park, Ohio, 1978, p. 101.

[12] Buck, O., Morris, W. L. and Richardson, J. M. *Appl. Phys. Lett.*, 33, 1978, p. 371.

[13] Tittmann, B. R. and Buck, O. J. *Nondestr. Eval.*, 1, 1980, p. 123.

[14] Joshi, N. R. and Green, R. E. *Eng. Fract. Mech.*, 4, 1972, p. 577.

[15] Goebbels, K. Fraunhofer − Institut für zerstörungsfreie Prufverfahren (IzfP), Saarbrücken,

West Germany, unpublished work, 1981.

[16] Cargill, J. S. , Malpani, J. K. and Cheng, Y. W. , AFML – TR – 79 – 4173 – PT – 1, Part I , 1979.

[17] Cargill, J. S. , Malpani, J. K. and Cheng, Y. W. , AFML – TR – 79 – 4173 – PT – 2, Part II , 1979.

[18] Thompson, R. B. and Thompson, D. O. *J. of Metals*, 33, July 1981, p. 29.

[19] Hill, R. J. , Reimann, W. H. and Ogg, J. S. , AFWAL–TR–81–2094, 1981.

第 3 篇

氧化物弥散强化高温合金

7 氧化物弥散强化高温合金❶

7.1 前言

第一个氧化物弥散强化（ODS）合金——"延性钨"[1]，最早开发于 1910 年。它属于氧化物弥散强化型材料，可以用传统粉末冶金方法制造。通过旋锻和拔丝可以获得弥散颗粒必需的细小尺寸和间距。这种方法不太适用于生产大型制件。然而，在 1910 年不仅对这种材料基本的强化机制没有理论认识，而且对这种材料也没有需求。

1930 年，Smith[2] 提出粉末内氧化可作为一种弥散强化手段。这种方法后来被 Rhine[3]、Meijering 和 Druyveteyn[4] 用于制造铜和银合金，被 Jong[5] 用于制造铍和铜合金。

直到 1946 年，由瑞士研究小组开发出烧结铝粉（sintered aluminium powder, SAP）[6]，这是在氧化物弥散强化合金领域取得的又一个重要进展。其主要成就是在研磨过程中 Al_2O_3 弥散颗粒自动进入基体铝粉。烧结铝粉的有效性对理解氧化物弥散强化机制产生了巨大的影响。当时也有将该工艺应用于其他合金体系的许多尝试，但往往未果。十多年以后，开发了另一种获得氧化物弥散强化（ODS）合金的方法，其结果是杜邦公司（Du Pont，美国）推出了 TD-Ni 合金（TD-Ni, thoria dispersion nickel）[7]，这再次被誉为一个重要的里程碑。在这一发展时期，认识到细小的弥散颗粒和小颗粒间距是保证良好高温力学性能的必要条件。制备 TD-Ni 的核心理念是采用尽量细小的氧化物粉末，而且使其与尽可能细小的基体粉末混合，希望能满足弥散强化的恰当的几何条件。但对此类产品只有通过付出高昂的代价，以及承受限制条件，即仅可以添加少量的合金元素，才能达到弥散强化的目的。大约 10 年以后，机械合金化成为制备新型氧化物弥散强化合金主要的新方法[8]。机械合金化通过允许利用相当粗的原始粉来制取较粗的复合粉，复合粉含有弥散分布的强化相，立即克服了细颗粒冶金中存在的问题。表 7.1 给出了氧化物弥散强化合金生产工艺发展的主要阶段。

---

❶ 本章由 R. F. Singer 和 G. H. Gessinger 执笔。

表 7.1 氧化物弥散强化合金工艺发展的主要阶段

年份	合金	工 艺	参考文献
1910	延性钨	传统粉末冶金（压制+烧结+拔丝技术）	[1]
1930	Cu、Ag 及 Be 合金	内氧化	[2~5]
1946	烧结铝粉	研磨铝粉，原位形成表面氧化物	[6]
1958	TD-Ni	"精细" 粉末冶金	[7]
1970	IN853	机械合金化	[8]

氧化物弥散强化合金加工技术发展的主要推动力是第二次世界大战以来一直对在较高温度下更好合金的需求。近期利用机械合金化进行合金开发计划的主要动力，显然是这种合金将打算应用于燃气涡轮工作叶片和导向叶片，或用作燃烧室的板材。

7.2 强化机制

7.2.1 氧化物弥散强化高温合金的组织

与常规变形合金相比，氧化物弥散强化合金有三种不同的组织特征，以不同的方式影响强度。

7.2.1.1 均匀弥散的氧化物颗粒

表 7.2 给出了一些氧化物弥散强化合金中氧化物颗粒的直径和间距。直径主要在 15~30nm 范围内，间距通常约 100nm。图 7.1 给出了镍基合金 MA6000（所有提到的氧化物弥散强化合金的化学成分在表 7.7 中给出）颗粒的组织。由于 MA6000 合金同时含有 γ' 析出相和弥散氧化物而引人注目，氧化物颗粒呈明显的均匀分布。

表 7.2 几种氧化物弥散强化合金中的氧化物颗粒

合金牌号[①]	基体	氧化物颗粒标称体积分数/%	颗粒直径/nm	颗粒间距[②]/nm	参考文献
MA6000	Ni	2.5	30	110	[9~12]
MA754	Ni	1	15	90	[13]
MA956	Fe	3	30	100	[14]
MA753	Ni	2.25	10~100		[15]

①合金的化学成分在表 7.7 中给出。②颗粒间距由式（7.5）确定。

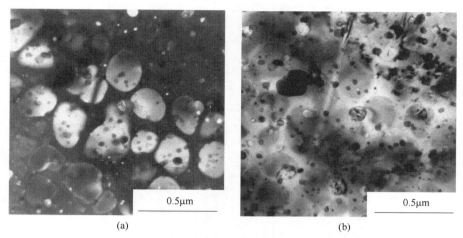

图 7.1 MA6000 合金颗粒组织透射电子显微照片（MA6000 合金由 γ' 析出相和弥散氧化物共同强化的）

（a）暗场像；（b）明场像

7.2.1.2 粗大的伸长晶粒

根据所采用的形变热处理，氧化物弥散强化材料可以获得多种晶粒组织（见 7.5 节）。表 7.3 给出了几个例子。晶粒在长度方向上可以达到几个毫米，纵横长度比为 5~10，如图 7.2 所示。

表 7.3 再结晶粗晶氧化物弥散强化合金的晶粒度

合金牌号	基体	热 处 理	晶粒度①			参考文献
			平行于挤压轴	横截面长轴	横截面短轴	
MA6000	Ni	区域退火+1230℃保温 0.5h、空冷+955℃保温 2h+845℃保温 24h	约 25mm	4mm	2mm	[16]
MA754 炉号 A 炉号 B	Ni	等温退火，1315℃保温 1h（?）	270μm 600μm	58μm 57μm	38μm 55μm	[13]
MA956（板材）	Fe	等温退火，1330℃保温 1h	10mm	5mm	0.5mm	[14]
MA956（棒材）	Fe	无报道	约 100mm	约 10mm		[17]

①应该指出的是，在这种大尺寸且各向异性的晶粒度测量中，可能会出现大的实验误差。

100mm

图 7.2　MA6000 合金伸长晶粒的光学显微镜照片

7.2.1.3　织构

通常，强织构是弥散强化合金在再结晶过程中产生的，见表 7.4。当然，织构的形成取决于预变形和再结晶热处理条件，甚至区域退火的温度梯度[18]和弥散氧化物参数[15]对其似乎都有影响。目前，在公开文献中关于织构形成的资料仍然非常有限。形成哪种织构，最重要的工艺参数是什么，以及基本的微观机制是什么都尚不明确。

表 7.4　再结晶粗晶氧化物弥散强化合金中的织构[①]

合金牌号	基体	热处理	试验方法	织构	参考文献
MA6000	Ni	区域退火	透射电子显微镜/选区电子衍射	[110]	[11]
MA6000	Ni	区域退火	劳厄衍射	(031) [013]	[18]
MA753	Ni	等温退火，1315℃保温 2h	衍射	[210]	[15]
Ni-16Cr-5Al-1Y$_2$O$_3$	Ni	等温退火，接近 1200℃	衍射	(110) [001] 和 (110) [110]	[19]
MA754	Ni	等温退火，1315℃保温 1h（？）	透射电子显微镜/选区电子衍射	[100]	[13]
MA754	Ni	无报道	无报道	(01$\bar{1}$) [100]	[20]

合金牌号	基体	热处理	试验方法	织构	参考文献
MA956(板材)	Fe	等温退火，1330℃保温 1h	劳厄衍射	(125)	[14]
MA956(棒材)	Fe	无报道	无报道	(33$\bar{2}$) [$\bar{1}$13]	[20，21]
MA956	Fe	等温退火，1300℃保温 14h 或 1400℃保温 14h	劳厄衍射	($\bar{1}$10) [112] 和 (4$\bar{7}$1) [113]	[22]

①织构的形成取决于热处理和预变形情况。

织构和粗大的伸长晶粒是氧化物弥散强化合金的特点，但不是独有的。其他新型高温材料也表现出织构和粗大的伸长晶粒，如快速凝固高温合金和定向凝固高温合金。

下面是关于组织因素如何影响屈服强度、蠕变强度和疲劳的讨论。

7.2.2　屈服强度

7.2.2.1　奥罗万（Orowan）弓弯

由 Brown 和 Ham[23]给出了这个问题的全面描述。弥散颗粒作为滑移面上位错滑动的障碍物。如果一个滑动位错遇到大量障碍物，在移动前将弯曲成一定角度 $\phi(0 \leqslant \phi \leqslant \pi)$，如图 7.3 所示。由于位错线能量，位错对障碍物施加一个力。根据障碍物的类型，将存在一个临界应力，在该应力下障碍物被切断，位错继续向前移动。这个临界应力是：

$$\Delta \sigma = (GbM/L_{\mathrm{p}})\cos(\phi_{\mathrm{c}}/2) \tag{7.1}$$

式中　G——剪切模量；

　　　　b——柏氏矢量；

　　　　M——Taylor(泰勒) 因子[24]；

　　　　L_{p}——障碍物间距；

　　　　ϕ_{c}——位错线临界弯曲角。当位错线弯曲到这个角度时，障碍物被位错切断。

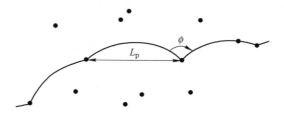

图 7.3　位错被随机排列的障碍物钉扎[23]

L_{p}—障碍物间距；ϕ—位错线弯曲角

在式（7.1）的推导过程中，假设位错线张力 E 由下式给出：

$$E = 1/2Gb^2 \tag{7.2}$$

即忽略了刃型位错和螺型位错之间的差异。

有实验证据表明[13,25]，氧化物颗粒是非常强的障碍物。他们甚至在 $\phi = 0°$ 时仍不屈服。当 $\phi = 0°$ 时，位错线的曲率半径等于 $L_p/2$，这是一种不稳定组态。位错可以绕过颗粒，在颗粒周围留下一个位错环，如图 7.4 所示。由此产生的临界应力：

$$\Delta\sigma_h = GbM/L_p \tag{7.3}$$

这个表达式首先由 Orowan[26] 推导出。下标 h 是指"硬障碍物"。

式（7.3）给出的最大强度可以通过弥散颗粒的平均间距 L_p 来计算。弥散颗粒断裂或被位错切断将会降低强度。多年来，Orowan 弓弯理论（或称 Orowan 绕过理论）已经以各种不同的方式进行完善。如果考虑额外的影响，计算出的 Orowan 应力往往小于式（7.3）给出的值，可能减小高达 50%[27]。

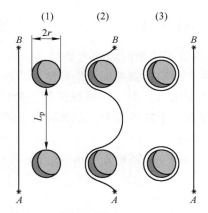

图 7.4 从一个弥散强化合金滑移面上方观察到的在 Orowan 绕过
过程中位错运动进行的顺序（实线 AB 是位错线段）

r—颗粒半径；L_p—颗粒间距

图 7.5 给出了 Orowan 绕过应力与颗粒间距的关系，可用公式（7.4）计算：

$$\Delta\sigma_h = 0.8GbM/L_p \tag{7.4}$$

取 $G = 85000\text{MPa}$、$b = 2.5\times10^{-10}\text{m}$ 和 $M = 3$。因子 0.8 是考虑到位错在随机排列的障碍物中找到容易运动的路径，在难切断的障碍物周围留下夹紧的位错环[23]。颗粒间距（像晶格常数的平均值，颗粒位于晶格的顶点）由式（7.5）确定：

$$L_p = [(\pi/f)^{0.5} - 2](2/3)^{0.5}r \tag{7.5}$$

式中　f——颗粒体积分数；

　　　r——颗粒半径。

式（7.5）适用于球形颗粒，这通常是高温合金中的弥散氧化物的有效近似值（对于式（7.5）的推导，见参考文献［23］第34页）。

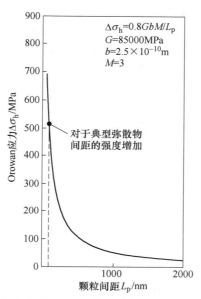

图 7.5 Orowan 应力［式（7.4）］与颗粒间距［式（7.5）］的关系曲线

由图 7.5 可知，由于加入弥散氧化物，像 MA6000 或 MA754 这样的现代合金，在颗粒间距约 100nm 时，室温强度可能会增加几百兆帕。它也表明，当弥散氧化物颗粒间距远大于 100nm 时，不会显著提高屈服强度。由于式（7.5）的平方根关系，增加体积分数不是一种非常有效地减少颗粒间距的方式。人们应该尝试在给定体积分数下使颗粒分布更加细密，而不是尝试增加体积分数。将在下文讨论总结不同的强度贡献和温度相关性。

7.2.2.2 颗粒周围交滑移

Hirsch[28]和 Ashby[29,30]提出，位错也可以通过交滑移机制绕过颗粒。问题在于，交滑移机制下滑动位错可以移动的临界应力是否比 Orowan 绕过的低。Hrisch[31]对不同说法进行了简短总结。通常，临界应力将由 Orowan 应力给定。如果 Orowan 位错环先留下或者颗粒周围存在错配应变，可能更利于发生交滑移。错配应变可能是从高温冷却过程中由于热收缩不同而产生的。

当堆垛层错能降低时，交滑移变得更加困难。这是因为，在交滑移发生之前需要附加力，以收缩比较宽的分解的位错（扩展位错）。在 Ni-Cr 合金中添加 Cr 降低堆垛层错能[32]。因此，在高 Cr 含量合金中，例如 MA6000 合金和 MA754 合金，几乎不会出现交滑移。

7.2.2.3　晶粒组织对屈服强度的影响

众所周知，常规材料的屈服强度随晶粒尺寸的减小而增大。图7.6为铁和镍的一些实验结果[33~35]。如上所述，氧化物弥散强化合金在非常粗的晶粒状态下使用。当晶粒尺寸0.5mm或更大时，晶界强化效果可以忽略不计。然而，粗晶确实提高高温蠕变强度，这将在后面详细讨论。

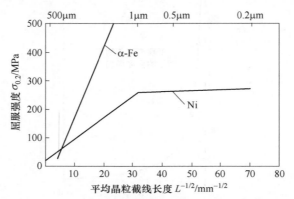

图7.6　镍和铁的屈服强度与晶粒度的关系[33~35]

直接固结态的氧化物弥散强化合金的晶粒非常细小，直径约1μm（见7.5节）。直径为0.5mm的大晶粒仅在最终再结晶热处理过程中产生。再结晶粗晶态与未再结晶细晶态的强度对比如图7.7所示[9,15,36]。由于再结晶使强度下降如此之大，以至于可能不能仅仅归结于位错密度的降低。MA6000合金中位错对强度的贡献无疑是可以忽略不计的[9]。因此，图7.7表明，氧化物弥散强化合金中晶

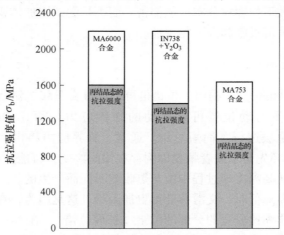

图7.7　再结晶导致的抗拉强度下降[9,15,36]（利用式 $\sigma_b = 3.2HV10$，
由硬度值计算出MA6000合金的抗拉强度值，阴影部分表示再结晶态的抗拉强度）

界强化是一种有效的强化机制。Cairn[15]等人针对 MA753 合金得到的结果提供了进一步的证据。这些学者能给出不同温度退火后试样屈服强度与晶粒度的直接关系，如图 7.8 所示。Wilcox、Clauer[37]和 Webster[38]对 TD-Ni 合金和 TD-NiCr 合金的研究结果证实了 Cairn 等[15]的成果。

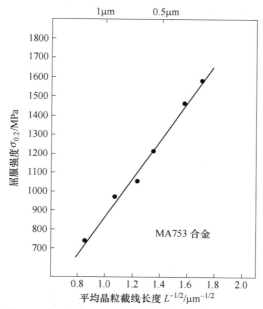

图 7.8　退火处理后屈服强度与晶粒度的关系[15]

通常，在氧化物弥散强化合金中晶界强化是一种有效的强化机制。晶界强化通常归因于塞积位错的数量随着晶粒尺寸减小而减少。正如 Hornbogen[39]指出，当存在非剪切性氧化物颗粒时，不能形成位错塞积。目前，正在开发与晶界附近位错有关的晶界效应新模型[40]。这些"几何多余"的位错形成一个更硬的相，可提高晶体的强度。或许，这个概念也可以适用于解释氧化物弥散强化合金中晶粒度的影响。

7.2.2.4　织构对屈服强度的影响

氧化物弥散强化合金有很强的织构，见表 7.4。用于力学性能评价的小拉伸试样与单晶体的类似程度可能甚于多晶体。单晶的强度取决于取向，根据 Schmid（施密特）定律：

$$\tau_c = R_p \cos\phi \cos\lambda \tag{7.6}$$

式中　τ_c——临界分切应力（CRSS）；

　　　R_p——屈服强度；

ϕ——滑移面法线与拉伸轴之间的夹角；

λ——滑移方向与拉伸轴之间的夹角；

$\cos\phi\cos\lambda$——Schmid 因子。

MacKay 等[41]在 MAR-M247 单晶合金中以及 Yang 和 Laflen[42]在 René150 合金中，已经证明了式（7.6）的有效性。表 7.5 给出了三种晶体取向的 Schmid 因子倒数。该数值应该与 Taylor 因子相比较[24]。Taylor 因子将多晶体的屈服强度与临界分切应力关联起来。从表 7.5 中可以很明显地看出，单晶可以强于或弱于多晶，取决于它们的取向。

表 7.5 (111) [$\bar{1}$01] 滑移系（fcc 晶体结构）的屈服强度与临界分切应力（CRSS）的倍数关系

试样轴	屈服强度 $\sigma_{0.2}$	试样轴	屈服强度 $\sigma_{0.2}$
[110]	临界分切应力的 2.45 倍	[111]	临界分切应力的 3.68 倍
[100]	临界分切应力的 2.45 倍	多晶	临界分切应力（Taylor）的 3.06 倍

MA6000 或 MA754 合金的<110>和<100>织构是"弱织构"，而不是"强织构"。应该强调的是，关于晶粒度效应，是指晶粒度对低温屈服强度的影响，而不是对高温蠕变强度的影响。关于晶粒度对高温蠕变强度的影响将在下面讨论。

多晶体总是含有一些在最低应力下可以屈服的晶粒，可能是由于他们的取向有利。然而，如果晶体只发生多滑移变形，而不是单滑移变形，会产生更大的应变。所需的拉应力由 Taylor 因子乘以临界分切应力给出。Mecking[40]分析表明，在非常小的应变下可从单滑移过渡到多滑移。因此，在表 7.5 中使用 Taylor 因子进行对比是合理的。

7.2.2.5 氧化物弥散强化合金中的附加强化

在氧化物弥散强化合金中同时起作用的强化机制列于表 7.6。对氧化物弥散强化合金特别关注的强化机制（如弥散强化、晶界强化和织构强化）以上已论述过。

表 7.6 氧化物弥散强化高温合金的低温强化机制

障碍物类型	强化机制	障碍物类型	强化机制
溶质原子（Mo，W，Cr）	固溶强化	位错	加工硬化
析出相（γ'相）	析出强化	晶界	晶界强化
弥散物（Y_2O_3 颗粒）	弥散强化	晶体的各向异性	织构强化

虽然在某些情况下得到了令人满意的结果，如 Brown 和 Ham[23]的评述，但对表 7.6 中列出的强化机制的理论认识并不完整。当同时起作用的强化机制相叠

加以及不同的强化机制对强度的贡献相当时，情况会变得比较复杂。下面提出了一个描述合金在所有类型障碍下屈服强度的一般公式[39]：

$$\sigma_{0.2} = \sigma_0 + \Delta\sigma_s + \left(\sum \Delta\sigma_h^2 \right)^{1/2} + \Delta\sigma_b \qquad (7.7)$$

式中　σ_0——晶格摩擦应力；

　　　$\Delta\sigma_s$——软障碍物的贡献，如溶质原子或带有小位错线临界弯曲角的小 γ' 析出相［见式（7.1）］；

　　　$\Delta\sigma_h$——硬障碍物的贡献，如弥散氧化物［见式（7.3）］或位错；

　　　$\Delta\sigma_b$——晶界的贡献。

Webster[38]试图确定 TD-NiCr 合金中不同强化的贡献。对现代 γ' 相强化的粗晶氧化物弥散强化合金进行类似研究将很有意义。这样的研究可以为后续的合金和工艺开发提供非常有用的信息。一些氧化物弥散强化合金和不含弥散氧化物合金的屈服强度对比，如图 7.9 所示。很明显，γ' 相强化合金的强度有差异，如 MA753 合金的强度比 MA6000 合金低 500MPa，这是从图 7.5 中可看到的区别。另一方面，没有析出强化相的 MA754 合金的强度整整提高了 500MPa。这可以根据式（7.7）来理解，该公式预测了 γ' 相和氧化物颗粒强化的非线性叠加性。

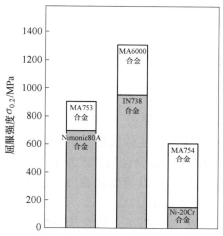

图 7.9　氧化物弥散强化合金与不含弥散氧化物类似合金屈服强度的对比

7.2.2.6　屈服强度的温度相关性

本节简要讨论氧化物弥散强化合金的典型组织变化如何影响屈服强度的温度相关性。

氧化物弥散强化本身是弱温度相关性。由式（7.3）可知，根据模量变化可以预料温度的变化。在短时高温暴露过程中，氧化物弥散强化合金的颗粒间距不变。这就是可以预料氧化物弥散强化合金屈服强度与温度相关性比常规合金弱的原因。

　　然而，值得注意的是，在更高温度下热激活能有助于克服滑移面上的障碍物。因此，位错可以攀移而不是绕过颗粒。这就解释了，在氧化物弥散强化合金中屈服强度的温度相关性通常大于模量相关性的原因[43]。

　　在高温下由于晶界滑动，在大多数材料中存在一个额外的弱化效应。Webster[38]发现在较细晶粒的 TD-NiCr 合金中，等强温度大约为 500℃。现代氧化物弥散强化合金具有这样大的晶粒，可以预料没有晶粒尺寸效应。

　　织构对强度的贡献不应该有显著的温度相关性。

7.2.3　蠕变强度

　　在温度高于熔化温度的一半时，空位的迁移率很高，导致发生蠕变，即材料在恒应力作用下持续的塑性变形。金属可以不同的方式蠕变。它可以通过位错滑移和攀移（位错蠕变），通过晶粒（Nabarro-Herring 蠕变）或晶界（Coble 蠕变）周围物质的扩散流变发生变形。

7.2.3.1　位错蠕变

　　蠕变速率与应力和温度的关系可以用半经验公式表示：

$$\dot{\varepsilon} = AD(\sigma/E)^n \tag{7.8}$$

式中　　A——材料参数；

　　　　n——应力指数；

　　　　D——扩散系数；

　　　　E——在相应温度下的弹性模量。

　　式（7.8）已成功地应用于描述弥散强化合金的变形行为[44~46]。图 7.10 给出了有弥散相和无弥散相的 Ni-Cr 合金的扩散修正了的应变速率 $\dot{\varepsilon}/D$ 与弹性模量修正了的应力 σ/E 的关系[46]。可以明显地看出，弥散相降低蠕变速率，增大应力指数，出现发生蠕变的临界应力。

　　需要注意的是，在 $\dot{\varepsilon}/D$ 的低值下，即在低应变速率或高温（相当于高 D）时，强度增加较大。这就是氧化物弥散强化合金主要适合高温/长时应用的原因。

　　通过在式（7.8）中引入一个反向应力（内应力、摩擦力、临界应力），使得氧化物弥散强化合金不同强度和不同应变速率的相关性合理化：

$$\dot{\varepsilon} = AD\left(\frac{\sigma - \sigma_b}{E}\right)^{n'} \tag{7.9}$$

　　当 σ 趋近于 σ_b 时，蠕变速率趋近于零。反向应力的概念已被许多学者[44,52~56]用来解释颗粒增强金属的蠕变行为。然而，反向应力的物理解释仍然是有争议的。

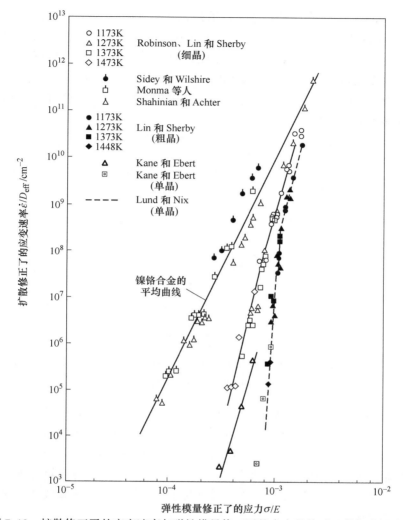

图 7.10　扩散修正了的应变速率与弹性模量修正了的应力的关系　[数据为无弥散
相的 Ni–Cr 合金（Robinson 等人[47]、Lin 和 Sherby[46]、Kane 和 Ebert[48]、
Lund 和 Nix[44]）和有弥散相的 Ni–Cr 合金（Sidey 和 Wilshire[49]、Monma 等人[50]、
Shahinian 和 Achter[51]），同时也反映了强度与晶粒度的关系]

　　我们认为，反向应力应该被理解为一种由颗粒贡献的非热应力，取决于应变
速率和温度[56,57]。反向应力的上限是 Orowan 应力。由于有些细小弥散相是通过
攀移而不是通过绕过来克服的，所以反向应力随着温度的升高和应变速率的降低
而减小。

　　上述讨论的是固溶强化和颗粒增强合金之间的比较，比较析出强化和弥散强
化合金具有更大的技术意义。图 7.11 给出了 Nimonic80A 和 MA753 合金的持久曲

线[58]，MA753 合金本质上是氧化物弥散强化 Nimonic80A 合金。当然，氧化物弥散强化合金的强度更高，这是因为添加的颗粒进一步提高了反向应力（应该注意的是，部分强度的提高可能归因于晶粒度效应）。从图 7.11 还可以明显地看出，氧化物弥散强化合金的强度与温度和时间（应变速率）的相关性较小。这是由于反向应力与温度和时间的相关性较小。较小的应变速率相关性还反映出合金在应力接近临界应力时具有更高的应力指数。

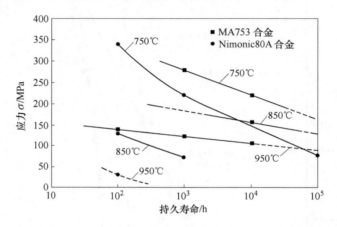

图 7.11　Nimonic80A 合金（来自 Inco 宣传册）和 MA753 合金[58]（MA753 合金
本质上是 Nimonic80A+Y$_2$O$_3$）的持久曲线[58]

如上所述，反向应力的概念意味着颗粒增强材料的变形就像低应力下的基体材料一样，变形机制是相同的。两种材料的应变速率是由基体中刃型位错的热激活攀移控制的。另外，已经表明，颗粒增强材料应变速率的控制有所不同，是由刃型位错越过颗粒攀移控制的[23,59~63]。我们相信这两种途径都是合理的。在基体中的攀移或越过颗粒攀移哪一个控制应变速率，将取决于具体条件（载荷、温度和颗粒的几何形状）。

位错蠕变也受织构的影响。通常，随着温度的升高取向效应明显变弱，这是由于可开动的滑移系数量增加[41,46,64]。蠕变强度取决于合适的 Schmid 因子，以及晶体取向是否有利于多滑移和应变硬化。MacKay 等[41]在 MAR-M200 单晶中发现，<111>取向提供了最佳的蠕变抗力。

7.2.3.2　扩散蠕变和晶界滑动

扩散蠕变理论（Nabarro-Herring 蠕变，Coble 蠕变）发展良好，实验结果和理论有很好的一致性。由 Raj 和 Ashby[65]分析得到下面的综合本构方程：

$$\dot{\varepsilon} = 14\, \frac{\sigma\Omega}{kTd^2}D_v\left(1 + \frac{\pi\delta D_b}{dD_v}\right) \tag{7.10}$$

式中　Ω——原子体积;

　　　d——晶粒度;

　　　k——玻耳兹曼常数;

　　　T——绝对温度;

　　　D_v——体扩散系数;

　　　D_b——晶界扩散系数;

　　　δ——扩散传输边界层的有效厚度。

　　重要的是晶界滑动是扩散蠕变不可分割的一部分,即式(7.10)描述了伴随扩散调节的多晶的晶界滑动。

　　弥散颗粒抑制扩散蠕变。由此引入一个临界应力,低于临界应力时不能发生扩散蠕变[66,67]。已经提出两种解释:

　　(1) 弥散颗粒降低晶界发射或吸收空位的效率。这是因为弥散颗粒阻碍晶界位错运动[66]或防止晶界向内塌陷[67]。

　　(2) 弥散颗粒导致形成互锁的严重的波状晶粒,对滑动产生很大的阻力。

　　织构和晶粒组织影响扩散流变。强织构的存在意味着出现了许多小角度晶界,对晶界滑动是不太适宜的。Raj 和 Ashby[65]已经分析了晶粒度和晶粒形状对严重的伸长晶粒的影响。他们发现

$$\dot{\varepsilon} \cong 5 \frac{\sigma \Omega}{kT} \frac{1}{d^2} \left(\frac{D_v}{R} + \frac{\delta}{d} \frac{D_b}{R^{1/2}} \right) \tag{7.11}$$

式中,R 是晶粒纵横长度比。

　　已经确定,氧化物弥散强化合金的高温强度随着晶粒纵横长度比的增加而升高,如图 7.12 所示[37,68~70]。这在原则上与式(7.11)的预测是一致的。然而,与晶粒尺寸的作用相矛盾。而 Ebert 等[69,71]发现,强度随着晶粒尺寸的增大而升高(见图 7.13),Wilcox 和 Clauer[37]却没有发现这种现象,也许是因为在所研究

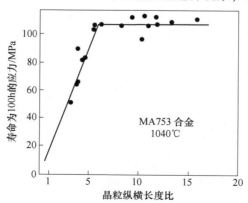

图 7.12　MA753 合金 100h 蠕变寿命与晶粒纵横长度比的关系[68]

合金中晶粒度和晶粒纵横长度比之间存在耦合。Sellars 和 Petkovich-Luton[72]认为，通过扩散流变可能不会协调晶界滑动，其结果是对晶粒度的相关性不明显。位错蠕变或空位的形成可以控制晶界滑动，而不是扩散流变。完整说明这种观点需要对所有组织特征进行定量研究，例如波状晶界、位错密度和颗粒的几何形状。

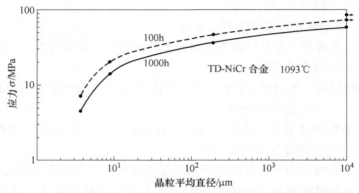

图 7.13 晶粒度对 TD-NiCr 合金 100h 和 1000h 持久强度的影响[71]

7.2.4 疲劳强度

不同学者研究表明，氧化物弥散强化合金不仅持久强度，而且疲劳强度都高于常规合金[8,73~77]。疲劳强度的改善归因于：

（1）由非剪切性颗粒造成滑移分散。

（2）由于机械合金化材料中硬颗粒尺寸较小，避免过早的裂纹萌生。

氧化物弥散强化合金的疲劳强度受其他组织因素即流线状夹杂物（见图7.14）的影响，到目前为止尚未讨论过。所有的机械合金化制取的氧化物弥散强

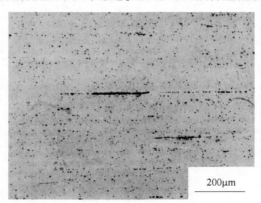

图 7.14 MA754 合金中的流线状夹杂物[77]

化材料都含有这种典型的流线状夹杂物，他们可能由来源于原始粉末表面或未完全合金化区的碳氮化物和氧化物颗粒组成。已经表明，这些夹杂物作为主要的疲劳裂纹源[77]。很可能，这种限制疲劳强度的因素将在氧化物弥散强化合金中起作用，与其影响无弥散相的粉末高温合金高温低周疲劳性能的作用类似（见第 5 章）。

7.3 粉末制取

1974 年，Gessinger 和 Bomford[78]综述了弥散强化高温合金粉末的制取方法。三种明确的方法如下：
(1) 选择性还原法。
(2) 预合金粉末部分氧化法。
(3) 机械合金化法。

选择性还原法是制取 Ni-ThO$_2$ 粉（TD-Ni[7]和 DS-Ni[79]）以及各种添加 Cr、Mo 和 W 不同含量粉的基础。选择性还原法制取弥散强化镍基和钴基粉末的缺点是：
(1) 粉末很细，容易受到污染，需要昂贵的惰性气体保护。
(2) 添加诸如 Al、Ti 和 Nb 合金元素困难。由于 Al$_2$O$_3$ 等氧化物稳定，这些氧化物不能在商业可行的条件下还原成金属。

一些实验室研究已经涉及通过内氧化法或部分氧化法制取弥散强化粉末[80,81]。Allen[82]研究了制取氧化物弥散强化 FeCrAlY 合金的几种方法。最成功的方法是部分预氧化 FeCrAlY 合金粉，在粉末表面形成 Al$_2$O$_3$ 薄膜，然后通过挤压压制粉末。另一种方法是在搅拌式球磨机中将预合金粉末的湿浆加工成片状粉末。Schilling[83]证明，采用这种方法，原始的 FeCrAlY 合金球状粉变成片状，氧化物优先在粉末颗粒表面形成。氧化物是 3Y$_2$O$_3$·5Al$_2$O$_3$ 型，即避免形成 Cr$_2$O$_3$。在 IN738+Y$_2$O$_3$ 合金中得到了类似的结果[84]。这种方法的缺点是氧化物在整个粉末颗粒中不均匀分布。

迄今为止，在氧化物弥散强化粉末生产中最重要的进展是发明了机械合金化工艺[8]。机械合金化是在高能高速回转式球磨机中进行，最常用的是斯采格瓦利（Szegvari）搅拌式球磨机。湿球磨粉末混合物是一个古老的做法，机械合金化的重要特点是在气体环境下进行研磨。Huet 和 Massaux[85]最早使用干球磨，但是没有察觉它与先前已知技术相比的优点。在为快中子增殖反应堆寻找更佳外壳材料的过程中，开发出氧化物弥散强化铁素体不锈钢（Fe13Cr1.5Mo2Ti+TiO$_2$）。在这些合金制造中，铁、铬、钼和钛的元素粉末的混合粉在空气环境下的球磨机中被"撞击"，致使在合金化粉末中含有较大体积分数（相当粗）的 TiO$_2$ 颗粒。

Benjamin[8]认识到，在球磨过程中使用干法和最好是使用惰性气氛以获得完美的弥散强化粉末的重要性。他很快完善了这种工艺。该工艺包括通过高能压缩冲击力反复破碎和重新焊合混合粉末颗粒。至少一种添加元素粉末必须具有相当的塑性，以作为黏合剂。其他的组分可包括另外的延性金属、脆性金属、金属间化合物以及诸如碳和硬化合物（如氧化物）非金属。活泼元素，如铝或钛，可以采用破碎的母合金粉加入（如 Ni-Al-Ti 合金）。根据拉乌尔（Raoult's law）定律[86]，这些元素的化学活度可以降低几个数量级，污染的可能性大幅度降低。合金粉在原始组元均匀分布方面的特性与时间有关。机械合金化组织的细化程度与加工时间大致呈对数关系[87]。

　　机械合金化模型合金 50%Fe-50% Cr(体积分数) 的片层厚度与加工时间的关系，如图 7.15 所示。片层厚度参数描述了在一个复合粉内变形颗粒间的平均间距。机械合金化的另一个特点是，随着研磨时间延长，复合颗粒的显微硬度快速升高，直至达到饱和值，如图 7.16 所示。

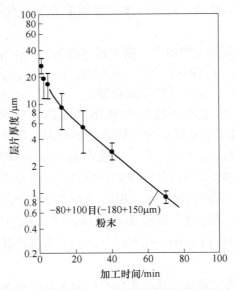

图 7.15　在 50%Fe-50% Cr(体积分数) 合金机械合金化
过程中加工时间对层片厚度的影响[87]

　　图 7.17 以图以及光学显微照片的形式给出了均匀的粉末颗粒显微组织的演变过程[88]。由于在机械合金化过程中高速细化，无论是采用细的还是粗的原始粉都可以。与上面描述的旧方法相比，这大大简化了对原始粉的处理问题。

　　没有任何有关机械合金化粉末的透射电镜研究报告。除了细小的弥散氧化物，机械合金化粉末的显微组织与快速凝固粉末类似，即他们显示出扩展的固溶体和微晶的特征，这是非常有可能的。

Kramer 研究了热处理对机械合金化 IN738+Y$_2$O$_3$ 合金粉末颗粒显微硬度的影响[89]。图 7.18 表明，研磨后得到的高显微硬度值可能通过析出硬化（推测）提高或通过回复热处理降低。

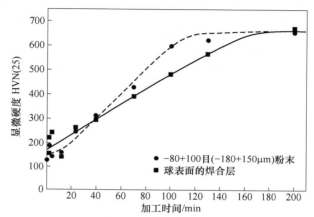

图 7.16　机械合金化过程中研磨时间对颗粒显微硬度的影响[87]
（经 the Metallurgical Society of AIME 同意引用）

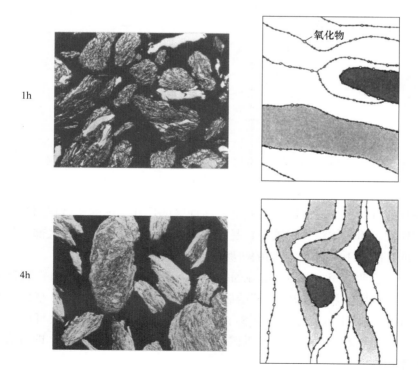

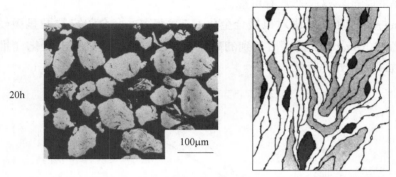

图 7.17 机械合金化过程中粉末颗粒显微组织形成的不同阶段[88]

（经 Scientific American 同意引用）

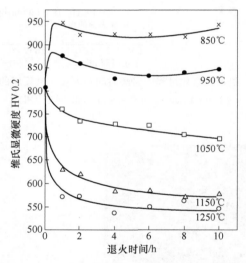

图 7.18 热处理对机械合金化 IN738 合金粉末颗粒显微硬度的影响[89]

（经 Applied Science Publishers 同意引用）

在球磨过程中工艺参数适当的组合（即球的尺寸、球的总体积相对于球磨机容积的比例、粉末体积、气氛等）是反复调整优化的结果。这些大部分技术信息是专有的。图 7.19 显示出不同的研磨机在加工速率上差异很大[90]。

当国际镍业公司（Inco，International Nickel Corporation，美国）利用具备处理 50kg 装粉量的搅拌式球磨机开始研究机械合金化合金的时候，亨廷顿合金公司（Huntington Alloys，美国）安装了一个特别大的球磨机，一次可以处理多达 2t 粉末。随着材料的大量投入，机械合金化已经迈出了重要一步，即将成为主要的基本制造技术。

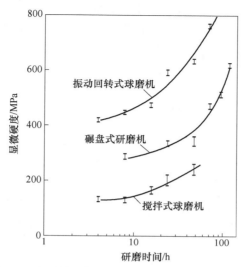

图 7.19 在不同研磨机的研磨过程中氧化物弥散强化
铁素体钢粉末颗粒显微硬度的变化[90]

7.4 粉末固结

由于弥散强化合金最终的力学性能是如此依赖最终的组织，因此，必须精心选择所采用的热机械加工顺序以及这些材料的固结条件和加工工序。

在开发机械合金化之前，主要的固结方法是传统粉末冶金采用的这些典型方法——冷压和随后的烧结。通常在氢气气氛中进行烧结，以减少外来氧化物。所有的操作必须在低于初熔温度下进行，以防止弥散物集聚。由于在烧结过程中无法得到100%的密度，直接烧结的弥散强化粉末对于进一步成形和加工仅仅是一个方便的起点。最广泛使用的进一步成形方法是挤压、轧制、旋锻等。

烧结法的适用性局限于不含活泼元素的合金，如铝或钛。采用传统粉末冶金技术加工的合金包括 TD-Ni 和 TD-NiCr。机械合金化粉末不能烧结有几个原因：

（1）直径为 $60 \sim 100 \mu m$ 的大颗粒使承担致密化的毛细力几乎降低到零。

（2）研磨粉末的高硬度值不允许冷成形。

（3）在烧结温度下发生再结晶和晶粒长大，从而不可能在大直径压坯中获得粗大的伸长晶粒。

机械合金化粉末固结的主要目的是获得可进一步加工的完全致密的压坯，以保留材料再结晶所需要的驱动力。必须合理选择和匹配的参数是温度、应变量和应变速率[91]。

热挤压和热等静压都可以被视为固结方法，如图 7.20 所示。在图中所示的六种可能生产最终形产品的主要方案中，目前正在使用的仅有粗晶半成品的机械加工方法。第三种方法，即粉末直接锻造，综合了成形和所需的热机械加工（如直接挤压），用于某些产品可能会成功，但从未尝试过。

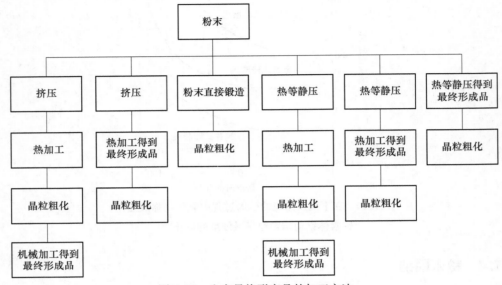

图 7.20 生产最终形产品的加工方法

对于下面的讨论，需要认识到成形后的显微组织必须是细晶组织或细晶+冷加工组织。一旦满足这些条件，就可以成功地进行后续热机械加工。

7.4.1 挤压

挤压是迄今为止最重要的固结技术，目前在使用。在专利文献[92]和公开文献[91]中都对挤压参数进行了详细的讨论。对于每个合金这些参数的大小是不同的，但主要原则是一致的。

在挤压过程中挤压速率是因变量，而挤压比和温度是自变量。图 7.21 显示了 MA753 合金通过一个 680t 实验挤压机获得的等速线[91]。随着挤压比增大或挤压速率降低，等速线趋于移向对角，并降低。随着挤压比增大和挤压温度降低，达到了挤压机失速线，在失速线以上挤压不再可能。

图 7.21 所示的挤压机的工作条件与合金再结晶响应的相互作用给出了如图 7.22 所示的性能[91]（见 7.5 节）。如果需要粗大的再结晶晶粒，只允许数量有限的挤压比和挤压温度组合。

可以利用由一个给定尺寸的挤压坯料得到的结果来预测任何其他尺寸挤压坯料所需的挤压速率。假设应变速率 $\dot{\varepsilon}$ 是控制再结晶响应的重要变量，$\dot{\varepsilon}$ 和其他挤

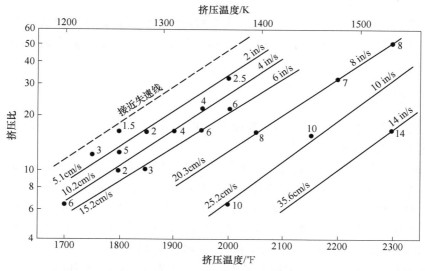

图 7.21 MA753 合金挤压中的等速线[91]

（经 the American Society for Metals 同意引用）

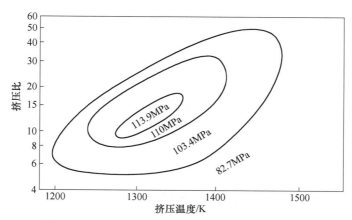

图 7.22 MA753 合金再结晶响应与挤压参数的关系

（图上给出了 1311K、1000h 的持久强度）[91]

压变量之间的相关性可以表示为：

$$\dot{\varepsilon} = \frac{6v\ln R}{D}$$ （7.12）

式中　v——给定温度下的挤压速率；

　　　R——挤压比；

　　　D——坯料直径[93]。

式（7.12）表明，对于一个给定温度为了获得相同的应变速率，坯料直径越大，挤压速率必须越大。不幸的是，大多数商业挤压机在这些挤压条件下都不能提供如此高的速率。对于更复杂的氧化物弥散强化合金，挤压截面的典型上限为 $20\sim30\mathrm{cm}^2$。

7.4.2 热等静压

对于较大横截面坯料，热等静压是一种具有很大潜力的成形方法。迄今为止，这种潜力尚未得到利用。

Krupp[94]开展的工作表明，挤压和热等静压后都可以得到相似的硬度值。一个更详细的分析显示（见图 7.23），热等静压后 MA738(IN738+Y_2O_3) 合金的晶粒度比挤压后稍大。这将影响再结晶响应。此外，由于前期热机械加工历史不同，γ'析出相、较大夹杂物分布以及织构将有差异。粉末在 950℃ 预退火，随后在 1050℃、1h、200MPa 条件下热等静压，再在 1240℃ 盐浴中退火 3min，在此之后，在 MA738 合金中可以获得的最大晶粒尺寸为 500μm。这种晶粒很大，但仍然远小于通过真空铸造在该合金中可得到的晶粒尺寸（约 3000μm）。MA6000 合金经过类似的热等静压成形处理，使获得的最大晶粒尺寸更小[95]。

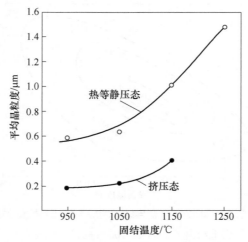

图 7.23 MA738 合金的晶粒度与成形温度的关系[94]

（经 Applied Science Publishers 同意引用）

7.5 热机械加工

含有弥散氧化物的粉末和粉末压坯的热机械加工是整个制造方法的一个组成部分。在前一节中强调，为了在再结晶期间获得粗大拉长的显微组织，必须考虑在固结期间保留所需的显微组织。

热机械加工的不同方案可以从图 7.20 所示的制造成形件可行的工艺路线列表中得出。粉末成形已经被认为是热机械加工的首要步骤。就对显微组织和再结晶的影响而言，成形是在水静外压力（各向同性成形）下或外应力分量组合下进行的，外应力分量产生方向性变形（各向异性成形）。挤压和锻造是获得方向性变形的主要成形方法。

热机械加工的第二个步骤是固结后变形。这是第一个步骤的简单延续，如果遵守选择应变、应变速率和温度的特定规则，可以无止境地继续下去。

热机械加工的第三个步骤是成形合金和变形合金的热处理。在某些情况下，省去热机械加工的第二个步骤，粉末成形后随即热处理。存在两种基本上不同的热处理方法：

（1）等温再结晶，压坯快速达到均匀温度。

（2）定向再结晶，加热到再结晶温度以上，但在一个移动的温度梯度内。

尽管热机械加工步骤的各种组合可以形成明显不同的制造路线，不同制造路线涉及不同类型的设备，但是显微组织的响应可以用更简单的术语来描述。

如果合金可以冷加工强化，如 TD-Ni 合金，完全可以省去再结晶处理。

7.5.1　冷加工

在 TD-Ni 合金系发展的早期阶段，从该合金认识到了弥散强化合金成形后冷加工的必要性。在 TD-Ni 合金的一个原始专利中[96]，TD-Ni 合金挤压棒材冷加工后 982℃ 强度得到了显著改善。

棒材的冷旋锻和板材的冷轧都会导致强度提高，超过了热加工态，在高温退火后仍保持很高的强度。

图 7.24 显示了冷加工对 Ni-ThO$_2$ 合金带材较全面的影响[79]。通过热轧 Ni-ThO$_2$ 合金粉末压坯至全密度，制备带材。每个加工循环包括冷加工，压下量为 10%，然后在干燥氢气中退火（在 1205℃ 保温 30min）。871℃ 的抗拉强度随加工循环数的增加而增加。三种可能的因素促成了强度的增加：

（1）通过加工改善 ThO$_2$ 的分布。显微组织检查结果表明，这只能解释改善到第八个加工循环。

（2）纤维状显微组织的形成。随着加工循环数的增加，纤维状晶粒的数量增加。关于这一点下面将进一步讨论。

（3）亚结构的形成。通过每个循环的小轧制压下量（5%~10%）得到一种直径为 0.5~1.5μm 的多边形亚晶结构，可以抵抗高温塑性流变。当通过每个循环的大压下量（如 30%）阻止多边形结构的形成时，抗拉强度略有下降。在后一种情况下，显微组织也是纤维状，但更不规则，可观察到细小的退火孪晶、大量的位错缠结和大角度晶界。

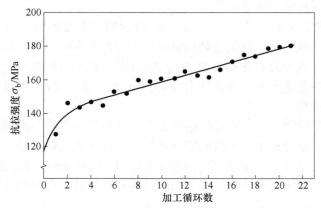

图 7.24 加工循环数对 Ni-3%ThO$_2$ 合金带材 871℃抗拉强度的影响[79]

（经 the Metals Society 同意引用）

冷加工作为一种提高力学性能的手段，一般来说，不用于通过机械合金化生产的合金。一个例外是由 Huet 等[97]开发的一些氧化物弥散强化铁素体合金，但这些合金主要是应用在 600~700℃的中温。对比 MA956 合金在不同显微组织状态（细晶、细晶+冷加工、粗晶、粗晶+冷加工）下 600~700℃中温力学性能表明，冷加工提高力学性能一直到 600℃，但是在 700℃保温 100h 后冷加工的有益作用消失[98]。

7.5.2 通过再结晶控制晶粒形状

晶粒纵横长度比是决定弥散强化材料高温力学性能最重要的参数之一。这已被 Wilcox 等人[37,70]有力地证实，他们还声称，如果晶粒纵横长度比大，晶粒度是次要的。

要牢记重要的一点是，TD-Ni 和 TD-NiCr 合金，像 DS-Ni 合金板材和 TD-NiCr 合金棒材一样，很容易发生再结晶，形成粗大的伸长晶粒组织。然而，如果平行于棒材方向加工，TD-Ni 棒材不会发生再结晶；如果垂直于棒材方向轧制，即使在相对较低的温度下，也可以诱发再结晶[99,100]。虽然许多学者已经研究了弥散强化镍基合金的再结晶行为，如 Wilcox 和 Clauer 进行了总结[25]，但是仍然没有一个清晰的认识。在某些情况下，结果的差异可能是由于热机械加工流程不同，而其他差异可能是由于材料的批次变化。Wilcox 和 Clauer[25]推测，在各种弥散强化合金中观察到的变形织构，在再结晶响应和形成伸长晶粒组织中起着重要的作用。

TD-Ni 合金棒材在冷加工未再结晶状态下使用。晶粒组织由细小的伸长晶粒组成。可能是由细小的伸长晶粒组织和位错亚结构综合强化[101]，两者都是由

ThO$_2$ 颗粒稳定的。TD-NiCr 合金板材和棒材以及 TD-Ni 合金板材先冷加工，然后进行再结晶退火。在这些材料中由粗大的伸长晶粒组织强化。

Allen[102] 介绍了一种称为 "多晶区域退火（zone aligned polycrystals, ZAP）" 的工艺。沿着试样通过一个感应线圈，将定向再结晶热处理应用于未再结晶的 TD-NiCr 合金材料，实现多晶区域退火。当温度梯度和速率合适时，获得非常粗大的伸长晶粒组织，继而改善高温力学性能。发现对棒材提高的最大，而板材没有表现出大幅增加，如图 7.25 所示。

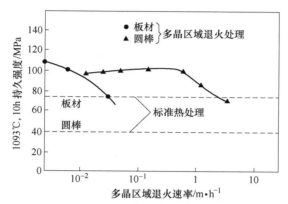

图 7.25　多晶区域退火对 TD-NiCr 合金板材和棒材持久性能的影响[102]

（经 the Metals Society 同意引用）

晶粒度和晶粒形状的控制在机械合金化材料中更为重要。通常用三种实验来研究再结晶行为：

（1）等温退火。

（2）在固定温度梯度条件下退火。

（3）在移动温度梯度条件下退火。

7.5.2.1　等温退火

将金属加热到一定温度，就可以研究再结晶、晶粒长大与诸如挤压温度、挤压比和挤压速率等前期材料加工工艺参数的关系。这种方法已被用于研究 MA738 合金[103] 和 MA6000 合金[9] 的再结晶行为，它们彼此有显著差异。图 7.26 给出了 MA738 合金在两种不同挤压条件下纵向和横向晶粒度与温度的关系[103]。在 1230℃ 和 1245℃ 之间，在这两个方向上晶粒长大都同样迅速，形成竹节状组织。然而，在 1245℃ 以上，晶粒纵向长大速率比横向快。晶粒度随着温度的升高而快速增加，在 1280℃ 时纵向最大尺寸可达到 550μm，而横向晶粒长大速度慢得多。这种各向异性的晶粒长大行为导致形成拉长的显微组织。可以用晶粒纵横长度比 L/l 表示这种组织的特征（见图 7.26 下图）。两种挤压条件之间的重要区别是挤压温度以及挤压温度与γ′相固溶温度（约1060℃）的差值。在γ′相固溶温度以下挤压（相应的挤压比为9∶1）可大幅度降低再结晶后的最大晶粒尺寸。

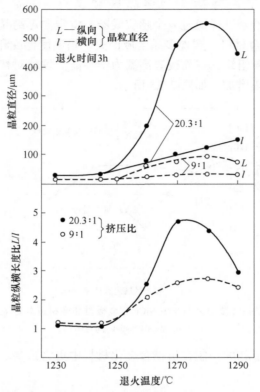

图7.26　MA738合金纵向和横向晶粒度（上图）及
晶粒纵横长度比（下图）与退火温度的关系[103]

相比之下，图7.27给出了MA6000合金在960℃挤压后的等温再结晶行为，挤压温度远低于γ′相固溶温度1160℃[9]。在γ′相固溶温度附近有一个明确的最低温度，发生再结晶必须超过此温度。晶粒纵横长度比（见图7.27下图）事实上不依赖于退火温度。

升温速率对再结晶晶粒度有重要的影响。很早就观察到，直到达到某一温度才开始再结晶，但高于该温度再结晶将迅速进行。Gessinger[104]通过直接电阻加热挤压态MA738合金5mm×0.8mm的厚板，发现升温速率对形核率和长大速率有明显的影响，产生不同的晶粒度和晶粒形状。图7.28给出了纵向和横向晶粒直径及晶粒纵横长度比与达到1270℃所需时间的关系。

类似的实验[105]，即通过快速感应加热MA6000合金试样（横截面3mm×3mm），产生了类似于图7.28所示的结果。

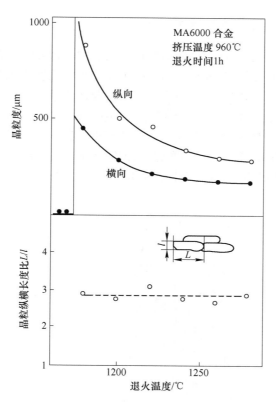

图 7.27　MA6000 合金纵向和横向晶粒度（上图）及
晶粒纵横长度比（下图）与退火温度的关系[9]

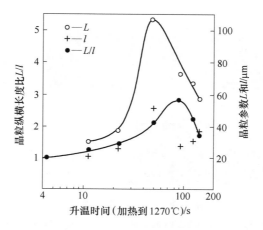

图 7.28　MA738 合金纵向和横向晶粒度及晶粒纵横长度比与
从室温快速加热到 1270℃所需时间的关系[105]

7.5.2.2 在固定温度梯度条件下退火

该方法是最常用于确定合适的晶粒粗化温度的一种方法。将几厘米长的挤压棒放入电阻炉的加热区。温度梯度的目的主要是提供温度变化范围，这样，只需加热一个试样就可以测定再结晶温度。棒材横向显微组织的差异是由于升温速率的影响。容易受到这种影响的合金在边缘发生晶粒粗化，而内部保持细晶。难以进行再结晶热处理的合金，通常显示一个相当窄的温度范围，在该温度范围内发生晶粒粗化［见图7.29(a)］，而在最高温度保持细晶。MA738合金属于更加难以进行梯度退火处理的合金系。图7.29(b) 和 (c) 显示了 MA754 和 MA6000 合

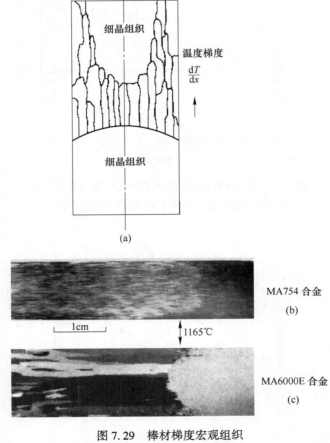

(a)

MA754 合金

(b)

1cm ↕1165℃

MA6000E 合金

(c)

图 7.29 棒材梯度宏观组织

（a）棒材梯度宏观组织示意图；（b）经过 1h 固定温度梯度退火后的 MA754 合金棒材梯度宏观组织[106]；
（c）经过 1h 固定温度梯度退火后的 MA6000 合金棒材梯度宏观组织[106]
（图片（b）和（c）经 the American Society for Metals 同意引用）

金棒材经过 1h 固定温度梯度退火后的梯度宏观组织[106]。在 MA6000 合金中观察到粗晶的形成，发现产生的温度均高于 1165℃；MA754 合金显示了一个不太确定的界面效应和更窄的伸长晶粒。较长时间的加热使粗晶和细晶之间的界面发生移动，200h 后温度降至 1050℃。在 γ′相强化的 MA6000 合金中没有发现这种效应。

7.5.2.3 在移动温度梯度条件下退火

很早就知道，将材料穿过一个大温度梯度可以实现大量的晶粒粗化，甚至单晶生长。这项技术最初由 Andrade 发明（见 Aust 的综述[107]）。Andrade 研究表明，通过沿着多晶丝移动局部热区可以生产单晶钼或钨。

原则上，温度梯度退火比等温退火可以产生更大更长的伸长晶粒。由于温度梯度，只有试样一端的一小部分处于开始发生晶粒粗化的适宜温度。因此，形核始于试样的一端，温度梯度确保形核不出现在主干生长前沿之前。随着热区移动穿过试样，新晶粒在热区前形核之前，形核晶粒很可能会长大穿过试样。很显然，温度梯度应尽可能大，以尽可能地减小新晶粒形核的可能性。

Allen[102]首先将在移动温度梯度条件下退火应用于氧化物弥散强化合金。他发现，随着区域退火速率和温度梯度的增加，再结晶晶粒尺寸减小。Cairns 等[108]研究了区域退火速率对 MA755 合金在恒定温度梯度大约为 35K/cm （19.4℃/cm）条件下晶粒纵横长度比的影响。如图 7.30 所示，晶粒纵横长度比随着区域退火速率的降低而增大。因此，大多数机械合金化产品的区域退火速率小于 10cm/h。

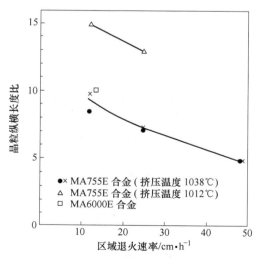

图 7.30 区域退火速率对晶粒纵横长度比的影响

（经 Applied Science Publishers 同意引用）

7.5.3 再结晶机制

通过再结晶和晶粒长大，氧化物弥散强化粉末固结后非常细小的晶粒转变为粗大的伸长晶粒组织。氧化物弥散强化合金属于第二相颗粒强化的合金系，第二相颗粒可以在高温下溶解（如 γ' 相）或作为障碍物阻碍晶界迁移（如氧化物颗粒）。

可通过一次或二次再结晶机制发生再结晶。初次再结晶的驱动力是位错线能量的减少，而二次再结晶的驱动力是晶界能的减少。

有关氧化物弥散强化合金再结晶机制已经有大量的研究[9,102,106]，逐步形成了相当一致的看法。

MA6000 合金中粗晶的形成显示了几个二次再结晶特有的以及代表其他氧化物弥散强化合金的特征[9]。

（1）驱动力与正常晶粒生长的驱动力基本上相同。原则上，晶界迁移的驱动力可以源于自由位错和晶界。由晶界面积减少所提供的驱动力可表示为：

$$P_b \approx \frac{2\gamma}{L} \tag{7.13}$$

式中 γ——晶界能；

L——平均晶粒截线尺寸。

直接挤压态 MA6000 合金的平均晶粒截线尺寸是 $0.2\mu m$。当 $L = 0.2\mu m$ 和 $\gamma = 1J/m^2$ 时，$P_b \approx 10MPa$。

由位错线长度减少而产生的驱动力可表示为：

$$P_d \approx \frac{1}{2}Gb^2\rho \tag{7.14}$$

式中 G——剪切模量；

b——柏氏矢量；

ρ——位错密度。

取直接挤压态 MA 6000 合金的平均位错密度上限为 $\rho = 10^{13}m^{-2}$，我们发现，当 $G = 8.5 \times 10^4 MPa$ 和 $b = 2.5 \times 10^{-10}m$ 时，

$$P_d \approx 3 \times 10^{-2}MPa$$

P_d 比 P_b 小两个数量级。

（2）正常晶粒长大被抑制。球形颗粒，像 MA6000 合金中的弥散氧化物，对晶界迁移施加了钉扎力[109]：

$$P_p \approx \frac{-3f\lambda}{2r_0} \tag{7.15}$$

式中，f 和 r_0 分别是颗粒的体积分数和半径。当 $f = 2.5\%$[12] 和 $r_0 = 5.5nm$ 时，我们发现，$P_p \approx -7MPa$。

MA6000 合金中弥散氧化物的钉扎力与驱动力是同一数量级。附加的钉扎力

是由 γ′析出相和偶然的粗大线状颗粒产生的。显然，只要 γ′析出相部分溶解，晶界就能自行撕裂，摆脱颗粒并快速移动。

（3）存在一个确定的晶粒粗化温度。发生二次再结晶的温度必须大约高于1160℃，如图 7.27 所示。这个温度接近于 γ′相固溶温度。Hotzle 和 Glasgow[106]提出再结晶是由 γ′相溶解引起。在 γ′相固溶温度阻力减少，有些晶界可以脱离γ′相钉扎形成二次晶粒，因为它们比其他晶粒具有更高的驱动力或更低的阻力，而更易于移动，这种假设是合理的。

也有可能，再结晶温度实际上略低于 γ′相固溶温度，和在常规高温合金中观察到的一样，γ′析出相在迁移的再结晶前沿溶解[110]。

（4）仅在晶粒粗化温度以上产生最大晶粒。如图 7.27 所示，这个结果与通常观察到的二次再结晶一致[111]。相反，初次再结晶的晶粒尺寸一般随退火温度的升高而增加。主要是因为这个特点，在 MA738 合金中初次再结晶已被建议认为是作用机制[103]。

图 7.31 给出了初始暴露时间和温度对 MA6000 合金保持二次再结晶能力的影响[112]。在 γ′相固溶温度以下预热导致细小的初次再结晶晶粒粗化，直到晶粒度超过驱动力不足以引发二次再结晶的晶粒度。在高 γ′相合金中二次再结晶发生在 γ′相固溶温度附近。在无 γ′相合金（如 TD-Ni 合金）和低 γ′相合金（如MA753 合金）中，再结晶仅取决于热机械加工历史[106]。这些合金显示出一个温度范围，在此温度范围以上将发生再结晶。

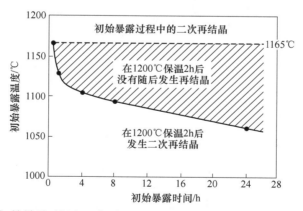

图 7.31　初始暴露时间和温度对 MA6000 合金保持二次再结晶能力的影响[112]

（经 the Metallurgical Society of AIME 同意引用）

在二次再结晶过程中，在挤压方向或者更普遍地在主要变形方向晶粒变为伸长状。看来，如果晶界仅仅移动很短的距离（约 1μm），在所有的方向晶界移动的速率是相同的；但当晶界移动较大的距离（约 100μm）时，晶界移动的速率变为高度各向异性。

细小弥散颗粒是随机分布的。这就是晶界移动的距离很小时没有观察到各向异性的原因。在二次再结晶时晶界移动的距离更大。如前所述，光学显微镜显示，在氧化物弥散强化材料中存在粗大的线状颗粒，可能是来自原始粉末颗粒表面的碳氮化物和氧化物颗粒。如 Cairns 等[108]提出，这些粗大线状颗粒作为晶粒横向生长的障碍物，可能是形成伸长晶粒的原因。粗大线状颗粒在正常晶粒长大过程中不起作用，这是由于发生正常晶粒长大仅涉及晶界移动，晶界移动距离小于粗大线状颗粒间距。

热等静压固结的氧化物弥散强化粉末压坯的再结晶机制与直接挤压坯类似。然而，通常可获得更细晶粒和各向同性的晶粒形状[95,113]。此外，不可能通过区域退火形成伸长晶粒，这显示了前期定向变形的重要性。

7.5.4 固结后变形

通常，固结后变形是一个理想的制造工序。例如，合金板材是由装粉包套挤压后轧制而成。与挤压工艺一样，轧制的关键参数是温度、应变（或压下量）和应变速率[91]。这些参数在某种程度上必须是相关联的，以保持后续再结晶过程或为后续再结晶过程提供所需驱动力。

Filippi[114]研究了锻造历史对 TD-NiCr 合金显微组织的影响。图 7.32 给出了晶粒度、锻造温度和最终退火条件之间的关系。在相对高应变速率下，在机械压

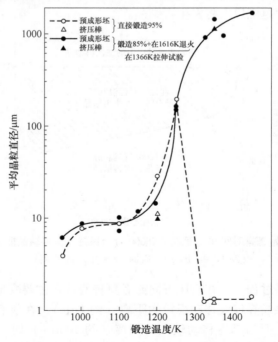

图 7.32　锻造温度和退火条件对 TD-NiCr 合金晶粒度的影响[114]

力机上采用常规锻造模具进行锻造。如图 7.32 所示，当锻造温度从 649℃提高到 982℃时，锻造态或退火态试样的晶粒大约由 5μm 长大到 175μm。在 982℃以上锻造时，锻造温度和最终退火条件都会影响试样的晶粒度。在这些温度下锻造材料再结晶后的晶粒尺寸在 1μm 和 2μm 之间。如果在 1343℃退火，同样材料的晶粒约 1000~2000μm。

　　Gessinger 等[115] 和 Glasgow[116] 各自认识到直接挤压态氧化物弥散强化合金需要热加工。MA738 合金的热加工性研究结果如图 7.33 所示。由于挤压后固有的细晶，可以实现低流变应力，并且通过低应变速率可以进一步降低流变应力。可以得到高达 125% 的伸长率。图 7.33 还表明，通过在 1270℃保温 3h 后续热处理晶粒可能长大（箭头仅表示没有晶粒粗化的数据）。Glasgow 研究表明[116]，在 1040~1095℃低应力变形后伸长率大于 100%，通过加热到 1320℃，挤压态氧化物弥散强化合金 WAZ-D 转变为粗大的伸长晶粒材料。

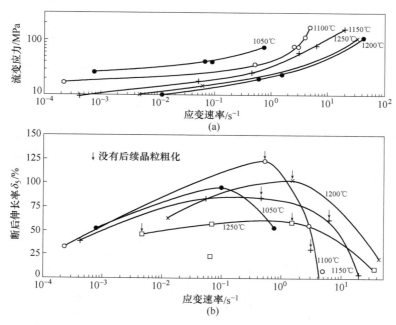

图 7.33　（a）应变速率对直接挤压 MA738 合金流变应力的影响；
（b）后续再结晶热处理对晶粒粗化响应的影响[115]
（经 Applied Science Publishers 同意引用）

　　Singer 和 Gessinger[9] 将直接挤压态 MA6000 合金进行不同应变、应变速率和温度组合。图 7.34 总结了后续再结晶研究结果。它实际上是一个独立的可能发生晶粒粗化的区域（阴影），在该区域二次再结晶的驱动力已经下降到临界值以下。温度修正了的应变速率作为一个便捷参数，它被定义为：

$$\dot{\varepsilon}/D = \dot{\varepsilon}/D_0\exp(-Q/RT) \tag{7.16}$$

式中 D——扩散系数；

$\quad\quad D_0$——指数前常数（扩散常数）；

$\quad\quad Q$——Ni 在 Ni-Cr 合金中的扩散激活能。

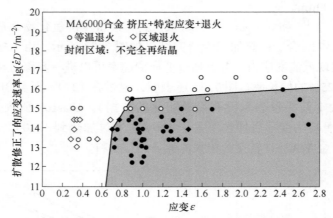

图 7.34   变形条件对 MA6000 合金在后续退火过程中再结晶的影响（压缩试样在不同的
扩散修正了的应变速率 $\dot{\varepsilon}/D_0$ 和不同的应变 ε 下变形）[9]

（经 the Metallurgical Society of AIME 同意引用）

在变形过程中晶粒保持等轴状，但略微长大。图 7.35 给出了应变材料的晶
粒度分布。平均晶粒尺寸为 0.18μm 和 0.22μm 的材料可以发生再结晶，而晶粒
尺寸为 0.36μm 的材料保持细晶。

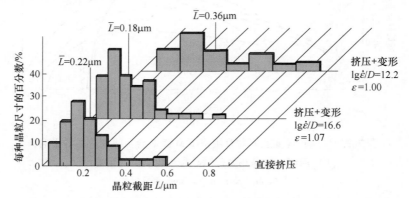

图 7.35   最终再结晶退火前直接变形态 MA6000 合金的晶粒度分布
（只有平均晶粒尺寸小于 0.36μm 的材料可以发生再结晶）[9]

（经 the Metallurgical Society of AIME 同意引用）

小预应变产生较小的再结晶晶粒。图 7.36 中绘制了再结晶晶粒度与预应变量

的关系，这可应用于直接挤压态。比图 7.36 所示的应变更大时可产生细晶材料。

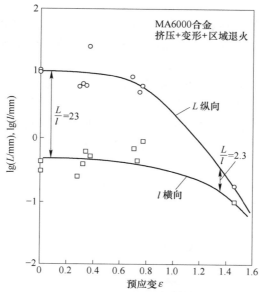

图 7.36 预应变对区域退火后 MA6000 合金晶粒度的影响

（纵向和横向晶粒度与预应变量的关系）[9]

（经 the Metallurgical Society of AIME 同意引用）

　　如果热等静压后施加足够的应变，热等静压固结材料再结晶后可以得到粗晶[95]。如图 7.37 所示，在高扩散修正了的应变速率下，大预应变允许完全再结晶热处理。由于允许生产的棒材尺寸大于那些仅通过挤压生产的棒材尺寸，这一发现很重要。

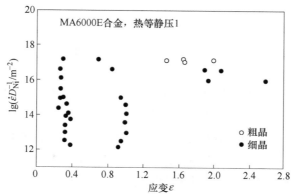

图 7.37 变形条件对直接热等静压固结 MA6000 合金在后续退火过程中

再结晶的影响（压缩试样在不同扩散修正了的应变速率 $\dot{\varepsilon}/D_0$ 和应变 ε 下变形）[95]

（经 the Assoc. Italiana di Metallurgia 同意引用）

7.5.5 净形加工

如前所述，直接固结态细晶氧化物弥散强化合金，如 MA6000 合金，容易在高温下成形。Singer 和 Gesinger[117]研究表明，直接挤压态 MA6000 合金可以超塑性变形。氧化物颗粒和 γ' 析出相的综合影响足以使晶粒度稳定在 $0.4\mu m$ 以下。由于晶粒尺寸小，协调晶界滑移变得容易。图 7.38 绘制了断后伸长率 δ 与 $\dot{\varepsilon}/D$ 的关系。获得高达 650% 的断后伸长率，这是典型的超塑性变形。同时，通过降低应变速率，流变应力大幅度减小，如图 7.39 所示。通过规范应力和应变速率，这些数据可以放到一个通用曲线上，即应力 σ 和应变速率 $\dot{\varepsilon}$ 之间的关系可以表示为：

$$\dot{\varepsilon} = AD(\sigma/E)^{1/m} \tag{7.17}$$

式中　A——材料参数；

　　　E——模量；

　　　m——应变速率敏感指数。

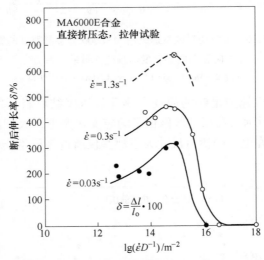

图 7.38　MA6000 合金在超塑性变形过程中断后伸长率与扩散修正了的应变速率的关系[117]

（经 Risø National Laboratory 同意引用）

高温低应变速率下成形制件需要使用加热的模具，以减少锻造过程中的温度损失。使用的模具材料，如铸造镍基高温合金和 TZM 钼合金，高温下必须提供足够的强度。图 7.40 给出了经超塑性锻造和后续晶粒粗化处理的模拟涡轮工作叶片横截面。

虽然等温锻造成形是一种可行的工艺路线，但由于固有的成本节约潜力，热等静压成形将更具吸引力。然而，至少对于高 γ' 相含量的氧化物弥散强化合金，

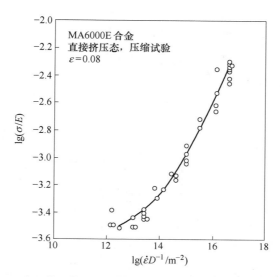

图 7.39 MA6000 合金模量修正了的流变应力与扩散修正了的应变速率的关系[117]

（经 Risø National Laboratory 同意引用）

图 7.40 通过等温锻造和后续晶粒粗化处理制造的模拟涡轮工作叶片横截面宏观组织

这条路线似乎并不可行。只能通过梯度退火获得伸长晶粒。到目前为止，所有试图通过区域退火在直接热等静压固结态坯料中获得伸长晶粒都没成功。

7.6 力学性能

7.6.1 合金

表 7.7 列举了一些知名的氧化物弥散强化高温合金。目前，国际镍业公司合金 MA754、MA6000 和 MA956 获得了最广泛的商业应用。以下详细描述这些合金的性能。基于这些合金的组织和在 7.2 节中所涉及的物理机制进行讨论其性能。7.2 节还提供了更多关于合金组织的信息。将在 7.7 节中阐述这些合金的耐腐蚀性和抗氧化性。国际镍业公司合金实际上是三类高温合金的原型，即 γ' 相强化镍基合金（MA6000），无 γ' 相强化镍基合金（MA754），铁基合金（MA956）。

表 7.7　氧化物弥散强化高温合金的成分

（质量分数/%）

合金	Cr	Mo	W	Al	Ti	Ta	B	Zr	C	弥散物	Fe	Ni	密度/$g \cdot cm^{-3}$	状态	制造商	备注
MA6000	15	2.0	4.0	4.5	2.5	2.0	0.01	0.15	0.05	$1.1Y_2O_3$	—	余量	8.11	商用	Inco(国际镍业公司)	MA6000 的前身，氧化物弥散强化合金 IN792
MA755 E	15	3.5	5.5	4.5	3.0	2.5	—	—	—	$1.1Y_2O_3$	—	余量	—	终止	Inco(国际镍业公司)	氧化物弥散强化合金 Nimonic75
MA754	20	—	—	0.3	0.5	—	—	—	0.05	$0.6Y_2O_3$	1.0	余量	8.3	商用	Inco(国际镍业公司)	氧化物弥散强化合金 Nimonic75
MA753	20	—	—	1.5	2.3	—	0.01	0.07	0.06	$1.4Y_2O_3$	—	余量	8.1	终止	Inco(国际镍业公司)	IN853，氧化物弥散强化合金 Nimonic80A
MA757	16	—	—	3.9	0.6	—	—	—	—	$0.7Y_2O_3$	0.5	余量	—	实验	Inco(国际镍业公司)	在 MA754 基础上试图提高抗氧化性
HDA8077	16	—	—	4.2	—	—	—	—	0.06	$1.5Y_2O_3$	余量	余量	—	商用	Cabot	体心立方结构
MA956	20	—	—	4.5	0.5	—	—	—	—	$0.5Y_2O_3$	余量	—	7.2	商用	Inco(国际镍业公司)	
MA953	21	—	—	5.5	0.5	—	—	—	—	La_2O_3	35	余量	—	实验	Inco(国际镍业公司)	试图研制抗热疲劳的面心立方结构铁基合金
TD–Ni	—	—	—	—	—	—	—	—	—	$2.0ThO_2$	—	余量	8.9	终止	Fansteel(范斯蒂尔公司)	
DS–Ni	—	—	—	—	—	—	—	—	—	$2.0ThO_2$	—	余量	—	终止	Sherritt–Gorden(舍利特–高尔顿公司，加拿大)	
TD–NiCr	20	—	—	—	—	—	—	—	—	$2.0ThO_2$	—	余量	8.4	终止	Fansteel(范斯蒂尔公司)	
DS–NiCr	20	—	—	—	—	—	—	—	—	$2.0ThO_2$	—	余量	—	终止	Sherritt–Gorden(舍利特–高尔顿公司，加拿大)	
X–127	16	—	—	4.5	—	—	—	—	—	$1.0Y_2O_3$	—	余量	—	实验	Special Metals(特殊金属公司)	
DTY	13	1.5	—	—	3.5	—	—	—	—	TiO_2, Y_2O_3	余量	—	—	实验	C.E.N.（比利时核能研究中心）	体心立方结构

性能可与在最高温度和最长时间下使用的常规变形高温合金相比。在这种情况下，氧化物弥散强化合金显示出最大的优势。这就是为什么现代合金主要考虑用作燃气涡轮工作叶片（MA6000 合金）、导向叶片（MA754 合金）和燃烧室（MA956 合金）材料。在能量转换领域金属工作温度非常高，氧化物弥散强化合金也有可能获得应用。然而，传统的做法是，燃气涡轮制造商首先采用氧化物弥散强化合金。

7.6.1.1   MA6000 合金

MA6000 合金是一种 γ' 析出相和弥散氧化物强化的镍基合金，其成分在表 7.7 给出。该合金含有体积分数 2.5%、平均直径约 30nm 的氧化物颗粒[9,11,12]。图 7.1 是合金组织的透射电子显微镜照片。γ' 相体积分数约 50%～55%[12]。合金具有雪茄状晶粒，其尺寸大约为 25mm×4mm×2mm（见表 7.3），以及 <110> 织构（见表 7.4）。

MA6000 合金的特点是在非常高的温度下持久强度优于最强的铸造合金，如图 7.41～图 7.43 所示。在 1093℃、1000h 的持久强度是常规高温合金的两倍。然而，在 900℃ 以下 MA6000 合金被一些最好的铸造高温合金超越。因此，MA6000 合金只有在非常高的温度下应用才有优势。在蠕变断裂过程中，温度和时间的作用类似。因此，如果考虑很长的寿命，MA6000 合金在较低温度下应用也有优势。7.2.3 节给了一个在蠕变断裂过程中时间和温度之间平衡的例子。

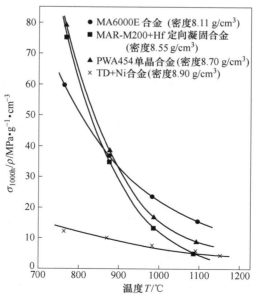

图 7.41   MA6000E 合金与 MAR-M200+Hf 定向凝固合金、
TD-Ni 合金和 PWA454 单晶合金 1000h 持久强度对比[118]

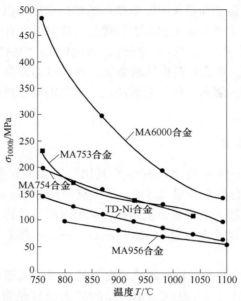

图 7.42 几种弥散强化合金 1000h 持久强度与温度的关系[119,120]

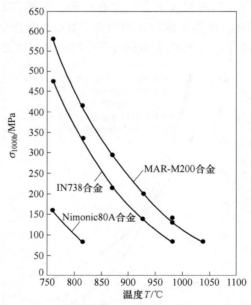

图 7.43 几种变形高温合金 1000h 持久强度与温度的关系[119]

事实上，MA6000 合金在高温优于常规合金，而在中温略差，这意味着在设计涡轮工作叶片时优化使用 MA6000 合金很重要。这已由 Meetham 充分说明[121]。无缘板锥形工作叶片承受的应力较低，可以在较高的温度下工作。MA6000 是一种最适合于无缘板锥形工作叶片的合金。这种合金用于工作叶片，其整体承温能力可能提高 100℃ 或更多。

760℃ 的持久断后伸长率在 2%~6% 范围内，而 1093℃ 的持久断后伸长率在 0.5%~3% 范围内[122]。如果晶粒纵横长度比大到足以防止晶界分层，持久断裂总是穿晶模式[123]。

图 7.44 给出了 MA6000 合金和其他氧化物弥散强化合金的屈服强度与温度的关系。图 7.45 给出了定向凝固合金 MAR-M200 和 IN738 合金屈服强度的对比。MA6000 合金在室温具有很高的屈服强度是相当惊人的。在 7.2 节对强化机制及各种因素对强度的作用进行了详细的介绍。

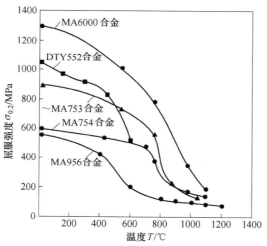

图 7.44 几种氧化物弥散强化合金的屈服强度（0.2%塑性变形）与温度的关系[119,123]

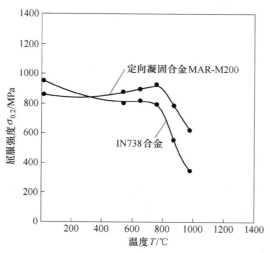

图 7.45 两种镍基铸造合金的屈服强度（0.2%塑性变形）与温度的关系[119]

　　图 7.46 给出了拉伸断后伸长率与温度的关系[119]。MA6000 合金的拉伸塑性与铸造合金相似，如图 7.47 所示。但是，值得注意的是它们与温度的相关性不同。MA6000 合金在中温区显示塑性最好，而常规铸造合金在中温区的塑性最差。这似乎是氧化物弥散强化材料的典型行为特征。

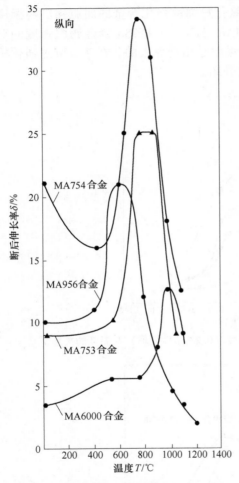

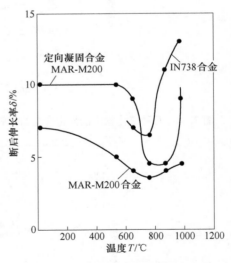

图 7.46　几种氧化物弥散强化合金的
拉伸断后伸长率与温度的关系[119]

图 7.47　两种镍基铸造合金拉伸断后
伸长率与温度的关系[119]

　　疲劳强度是选择涡轮工作叶片材料的另一个重要的性能指标。MA6000 合金的高周疲劳强度远优于常规铸造甚至定向凝固材料，如图 7.48 ~ 图 7.50 所示[75~77]。从耐久比看，疲劳抗力的改善也很明显（见表 7.8），耐久比被定义为疲劳强度除以抗拉强度。

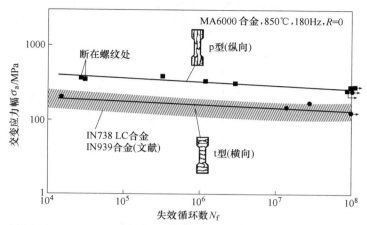

图 7.48　MA6000 合金与常规镍基铸造合金高周疲劳行为的对比[77]

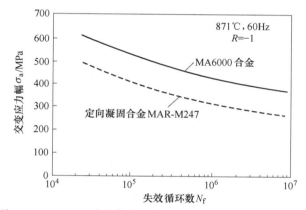

图 7.49　MA6000 合金与定向凝固材料高周疲劳行为对比[75]

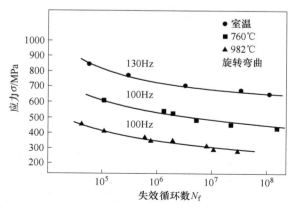

图 7.50　在不同温度下 MA6000 合金的高周疲劳行为[76]

表 7.8　MA6000 合金与其他高温合金的室温耐久比对比[12,124]

合　金	10^7 次循环的疲劳强度/MPa	σ_b/MPa	耐久比
MA6000E	676.6	1290.3	0.52
U700	276.0	1407.6	0.20
Waspaloy	303.6	1276.5	0.24
Inconel718	558.9	1390.4	0.40
Inconel706	499.5	1274.7	0.39
MA753	558.9	1161.1	0.48
MA754	345.0	965	0.36

　　裂纹扩展速率测试结果表明（见图 7.51）[77]，较长的疲劳寿命是由于缺陷尺寸的减小，而不是通常认为的较低的扩展速率。至少对于早期实验批次的 MA6000 合金，临界循环应力强度是非常低的。

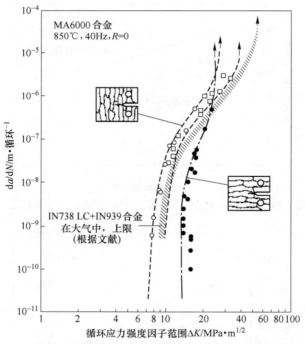

图 7.51　疲劳裂纹扩展速率与循环应力强度因子范围的关系[77]

　　MA6000 合金的高周疲劳抗力不仅优于无弥散相合金，而且低周疲劳抗力也优于无弥散相合金。图 7.52 给出了 MA6000 合金与定向凝固和常规铸造材料的对比[12]。室温疲劳强度和 760℃疲劳强度绘制在同一张图上几乎是相同的，这意味着在这个温度范围内低周疲劳强度的温度依赖性小。

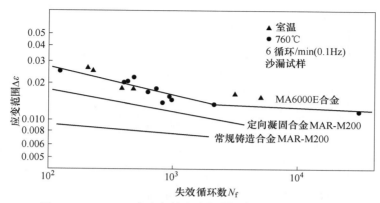

图 7.52   MA6000 合金与铸造合金的低周疲劳行为对比[12]

美国国家航空航天局（National Aeronautics and Space Administration，National Aeronautics and Space Agency，NASA）研究结果表明 MA6000 合金具有非常良好的热疲劳抗力，如图 7.53 所示[125,126]。通过引入一个低模量的<100>织构来代替目前的<110>织构，很可能可以进一步提高 MA6000 合金的热疲劳抗力。Bailey 已说明了织构对抗热疲劳性能的影响[127]。良好的热疲劳强度反映了合金具有优异的抗氧化性（见 7.7 节）和低周疲劳强度。

如果氧化物弥散强化合金的源设计不改变，必须要考虑剪切强度。MA6000 合金的剪切强度比常规合金低，如图 7.54[128] 和图 7.55[125] 所示。

用剪切应力叠加拉伸应力获得试样的短时性能，如图 7.54 所示。Glasgow[128] 指出，这种应力状态与涡轮工作叶片根部的应力状态大不相同，需要叠加压应力。压应力导致更高的剪切强度。此外，图 7.54 所示的剪切强度适用于直接挤压态。通过额外的热加工，剪切强度可能会大幅度改善[128]。然而，模拟涡轮工作叶片根部试样的蠕变试验表明，剪切强度仍然很低。很可能，只能在对部件进行包含循环载荷在内的大量试验的基础上，才能解决根部剪切强度足够的问题。

MA6000 合金的特性是高度各向异性。上述性能是在纵向上进行测试，即载荷平行于挤压方向和晶粒长轴。横向性能略差。

图 7.56 给出了在横向而不是纵向载荷作用下持久强度的降低值。随着温度的升高和持久寿命的增加，降低程度变大。横向屈服强度没有受到影响。这表明强度的各向异性与晶粒组织和织构有关，而与弥散氧化物无关。

横向高周疲劳强度降低了 1/2，如图 7.48 所示。裂纹扩展速率不增加，如图 7.51 所示。显然，疲劳各向异性是由裂纹形核各向异性引起的，而不是由裂纹扩展各向异性引起的。

当 MA6000 合金应用于涡轮工作叶片时，载荷也是各向异性的，强度各向异

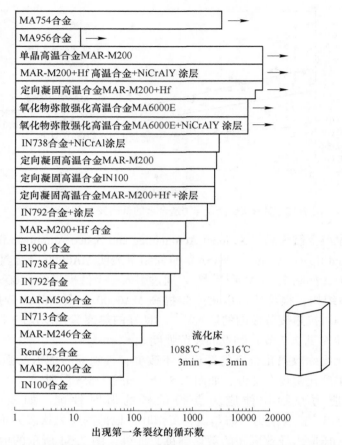

图 7.53 常规高温合金和氧化物弥散强化高温合金流化床热疲劳试验结果
（使用稍苛刻的温度循环测试 MA754 合金和 MA956 合金，
尽管在给定的循环数下试样断裂，为了解释这点，标注了箭头）[125,126]

性不太重要。然而，似乎 MA6000 合金的横向塑性也远低于纵向。这可以通过对
比图 7.57 和图 7.46 看出来。用作涡轮工作叶片时需要某一最小塑性，以允许叶
片根部发生塑性变形。为获得均匀的载荷分布，塑性变形是必要的。

总之，由于具有优良的蠕变和疲劳强度，MA6000 合金用作燃气涡轮工作叶
片材料是非常有吸引力的。然而，剪切强度和横向塑性通常会出现问题。Glas-
gow[128] 发现这两个性能之间有一个经验关系。MA6000 合金制造时需要小心地控
制，以确保其一贯良好的剪切强度和塑性。

7.6.1.2 MA754 合金

MA754 合金基本上是一个简单的氧化物弥散强化 Ni-Cr 固溶体。合金的化学

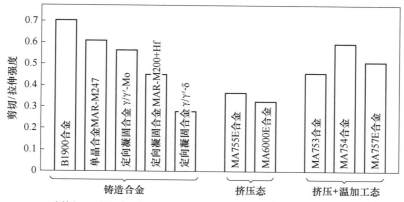

图 7.54 760℃时剪切强度与拉伸强度的比值（在试验中剪切带经受了叠加拉伸载荷)[128]

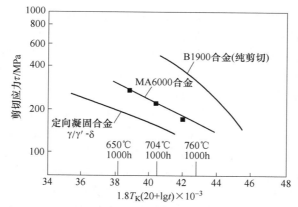

图 7.55 模拟涡轮工作叶片根部试样的剪切蠕变强度[125]

成分见表 7.7。氧化物弥散相是铝酸钇，由添加的三氧化钇（Y_2O_3）与粉末中过量的氧以及添加的用以吸收氧的微量铝之间的反应形成[129]。混合氧化物的形成增加了弥散相的总体积分数。Benjamin 等人[130]研究了这种混合氧化物化合物的稳定性。发现 MA754 合金中平均颗粒直径和体积分数分别为 15nm 和 1.3%[13]。氧化物弥散强化合金的晶粒倾向于反映轧制产品的形状。商业产品的晶粒具有和 MA6000 合金一样的雪茄状，但小得多，不太长。MA754 合金晶粒长度只有 MA6000 合金的 1/50，见表 7.3。这反映了 MA754 合金和 MA6000 合金热机械加工的差异。MA754 合金通过等温热处理进行再结晶，而 MA6000 合金通过区域退火进行再结晶。MA754 合金具有一个<100>织构，见表 7.4。

图 7.42 给出了 MA754 合金 1000h 持久强度数据。温度在 1000℃ 以上时，MA754 合金的持久强度优于常规铸造高温合金。MA754 合金在 760℃ 短时持久寿命时缺口不敏感（见图 7.58），但在长时持久寿命时可能缺口敏感。760℃、

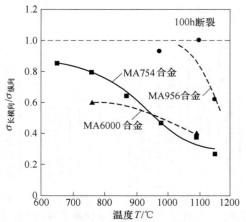

图 7.56 长横向和纵向 100h 持久强度的比值与温度的关系[12,119]

982℃和1093℃的持久断后伸长率大致分别在3%～17%、1%～3%和1%～2%范围内[131]。断后伸长率随着应变速率的增加而增加，随着温度的升高而减小。MA754 合金沿晶界发生持久断裂[131]。这与 MA6000 合金结果的差别[122]表明通过增加晶粒尺寸或晶粒伸长，可以进一步提高 MA754 合金的持久性能。通过消除粗大晶界颗粒也可能带来一些改善[122]。

值得注意的是，MA753 是氧化物弥散强化 Nimonic80A 合金，其强度不比 MA754 合金高。这反映出在 Nimonic80A 合金中 γ′ 析出强化体系在高温蠕变条件下无效，从图 7.43 很明显看出。当然，MA753 合金的屈服强度比 MA754 合金高得多，如图 7.44 所示。MA754 合金显示出非常大的拉伸断后伸长率，如图 7.46 所示。这证明加入细小氧化物颗粒不一定必然导致塑性差。

图 7.59 给出了 MA754 合金的一些高周疲劳数据。耐久比不如 MA6000 合金（见表 7.8），这也反映了合金具有高的抗拉强度与屈服强度比。

Tien 及其同事[122,131,132]研究了 MA754 合金的循环蠕变。他们进行的循环蠕变试验基本上都是 760℃ 应力控制的低周疲劳试验，其中 R 为 41/221。图 7.60 给出了应变与不同加载频率下在最大载荷下保持时间的关系。在所有情况下在最大载荷下保持时间与在最小载荷下保持时间相同。图 7.60 表明在高加载频率（相当于短保持时间）下发生循环强化。在常规高温合金 U700 中未观察到这种有利影响，在 MA754 合金中这种有利影响归因于分散的滑移。但是应该希望在低加载频率下发生循环弱化（相当于在最小载荷下附加长保持时间）。

MA754 合金的热疲劳强度比常规铸造合金要好一些，但不如 MA6000 合金或单晶合金好，如图 7.53 所示。这一结果可以解释为，MA6000 合金具有较好的疲劳强度，晶粒组织大于补偿其不利织构的影响。

MA754 合金在 760℃ 剪切强度与抗拉强度比相当高。因此，预计用于涡轮工作叶片叶根设计没有问题。

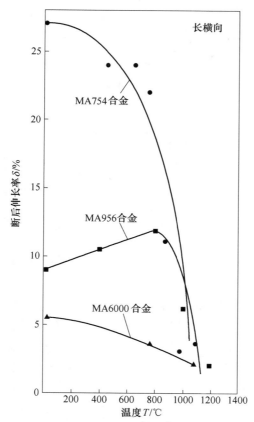

图 7.57 长横向拉伸断后伸长率与温度的关系[119]

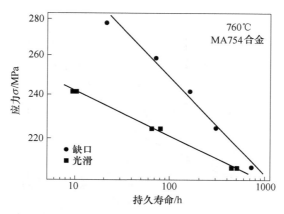

图 7.58 MA754 合金的缺口和光滑试样的持久强度曲线[131]

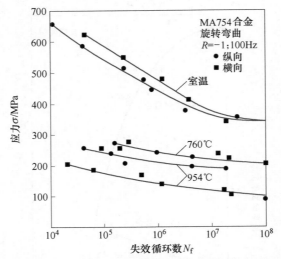

图 7.59　不同温度下 MA754 合金的高周疲劳强度[124]

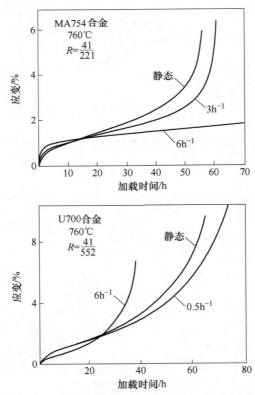

图 7.60　MA754 合金和常规铸造合金 U700 的循环蠕变和静态蠕变[132]
（应变与加载时间的关系）

上面所描述的性能是纵向加载，即平行于挤压方向和长晶粒轴。与 MA6000 合金一样，横向性能略差。图 7.61 给出了长横向的持久性能。性能随着温度的升高和寿命的增加而恶化。然而，屈服强度几乎不受温度的影响。

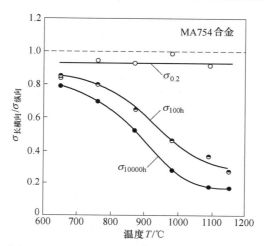

图 7.61　MA754 合金长横向强度与纵向强度的
比值与温度的关系（给出了屈服强度、1100h 和 10000h 持久强度）[119]

图 7.61 仅给出了长横向（与挤压或轧制方向成 90°）性能。而图 7.62 给出了屈服强度和抗拉强度随试样与轧制方向夹角的完整变化。显然强度最大值出现在与轧制方向呈 60°。

不仅强度是各向异性的，而且塑性也是各向异性的。纵向塑性比其他方向的更好，如图 7.5 和图 7.62 所示。长横向蠕变断后伸长率甚至可能降到 1% 以下[13]。

MA754 合金力学性能的各向异性，一定与织构和晶粒组织的影响有关。此外，平行于主轧制方向的粗大线状颗粒将起作用。MA754 合金和 MA6000 合金有关各向异性的行为相似，但是在 MA6000 合金中更加显著。这可能与它存在更多的各向异性晶粒有关。

Whittenberger[134]确定了 1092℃ 预蠕变对 MA754 合金室温拉伸性能的影响。他发现抗拉强度和断后伸长率严重恶化。Whittenberger 认为，蠕变损伤归因于蠕变扩散，导致在作为空位源的晶界附近产生无弥散相带。因此，他建议该合金的应用应限制在没有发生损伤（不发生扩散蠕变）的应力—温度条件下。

Marlin 等[135]研究了 760℃ 高应变速率预变形对 760℃ 蠕变强度的影响。他们发现，预应变缩短了蠕变初始阶段，得到略低的最小蠕变速率。

7.6.1.3　MA956 合金

MA956 是一种弥散氧化物补充强化的 Fe-Cr-Al 系铁素体（bcc 晶体结构）

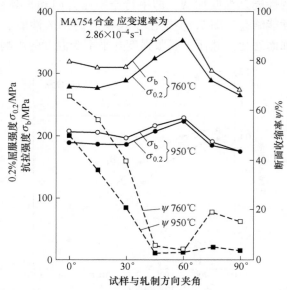

图 7.62　MA754 合金屈服强度、抗拉强度和断面收缩率与取向的关系[133]

合金，其成分见表 7.7。

铁基铁素体材料具有一定的高温使用优势。其中一个优点是高溶化温度、低密度和低热膨胀。另一个优点是优异的抗氧化和耐腐蚀性（见 7.7 节）。MA956 合金具有良好的加工性，可以提供棒材和板材。棒材和板材之间热机械加工的差异导致它们性能上的差别。除非另有规定，这里报告的所有力学性能都是针对板材。

MA756 合金中存在的主要弥散相是 $3Y_2O_3 \cdot 5Al_2O_3$ 和一些 $Y_2O_3 \cdot Al_2O_3$[136]。和所有的机械合金化高温合金一样，也会形成一些 $Ti(C，N)$ 和 Al_2O_3[14]。弥散质点的尺寸和间距见表 7.2。发现氮化钛主要位于晶界，平均尺寸 200nm，呈角状。Al_2O_3 颗粒粗大，偶尔呈长线状排列[14]。

晶粒度和织构反映了加工状态。尽管合金仅仅经过等温再结晶处理，板材的晶粒呈扁平状，非常粗大。表 7.3 和表 7.4 给出了晶粒度和织构的数据。

与镍基合金（见图 7.42）相比，MA956 合金的持久强度更低，蠕变伸长率非常有限，如图 7.63 所示。Whittenberger[17] 已证明，MA956 合金在一定条件下几乎没有经过裂纹形核和长大机制发生蠕变变形而失效。

MA956 合金的抗拉强度也低于镍基合金，如图 7.44 所示。高温拉伸断后伸长率下降到非常低的值，如图 7.46 所示。在较低应变速率下，高温拉伸断后伸长率发生下降的温度更低[138]。塑性下降是由于断裂模式的改变[138]。在这些条件下拉伸断裂类似于上面提及的脆性蠕变断裂。

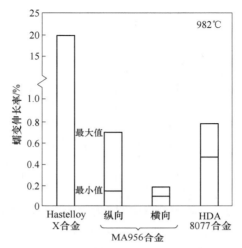

图 7.63　MA956 合金的蠕变伸长率与常规高温合金 Hastelloy X 和
氧化物弥散强化合金 HDA8077 合金的对比[137]

MA956 合金的高周疲劳试验结果如图 7.64 所示。基于这些结果，预计
MA956 合金具有高耐久比。其低周疲劳强度似乎也很好，如图 7.65 所示。
MA956 合金表现出非常小的穿晶裂纹，裂纹起源于表面和晶界交叉处，导致分层
开裂[137]。与 HDA8077 合金比较表明，MA956 合金的优点是具有相当低的裂纹
扩展速率。

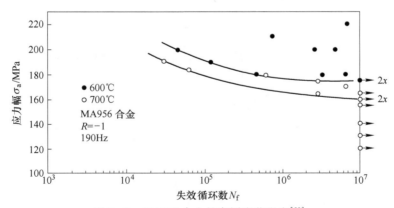

图 7.64　MA956 合金的高周疲劳强度[98]

MA956 合金的问题在于热疲劳抗力。在三个不同的实验室进行独立试验，其
结果都表现出较差的热疲劳抗力[20,127,137]。楔形试样试验（见图 7.53 和图 7.66）
和"热点起泡试验"（见图 7.67）都得到了相似的结果。在热点起泡试验中，通
过交替使用氧—乙炔火焰和喷空气冷却，将一个 75mm 的盘件经受从最低温度

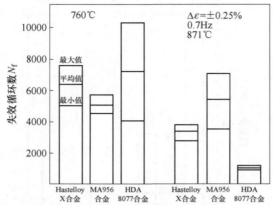

图 7.65 MA956 合金的低周疲劳强度与常规高温合金 Hastelloy X 和
氧化物弥散强化合金 HDA8077 的对比[137]

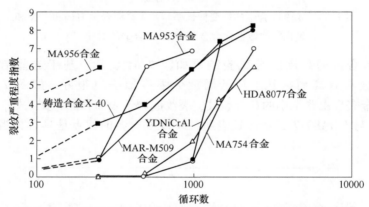

图 7.66 几种氧化物弥散强化合金和常规合金的热疲劳抗力[127]

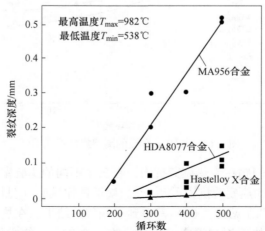

图 7.67 MA956 合金的热点起泡试验结果与图 7.63 中相同合金试验结果的对比[137]

538℃至最高温度982℃的热循环[137]。这个试验模拟了燃烧室衬板的工况，比起最初设计用于模拟涡轮工作叶片工况的楔形试样试验更好。

MA956合金热疲劳抗力较差的原因还不完全清楚。有人认为，较差的热疲劳抗力是由于不利的晶体取向[20,127]。已经清楚地表明了低模量织构对镍基氧化物弥散强化合金的有利影响，如图7.68所示。低模量织构的优点是，通过温度梯度施加的应变引起的应力低。另一方面，尽管有"不适当"的取向，MA6000合金仍然表现出非常优异的热疲劳抗力。

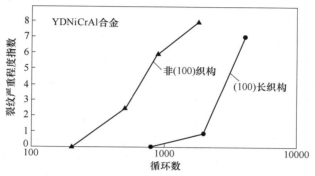

图7.68 织构对热疲劳抗力的影响[127]

MA956合金的热疲劳强度差，考虑某些应用时，一定会将它排除。然而，一个令人关注的方法是改变设计，以降低热引起的拉应力水平[137]。

已观察到[137,139,140]，高温暴露导致MA956合金室温塑性降低。图7.69中显示的暴露温度为1093℃。合金制造商认为，这种效应是由于在合金上形成了氧化皮。如果去掉氧化皮，原来的塑性得以恢复[139]。由于在不同批次中没有同样发生脆化，合金制造商现在将尝试调整成分以防止脆化。我们认为，脆化问题很可能和热疲劳强度差相关。

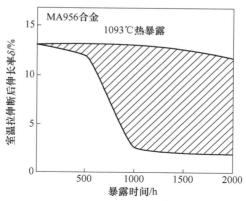

图7.69 MA956合金高温暴露引起的室温脆化[137]

MA956 合金的性能是各向异性的，但没有达到其他氧化物弥散强化合金的程度，如图 7.56 所示。当然，棒材比板材的各向异性更为明显[17,141]。MA956 合金管材已被制造出来，进行了 1000℃爆破试验[142]。可以表明，管材的环向强度与MA956 合金的名义抗拉强度接近。

7.7 氧化与热腐蚀

7.7.1 引言

氧化物弥散强化材料主要用于燃气涡轮的涡轮工作叶片。因此，关于环境腐蚀的研究已经几乎完全是关于热腐蚀（硫化）和高温氧化的研究。

燃气涡轮中承力零件的寿命可能受限于其耐腐蚀性，而不是持久强度。由于符合要求的涂层并不总是可用的，这对于地面工业燃气涡轮尤其如此。因此，零件寿命在一定程度上依赖于基材的耐腐蚀性和抗氧化性。对于带涂层的工作叶片，耐腐蚀性好的基材，其涂层寿命更长，这是一个普遍经验。

氧化是金属直接转化成氧化物，减小了横断面积，从而降低了其承载能力。热腐蚀是一种可在 760～1000℃温度范围内发生的加速表面腐蚀，这是由液态 Na_2SO_4 的存在引起的。不同的学者已经详细讨论了基本的机制[143~145]，读者可参考他们的研究了解详情。

图 7.70 示意性地给出了温度对腐蚀和氧化的影响关系。根据铬含量镍基高温合金可分成两个等级。随着温度的升高，较低至中等铬含量（质量分数约 10%～15%）的合金主要形成 Al_2O_3。这些合金表现出良好的抗氧化性，但耐腐蚀性较差。高铬含量的合金形成 Cr_2O_3 氧化皮，具有更好的耐腐蚀性，但是由于 Cr_2O_3

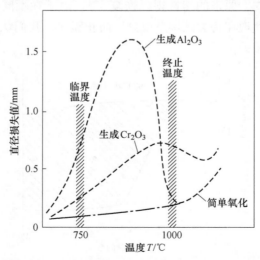

图 7.70　环境腐蚀导致镍基高温合金试样的直径减小（示意图改编自文献［144］）

会转变为挥发性的 CrO_3，抗氧化性差。发生腐蚀的临界温度和终止温度取决于环境和合金成分[144]。

7.7.2 氧化物弥散强化材料所选的数据

图 7.71 显示了两种商用氧化物弥散强化材料的耐腐蚀性与一些常规合金的对比。数据来自国际镍业公司出版的各种宣传资料。根据苏尔寿公司（Sulzer）宣传册数据[146,147]，图 7.72 和图 7.73 给出了一个同类比较。在 Felix 描述的燃烧器装置上进行试验[148]。NASA 进行了第三个对比[149]，如图 7.74 所示。图 7.75 和图 7.76 给出了 Inco[119] 和 NASA[149] 公布的各种氧化物弥散强化合金的抗氧化性数据。不同研究的合金排名具有良好的一致性。

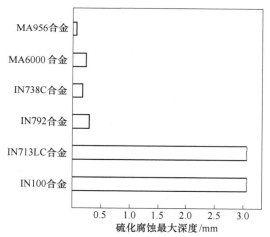

图 7.71　氧化物弥散强化合金 MA6000 和 MA956 的耐腐蚀性与其他高温合金的对比[119]［试验条件：930℃，312h，每隔 58min 喷气 2min，气流的组成为空气+5×10⁻⁶海水与燃料（$w(S)$=0.3%，JP-5）的比例为 30：1]

总之，商用铁基氧化物弥散强化合金 MA956 具有优良的耐腐蚀性和抗氧化性。镍基合金 MA6000 和 MA754 的耐腐蚀性良好，本质上与各自的 Cr 含量相符。当预期的弥散相起着有利影响时，有些令人惊讶（见下文）。

7.7.3 弥散氧化物和晶粒度对抗氧化性和耐腐蚀性的影响

大量研究已经表明，弥散氧化物改善了 Ni-Cr 合金和 Fe-Cr 合金的抗氧化性[150~158]。在形成 Cr_2O_3 的合金中，随着 Al 和 Ti 含量的增加，改善的效果降低[150]。在主要形成 Al_2O_3 的合金中，仅在循环氧化时改善抗氧化性，而在等温氧化时没改善[151]。这反映了在高 Al 含量合金中提高了氧化皮的黏附性，而不是降低氧化皮生长速率。研究的弥散相包括 Y_2O_3、La_2O_3、Al_2O_3、TiO_2、SiO_2、

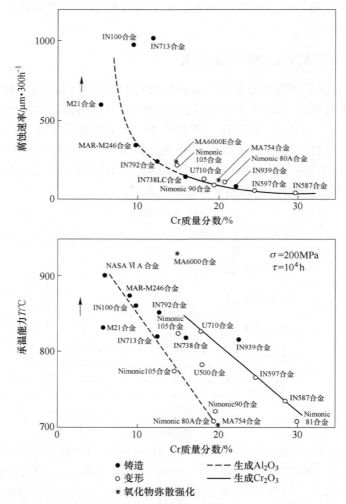

图 7.72 氧化物弥散强化合金 MA6000 和 MA754 以及常规高温合金的腐蚀速率和承温能力与铬含量的关系[146,147] [试验条件：850℃，300h，1.1bar，超轻燃油（$w(S) = 0.3\% \sim 0.4\%$），15×10^{-6}Na，8×10^{-6}V，$\lambda = 2 \sim 3$]

Cr_2O_3、ThO_2 和 LiO_2。La_2O_3 似乎比其他氧化物更有利[150,152]。关于是否有些弥散相不起作用或任何一个弥散质点在某种程度上是有益的争论尚未间断[153,154]。

已经提出了氧化物弥散强化合金氧化速率较小的几种解释。Stringer 等[155]认为表面存在的弥散相作为氧化物形核位置，导致形成连续 Cr_2O_3 膜所需的时间减少。Giggins 和 Pettit[156] 进行了 TD-NiCr 合金和 Ni-30Cr 合金的标记实验，以比较氧化物生长机制，如图 7.77 所示。铂标记位于两个随后被氧化的试样表面。氧化后，Ni-30Cr 合金试样铂标记存在于氧化物-气体界面，而 TD-NiCr 合金标

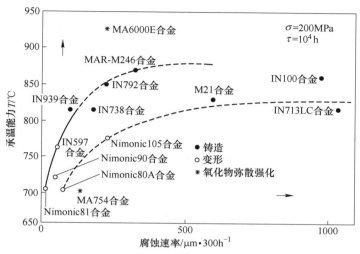

图 7.73 承温能力与腐蚀速率的关系（根据图 7.72 的数据）

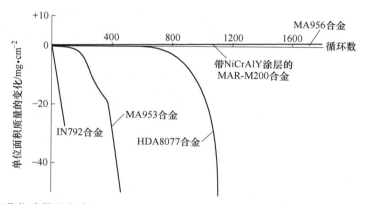

图 7.74 氧化物弥散强化合金 MA953、HDA8077 和 MA956 的热腐蚀与一些常规合金的对比
（试验条件：900℃，每隔 1h 喷气 3min，气流含 $5×10^{-6}$ 海盐）[149]

记在金属—氧化物界面附近。标记的位置取决于所涉及组元的相对扩散速率，即 Cr^{3+} 离子向外扩散和 O^{2-} 离子向内扩散。显然，在 Ni-30Cr 合金中 Cr^{3+} 向外传输占主导地位，而在 TD-NiCr 合金中 O^{2-} 的向内传输占主导地位。由于 TD-NiCr 合金中氧化膜生长速率较小，扩散速率关系的变化一定是由于 Cr^{3+} 扩散的降低，而不是 O^{2-} 扩散的增加。Giggins 和 Pettit[156] 认为 Cr^{3+} 扩散减缓可能是由弥散物在 Cr_2O_3 氧化膜中的阻滞作用引起。Michels[157] 给出了 Cr^{3+} 扩散速率减缓的另一种解释。当弥散物溶解在氧化膜中，三价离子如 Y 和 La 的引入将减少阳离子空位数，从而降低了 Cr^{3+} 的扩散系数。

如上所述，弥散相对氧化膜的附着力也有有利的影响。在某种程度上，这可

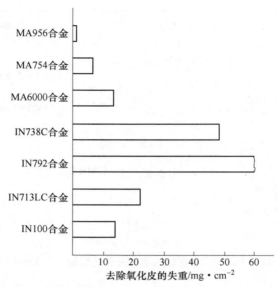

图 7.75　氧化物弥散强化合金 MA956、MA754 和 MA6000 的抗氧化性与
其他高温合金的对比（试验条件：1100℃，504h，空气+5%水，24h 循环至室温）[119]

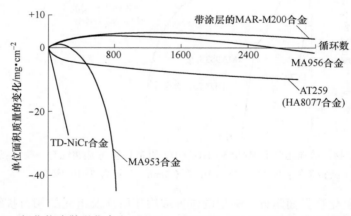

图 7.76　氧化物弥散强化合金 MA956、HA8077、MA953 和 TD-NiCr 的循环氧化
与带涂层的 MAR-M200 合金的对比（试验条件：1100℃，每隔 1h 喷空气 3min）[149]

能是由于氧化膜越薄，越容易与基体一起膨胀和收缩。然而，如增加孔隙度[151]
或减小氧化物膜的晶粒度[158]会有额外的效果，这可能有助于调整热引起的膨胀
和收缩。弥散相可能也会产生一个钉扎效应。

晶粒度对氧化物弥散强化合金的表面腐蚀有明显影响。Giggins 和 Pettit[159] 发
现，由于 Cr 在晶界的选择性氧化，含 10%~30% Cr(质量分数) 的细晶合金的氧
化速率比粗晶合金的低。这导致在初期形成连续的 Cr_2O_3 保护层。示踪实验表

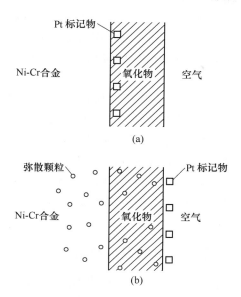

图 7.77　（a）Ni-Cr 合金在氧化过程中外氧化膜的生长；（b）氧化物弥散强化
Ni-Cr（TD-NiCr）合金在氧化过程中内氧化膜的生长（引自 Giggins 和 Pettit[156]）
（Cr^{3+} 向外扩散速率的减缓是由于弥散颗粒减少了可供向内传输
Cr 的横截面[156] 或溶解的弥散颗粒改变了氧化膜的缺陷结构[157]）

明，随着晶粒尺寸的增大，Cr 的扩散系数增加[160]。Flower 和 Wilcox[161] 利用
HVEM（高压电子显微镜）进行直接原位研究，表明 Cr 在晶界优先氧化。晶粒
尺寸减小，不仅改善抗氧化性，而且改善耐腐蚀性，与 Huber 和 Gexxinger[162] 在
弥散强化 IN738 合金中证实的一样。

7.7.4　氧化物弥散强化合金的涂层

氧化物弥散强化合金的强度目前可允许增加部件的工作温度或使用寿命。但
是，这意味着该部件将受到更严重的环境腐蚀。在大多数情况下，必须通过涂层
附加保护。

铝化物涂层似乎不适合氧化物弥散强化合金的长期保护[163,164]。对氧化物弥
散强化合金在 1100~1180℃ 的氧化过程进行了研究，发现与铸造合金的区别在
于，在其亚表面形成了大量的柯肯德尔（Kirkendall）孔隙，导致保护膜早期剥
落。形成孔洞的趋势是，随着基体合金中铝含量的增加而降低[164]。目前，氧化
物弥散强化合金中柯肯德尔孔隙数量比铸造合金多的原因还不清楚。

在无涂层的氧化物弥散强化合金的氧化过程中也会形成孔隙[163,165]。已经发
现[163]，不管是否有弥散氧化物，都会形成孔隙。在未再结晶的或相对细晶的氧

化物弥散强化合金中没有孔隙[163,165]。因此，认为孔隙与粗晶的相关性多于弥散相的存在[163,165]。在细晶情况下，晶界可以作为空位的陷阱，从而消除孔隙的形成。需要注意的是，Erdös[166]发现在 MA754 合金试样抛光过程中容易产生孔隙。这表明该问题需要进一步研究。

氧化物弥散强化高温合金 MCrAlY 涂层的经验仍然非常有限。Glasgow 和 Santoro[163]研究有 NiCrAlY 涂层的 MA755E 合金时没有遇到任何特殊问题。当在 Mach-03 试验设备上进行试验时，关于腐蚀和氧化过程中的质量变化，有涂层的 MA755E 合金和有涂层的 IN792 合金之间没有差异。一个非常有意义的需要研究的领域是开发扩散阻障涂层，防止过早消耗保护涂层中的 Cr 和 Al[167]。Gedwill 等提出了一个新理念[168]。他们用电弧等离子喷涂增加了一个抗扩散金属陶瓷层（机械合金化合金 NiCrAlY+Y_2O_3）。

7.8　氧化物弥散强化高温合金的发展趋势

机械合金化几乎消除了开发含有弥散氧化物的新型高温合金的所有限制。与粉末高温合金相比，通过机械合金化已开发了大量全新的合金成分。

已达到市场阶段的三个主要合金也形成了未来合金发展的基础。

7.8.1　涡轮导向叶片合金

MA754 合金是目前使用最广泛的氧化物弥散强化合金。由于正在评估该合金在航空和地面燃气涡轮中的许多新应用，开发新合金将不是主要需求。

7.8.2　涡轮工作叶片合金

多个发动机和涡轮制造商目前正在评估用作涡轮工作叶片材料的 MA6000 合金。无论是在美国还是在欧洲都在大力推进使用这种材料。根据应用类型，MA6000 合金存在不足之处，这会导致或将会导致开发新合金。与定向凝固和单晶高温合金相比，在航空发动机中 MA6000 合金的某些不足是中温力学性能一般。由美国海军支持的一个项目，其目标是开发一种具有更高 γ′ 相体积分数的新型氧化物弥散强化合金。由该研究开发了两个合金，包括 Alloy49 和 Alloy51[169]。他们比 MA6000 合金表现出更高的中温强度，比现有高温合金表现出更好的抗氧化性。与 MA6000 合金相比，这些改进源于某些性能的权衡，如高温强度和抗硫蚀性。由 γ′ 相体积分数为 90% 的 Ni-Cr-Al 合金演变而来的合金，即通过添加四种合金元素 W、Mo、Ta 和 Nb 的特定合金 2[170]。表 7.9 列出了 Alloy49 和 Alloy51 合金的化学成分，图 7.78 提供了 Alloy49 合金与有竞争力的 MA6000 合金和定向凝固合金 MAR-M200+Hf 在 760℃ 和 1093℃ 下 100h 的持久性能的对比。

表 7.9　两种实验机械合金化合金的成分（质量分数/%）[169]

合金	Ni	Cr	Al	W	Mo	Ta	Nb	Zr	B	Y₂O₃
Alloy49	67	12.5	15.5	2	1	1	1	0.15	0.01	1.1
Alloy51	68.5	10	17.5	2	2	—	—	0.15	0.01	1.1

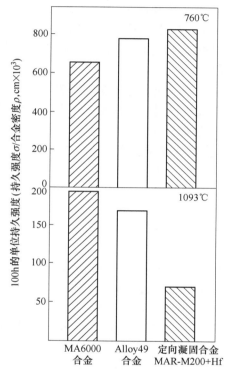

图 7.78　高 γ′ 相体积分数氧化物弥散强化合金 Alloy49、MA6000 和
定向凝固合金 MAR-M200+Hf 在 760℃ 和 1093℃ 下 100h 的单位持久性能[169,170]

　　除了增加 γ′ 相的体积分数，另一种提高高温力学性能的方法是由直接挤压的机械合金化粉末中生长出单晶。预期单晶有更好的横向塑性，这将是受欢迎的。单晶可能也表现出更好的纵向强度、纵向塑性、热疲劳强度和剪切强度。单晶的另一个优点是可以沿用新型铸造单晶合金的研制方法开发出新合金成分。其策略是消除晶界强化元素（如 B、C、Hf、Zr），提高熔化温度，使合金可热处理。无论如何，氧化物弥散强化合金得能进行热处理，否则，他们不能成功地进行再结晶。然而，提高溶化温度将允许提高 γ′ 相完全固溶温度，即可以开发高强度合金。必须注意的是，由于废品率高以及加工速率可能低，单晶成本变得很高。对于更大的部件则更是如此。

对于用于地面燃气涡轮，MA6000 合金在所有温度下强于当前使用的高温合金。然而，MA6000 合金最初是为航空应用而开发的，因此 Cr 含量相对较低。将有必要通过稍微提高 Cr 含量，提升该合金。

7.8.3 板材合金

MA956 铁基合金是容易制造和加工的合金。它用于 1100℃ 以上的温度，正在评估在各种腐蚀性环境中的应用。通过几种合金的改型，将推动合金的抗氧化性和耐腐蚀性的升级，以逐渐增加这种合金的市场潜力。比利时的铁素体氧化物弥散强化合金存在类似趋势。

开发新合金不是氧化物弥散强化合金发展的唯一方向。我们还将指出另外两个问题，没有材料供应商或材料用户的开发，氧化物弥散强化合金在新应用上将没有任何进展。一个是需要按比例扩大所生产棒材的尺寸；另一个是需要合适的连接技术（见第 8 章）。大尺寸棒材生产的改进与其加热动力学的了解密切相关，这将影响粗晶的形成。

参 考 文 献

[1] Fink, C. G. *Trans. Am. Electrochem. Soc.*, 17, 1910, p. 229.

[2] Smith, C. S. *Mining and Metallurgy*, 11, 1930, p. 213.

[3] Rhines, F. N. *Trans. AIME*, 137, 1940, p. 249.

[4] Meijering, J. L. and Druyveteyn, M. J., *Philips Res. Rep.*, 2, 1947, p. 260.

[5] Jong, J. J. *De Ingenieur*, 64, 1952, p. 0. 92.

[6] Irman, R. *Techn. Rundschau（Bern）*, （36）, 1949, p. 19.

[7] *US Patent* 2 972 529, 1958.

[8] Benjamin, J. S. *Metall. Trans.*, 1, 1970, p. 2943.

[9] Singer, R. F. and Gessinger, G. H. *Metall. Trans.*, 13A, 1982, p. 1463.

[10] Hotzler, R. K. and Glasgow, T. K., NASA−Lewis Research Center, Cleveland, Ohio, unpublished results, 1981.

[11] Howson, T. E., Mervyn, D. A. and Tien, JK. *Metall. Trans.*, 11A, 1980, p. 1609.

[12] Kim, Y. G. and Merrick, H. F., NASA CR−159493, May 1979.

[13] Howson, T. E., Stulga, J. E. and Tien, J. K. *Metall Trans.*, 11A, 1980, p. 1599.

[14] Ubhi, H. S., Hughes, T. A. and Nutting, J., in J. S. Benjamin（editor）, *Frontiers of High Temperature Materials*, Inco MAP, New York, 1981, p. 33.

[15] Cairns, R. L., Fischer, J. J. and Bomford, M. J., Inco Technical Paper 742−T−OP, 1971.

[16] Singer, R. F. and Gessinger, G. H., unpublished results 1982.

[17] Whittenberger, J. D. *Metall. Trans.*, 12A, 1981, p. 845.

[18] Benn, R. C. , Contract Report, NAS3-21448.

[19] Burton, C. J. , Baranow, S. and Tien, J. K. *Metall. Trans.* , 10A, 1979, p. 1297.

[20] Whittenberger, J. D. and Bizon, P. T. *Int. J. Fatigue*, 1981, p. 173.

[21] Whittenberger, J. D. *Mater. Sci. Eng.* , 54, 1982, p. 81.

[22] Anderson, M. P. , Koo, J. Y. and Petcovic-Luton, R. *Proc. American Ceramic Society-AIME Powder Processing Symposium*, 1981.

[23] Brown, L. M. and Ham, R. K. , in A. Kelly and R. B. Nicholson (editors), *Strengthening Methods in Crystals*, Elsevier, Amsterdam, 1971, p. 9.

[24] Reid, C. N. *Deformation Geometry for Materials Scientists*, Pergamon, Oxford, 1973.

[25] Wilcox, B. A. and Clauer, A. H. , in C. T. Sims and W. C. Hagel (editors), *The Superalloys*, John Wiley, New York, p. 197.

[26] Orowan, E. *Discussion Symposium on Internal Stresses in Metals and Alloys*, Monograph and Rept. Series No. 5, Institute of Metals, London, 1948, p. 451.

[27] Reppich, B. *Acta Met.* , 23, 1975, p. 1055.

[28] Hirsch, P. B. *J. Inst. Met.* , 86, 1957, p. 7.

[29] Ashby, M. F. *Electron Microscopy and Strength of Crystals*, Interscience, New York, 1963.

[30] Ashby, M. F. *Z. Metallkde.* , 55, 1964, p. 5.

[31] Hirsch, P. B. , in J. C. M. Li and A. K. Mukherjee (editors), *Rate Processes in Plastic Deformation of Materials*, American Society for Metals, Metals Park, Ohio, 1975, p. 1.

[32] Beeston, B. E. P. and France, L. K. *J. Inst. Met.* , 96, 1968, p. 105.

[33] Morrison, W. B. *Trans. ASM*, 59, 1966, p. 824.

[34] Morrison, W. B. and Leslie, W. C. *Metall. Trans.* , 4, 1973, p. 379.

[35] Thompson, A. W. *Acta Met.* , 23, 1975, p. 1337.

[36] Gessinger, G. H. *Powder Met. Int.* , 13, 1981, p. 93.

[37] Wilcox, B. A. and Clauer, A. H. *Acta Met.* , 20, 1972, p. 743.

[38] Webster, D. *Trans. ASM*, 62, 1969, p. 937.

[39] Hornbogen, E. , in P. Haasen *et al.* (editors), *Strength of Metals and Alloys*, ICSMA 5, Pergamon Press, Vol. 2, 1979, p. 1337.

[40] Mecking, H. , in N. Hansen *et al.* (editors), *Deformation of Polycrystals: Mechanisms and Microstructures*, Risφ National Laboratory, Roskilde, Denmark, 1981, p. 73.

[41] MacKay, R. A. , Dreshfield, R. L. and Maier, R. D. , in J. K. Tien *et al.* (editors), *Superalloys 1980*, American Society for Metals, Metals Park, Ohio, 1980, p. 385.

[42] Yang, S. W. and Laflen, J. H. , General Electric Technical Information Series Report No. 82 CRD 159, 1982.

[43] Shewfelt, R. S. W. and Brown, L. M. *Phil. Mag.* , 30, 1974, p. 1135.

[44] Lund, R. W. and Nix, W. D. *Acta Met.* , 24, 1976, p. 469.

[45] Gilman, P. S. , Haeberle, R. M. and Weber, J. H. , paper presented at the ASM Metals Congress, Cincinatti, Ohio, 1981.

[46] Lin, J. and Sherby, O. D. *Res Mechanica*, 2, 1981, p. 251.

[47] Robinson, S. L., Lin, J. and Sherby, O. D., quoted in ref. 46.

[48] Kane, R. D. and Ebert, L. *J. Metall. Trans.*, 7A, 1976, p. 133.

[49] Sidey, D. and Wilshire, B. *Metal Sci*, J., 3, 1969, p. 56.

[50] Monma, K., Suto, H. and Oikawa, H. *J. Japan Inst. Metals*, 28, 1964, p. 253.

[51] Shahinian, P. and Achter, M. R. *Trans. ASM*, 51, 1959, p. 244.

[52] Barrett, C. R. *Trans. AIME*, 239, 1967, p. 1726.

[53] Parker, J. D. and Wilshire, B. *Metal Sci. J.*, 9, 1975, p. 248.

[54] Gittus, J. H. *Proc. R. Soc. Lond. A*, 342, 1975, p. 279.

[55] Lagneborg, R. and Bergman, B. *Metal Sci. J.*, 10, 1976, p. 20.

[56] Blum, W. and Singer R. F. *Z. Metallkde.*, 71, 1980, p. 312.

[57] Singer, R. F., Blum, W. and Nix, W. D. *Scripta Met.* 14, 1980, p. 755.

[58] Sulzer Bros., unpublished results 1981.

[59] Schoeck, G., *Creep and Recovery*, Cleveland, 1975.

[60] Ansell, G. S. and Weertman, J. *Trans. Met. Soc. AIME*, 215, 1959, p. 838.

[61] Clauer, A. H. and Wilcox, B. A. *Met. Sci. J.*, 1, 1967, p. 86.

[62] Ashby, M. F., in *Proc. 2nd Conf. on Strength of Metals and Alloys*, American Society for Metals, Metals Park, Ohio, 1970, p. 505.

[63] Hausselt, J. H. and Nix, W. D. *Acta Met.*, 25, 1977, p. 595.

[64] Kear, B. H. and Piearcey, B. J. *Trans. Met. Soc. AIME*, 239, 1967, p. 1209.

[65] Raj, R. and Ashby, M. F. *Metall. Trans.*, 2, 1971, p. 1113.

[66] Ashby, M. F. *Scripta Met.*, 3, 1969, p. 837.

[67] Burton, B. *Metal Sci. J.*, 5, 1971, p. 11.

[68] Benjamin, J. S. and Bomford, M. J. *Metall. Trans.*, 5, 1974, p. 615.

[69] Petrovic, J. J. and Ebert, L. J. *Metall Trans.*, 4, 1973, p. 1301.

[70] Wilcox, B. A., Clauer, A. H. and Hutchinson, W. B., NASA CR−72 832, 1971.

[71] Kane, R. D. and Ebert, L. J. *Metall. Trans.*, 7A, 1976, p. 133.

[72] Sellars, C. M. and Petkovich−Luton, R. A. *Mater. Sci. Eng.*, 46, 1980, p. 75.

[73] Hane, R. K. and Wayman, M. L, *Trans. AIME*, 239, 1967, p. 721.

[74] Weber, J. H. and Bomford, M. J., ASTM STP 520, American Society for Testing and Materials, Philadelphia, Pennsylvania, 1972, p. 427.

[75] Hopping, G. S., III and Schweizer, F. A., in J. S. Benjamin (editor), *Frontiers of High Temperature Materials*, Inco Map, New York, May 1981, p. 75.

[76] Kim, Y. G. and Merrick, H. F., in J. K. Tien *et al.* (editors), *Superalloys* 1980, American Society for Metals, Metals Park, Ohio, 1980, p. 551.

[77] Hoffelner, W. and Singer, R. F., to be published.

[78] Gessinger, G. H. and Bomford, M. J. *Int. Met. Rev.*, 19, 1974, p. 51.

[79] Fraser, R. W., Meddings, B., Evans, D. J. I. and Mackiw, V. N., in H. H. Hausner (editor), *Modern Developments in Powder Metallurgy*, Vol. 2, Plenum Press, New York, 1966, p. 87.

［80］ Murphy, R. and Grant, N. J. *Proc. Amer. Soc. Test. Mater.* , 58, 1958, p. 753.

［81］ *US Patent* 3615381, 1971.

［82］ Allen, R. E. , Final Rep. Naval Contract No. N 00019-69-c-0149, 1970.

［83］ Schilling, W. F. , in B. H. Kear *et al.* (editors), *Surperalloys: Metallurgy and Manufacture*, Claitor's Publishing Division, Baton Rouge, Louisiana, 1976, p. 373.

［84］ Kramer, K. H. *High Temperatures-High Pressures*, 6, 1974, p. 345.

［85］ Huet, J. -J. and Massaux, H. B. , *US Patent* 3 602 977 Sept. 7, 1971.

［86］ Steiner, A. and Komarek, K. L. *Trans. Met. Soc. AIME*, 230, 1964, p. 786.

［87］ Benjamin, J. S. and Volin, T. E. *Metall. Trans.* , 5, 1974, p. 1929.

［88］ Benjamin, J. S. *Scientific American*, 234, 1976, p. 40.

［89］ Kramer, K. H. *Powd. Met. Int.* , 9, 1977, p. 105.

［90］ Coheur, L. 'Fabrication and properties of oxide dispersion strengthened alloys', paper presented at the Poster Session of Conf. on High Temperature Alloys for Gas Turbines, Liège, Belgium, Sept. 1978.

［91］ Morse, J. P. and Benjamin, J. S. , in *New Trends in Materials Processing*, American Society for Metals, Metals Park, Ohio, 1976, p. 165.

［92］ *US Patent* 3 749 612, July 31, 1973.

［93］ Dieter, G. E, *Mechanical Metallurgy*, 2nd Edition, McGraw-Hill-Kogakusha, Tokyo, 1976.

［94］ Kramer, K. H. *Powd. Met. Int.* , 9, 1977, p. 105.

［95］ Singer, R. F. and Gessinger, G. H. , in *P/M 82 in Europe*, *Int. Powder Metallurgy Conf.* , *June* 1982, Assoc. Italiana di Metallurgia, Florence, Italy, 1982, p. 315.

［96］ *US Patent* 3 159 908, 1964.

［97］ Huet, J. -J. , Coheur, L. , Lecomte, C. , Magnee, A. and Driesen, C. , in *P/M 82 in Europe*, *Int. Powder Metallurgy Conf.* , *June* 1982, Assoc. Italiana di Metallurgia, Florence, Italy, 1982, p. 173.

［98］ Gessinger, G. H. and Mercier, O. *Powd. Met. Int.* , 10, 1978, p. 202.

［99］ Doble, G. S. , Leonard, L. and Ebert, L. J. , Final Rep. NASA Grant NGR 36-033-094, 1967.

［100］ Doble, G. S. and Quigg, R. J. *Trans. Met. Soc. AIME*, 233, 1965, p. 410.

［101］ Clegg, M. A. and Lund, J. A. *Metall. Trans.* , 2, 1971, p. 2495.

［102］ Allen, R. E. , in *Proc. 2nd Int. Conf. on Superalloys Processing*, MCIC Rep. , 1972, p. X-l.

［103］ Gessinger, G. H. *Metall Trans.* , 7A, 1976, p. 1203.

［104］ Gessinger, G. H. *Planseeber. f. Pulvermet.* 24, 1976, p. 32.

［105］ Singer, R. F. , unpublished results 1981.

［106］ Hotzler, R. K. and Glasgow, T. K. , in J. K. Tien *et al.* (editors), *Superalloys 1980*, American Society for Metals, Metals Park, Ohio, 1980, p. 455.

［107］ Aust, K. T. , in J. J. Gilman (editor), *The Art and Science of Growing Crystals*, John Wiley, New York, 1963, chap. 23.

［108］ Cairns, R. L. , Curwick, L. R. and Benjamin, J. S. *Metall. Trans.* , 6A, 1975, p. 179.

［109］ Zener, C. , quoted by C. S. Smith, *Trans. AIME*, 175, 1948, p. 258.

[110] Dahlen, M. and Winberg, L. *Acta Met.* , 28, 1980, p. 41.

[111] Cahn, R. W. , in R. W. Cahn (editor), *Physical Metallurgy*, North Holland Publishing Company, Amsterdam, 1965, p. 1129.

[112] Hotzler, R. K. and Glasgow, T. K. *Metall. Trans.* , 13A, 1982, p. 1665.

[113] Kramer, K. H. *Powd. Met. Int.* , 9, 1977, p. 105.

[114] Filippi, A. M. *Metall Trans.* , 6A, 1975, p. 2171.

[115] Gessinger, G. H. , Hellner, L. and Johansson, H. *Proc. 17th Int. Machine Tool Design and Research Conf. Birmingham*, *England*, Macmillan, 1976, p. 371.

[116] Glasgow, T. K. , NASA TM X-71888, 1976.

[117] Singer, R. F. and Gessinger, G. H. , in N. Hansen *et al.* (editors), *Deformation of Polycrystals: Mechanisms and Microstructure*, Risφ National Laboratory, Roskilde, Denmark, 1981, p. 365.

[118] Benn, R. C. , Curwick, L. R. and Hack, G. A. J. Inco Technical Paper 1078-T-OP, 1980.

[119] Inco brochures.

[120] Cairns, R. L. and Benjamin, J. S. *Trans. ASME*, *J. Eng. Materials and Technology*, 95, 1973, p. 10.

[121] Meetham, G. W. , in J. S. Benjamin (editor), *Frontiers of High Temperature Materials*, Inco MAP, New York, May 1981, p. 70.

[122] Howson, T. E. , Cosandey, F. and Tien, J. K. , in J. K. Tien *et al.* (editors), *Superalloys 1980*, American Society for Metals, Metals Park, Ohio, 1980, p. 563.

[123] Singer, R. F. , unpublished results 1983.

[124] Gilman, P. S. , Heck, F. W. and Haeberle, R. M. , Annual AIME Meeting, Dallas, Texas, 1982.

[125] Glasgow, T. K. , in *A Collection of Technical Papers on Structures and Materials*, *St. Louis*, *Missouri*, AIAA-ASME-ASCE-AMS, 1979, Paper 79-0763.

[126] Hofer, K. E. , Hill, V. L. and Humphreys, V. E. , NASA CR-159842, 1980.

[127] Bailey, P. G. , in J. S. Benjamin (editor), *Frontiers of High Temperature Materials*, Inco MAP, New York, 1981.

[128] Glasgow, T. K. , NASA TM-78973, 1977.

[129] Benjamin, J. S. and Larson, J, M. *J. Aircraft*, 14, 1977, p. 163.

[130] Benjamin, J. S. , Volin, T. E. and Weber, J. H. *High Temperatures - High Pressures*, 6, 1974, p. 443.

[131] Tien, J. K. , Howson, T. E. and Matejczyk, D. E. , in J. S. Benjamin (editor), *Frontiers of High Temperature Materials*, Inco MAP, New York, 1981, p. 13.

[132] Tien, J. K. , Matejczyk, D. E. , Zhuang, Y. and Howson, T. E. , in B. Wilshire and D. R. J. Owen (editors), *Proc. Int. Conf. on Creep and Fracture of Engineering Materials and Components*, *Swansea*, *UK*, Pineridge Press, 1981, p. 433.

[133] Singer, R. F. and Gessinger, G. H. , unpublished results.

[134] Whittenberger, J. D. *Metall Trans.* , 8A, 1977, p. 1863.

[135] Marlin, R. T. , Cosandey, F. and Tien, J. K. *Metall. Trans.* , 11A, 1980, p. 1771.

[136] Fischer, J. J. , Astley, I. and Morse, J. P. , in B. H. Kear *et al.* (editors), *Superalloys: Metallurgy and Manufacture*, Claitor's Publishing Division, Baton Rouge, Louisiana, 1976, p. 361.

[137] Henricks, R. J. , in J. S. Benjamin (editor), *Frontiers of High Temperature Materials*, Inco MAP, New York, 1981, p. 63.

[138] Wiegert, W. H. and Henricks, R. J. , in J. K. Tien *et al.* (editors), *Superalloys* 1980, American Society for Metals, Metals Park, Ohio, 1980, p. 575.

[139] Davidson, J. M. , in J. S, Benjamin (editor), *Frontiers of High Temperature Materials*, Inco MAP, New York, 1981, p. 81.

[140] Potter, W. A. , in J. S. Benjamin (editor), *Frontiers of High Temperature Materials*, Inco MAP, New York, 1981, p. 83.

[141] Whittenberger, J. D. *Metall. Trans.* , 9A, 1978, p. 101.

[142] Floreen, S. , Kane, R. H. , Kelley, T. J. and Robinson, M. L. , in J. S. Benjamin (editor), *Frontiers of High Temperature Materials*, Inco MAP, New York, 1981, p. 94.

[143] Wasielewski, G. E. and Rapp, R. A. , in C. T. Sims and W. C. Hagel (editors), *The Superalloys*, John Wiley, New York, 1972, p. 287.

[144] Beltran, A. M. and Shores, D. A. , in C. T. Sims and W. C. Hagel (editors), *The Superalloys*, John Wiley, New York, 1972, p. 317.

[145] Stringer, J. and Whittle, D. P. , in P. R. Sahm and M. O. Spei del (editors), *High-Temperature Materials in Gas Turbines*, Elsevier, Amsterdam, 1974, p. 282.

[146] Just, C. , Huber, P. and Bauer, R. , *Reprints from the 13th Int. Congress on Combustion Engines*, *Vienna*, 1979, *CIMAC publication GT*34.

[147] Sulzer Bros. , unpublished data.

[148] Felix, P. , in A. B. Hart and A. J. B. Cutler (editors), *Deposition and Corrosion in Gas Turbines*, Applied Science Publishers, London, 1973.

[149] Lowell, C. E. and Deadmore, D. L. , NASA TM X-73656, 1977.

[150] Michels, H. T. *Metall Trans.* , 8A, 1977, p. 273.

[151] Michels, H. T. *Metall. Trans.* , 9A, 1978, p. 873.

[152] Nagai, H. , Takebayashi, Y. and Mitani, H. *Metall. Trans.* , 12A, 1981, p. 435.

[153] Caplan, D. *Metall Trans.* , 12A, 1981, p. 2135.

[154] Nagai, H. , Takebayashi, Y. and Mitani, H. *Metall. Trans.* , 12A, 1981, p. 2135.

[155] Stringer, J. , Wilcox, B. A. and Jaffee, R. I. *Oxid. Met.* , 5, 1972, p. 11.

[156] Giggins, C. S. and Pettit, F. S. *Metall. Trans.* , 2, 1971, p. 1071.

[157] Michels, H. T. *Metall. Trans.* , 7A, 1976, p. 379.

[158] Wright, I. G. , Wilcox, B. A. and Jaffee, R. I. *Oxid. Met.* , 9, 1975, p. 275.

[159] Giggins, C. S. and Pettit, F. S. *Trans. TMS-AIME*, 245, 1969, p. 2509.

[160] Seltzer, M. S. and Wilcox, B. A. *Metall. Trans.* , 3, 1972, p. 2357.

[161] Flower, H. M. and Wilcox, B. A. *Corros. Sci.* , 17, 1977, p. 253.

[162] Huber, P. and Gessinger, G. H. , in Holmes, D. R. and Rahmel, A. (editors), *Materials and Coatings to Resist High Temperature Corrosion*, Applied Science Publishers Ltd, London, 1978, p. 71.

[163] Glasgow, T. K. and Santoro, G. J. *Oxid. Met.* , 15, 1981, p. 251.

[164] Boone, D. H. , Crane, D. A. and Whittle, D. P. *Thin Solid Films*, 84, 1981, p. 39.

[165] Whittenberger, J. D. *Metall. Trans.* , 3, 1972, p. 3038.

[166] Erdös, E. , private communication 1983.

[167] Wermuth, F. R. and Stetson, A. R. , NASA CR-120852, 1971.

[168] Gedwill, M. A. , Glasgow, T. K. and Levine, R. S. , NASA TM 82687, 1981.

[169] Benn, R. C. , NADC-79106-60, May 1981.

[170] Benn, R. C. , in J. K Tien *et al.* (editors), *Superalloys* 1980, American Society of Metals, Metals Park, Ohio, 1980, p. 541.

第4篇

连　接

8 粉末高温合金的连接技术[❶]

从技术和经济角度看，在燃气涡轮硬件制造领域连接技术正在变得越来越重要。一个形状复杂的部件，如果将其各个组成部分用最经济的方法进行单独制造，然后连接在一起得到最终形状，那么其制造成本将大幅度降低。这种方法还具有技术优势，因为这样的多元组件可以由不同的材料组成，使不同部位的显微组织和性能与其温度和载荷条件相匹配。

粉末冶金技术在多元组件加工方法的发展历程中起着重要的作用，导致了一些先进部件的出现，如双性能涡轮（dual-property turbine wheels）和叠片涡轮工作叶片（laminated turbine blades）。对氧化物弥散强化合金而言，发展合适的连接技术非常重要，因为用其他方法均无法制造复杂冷却方式的叶片。由于某些大横截面制件制造很困难，可能也必须通过连接技术来实现。本章将介绍高温合金的各种连接方法。我们也会对其中一些连接技术进行阐述，这些技术结合粉末冶金工艺，可用于制造先进燃气涡轮硬件。

8.1 液相连接

8.1.1 熔焊

相比其他方法，熔焊的优势在于经济实用以及不受厚度和连接方位的限制。高温合金常用的熔焊方法有钨极惰性气体保护焊、电子束焊、电阻焊、等离子弧焊。对于厚板（大于2mm），等离子弧焊比钨极惰性气体保护焊更具有优势，这是因为等离子弧焊的高强度弧可完成单道焊接[1]。在利用其他焊接方法焊接时可能会带来变形问题的情况下，厚壁制件的连接一般采用电子束焊[1,2]。一般来说，熔焊不适用于氧化物弥散强化合金，原因随后解释，但在一些最近开发的合金中这类难题似乎得到了克服[3]。

8.1.1.1 粉末高温合金的熔焊

熔焊广泛用于常规工艺生产的低强度和中等强度高温合金的连接[2]。对于强化元素（Al+Ti）含量高的先进高温合金，在焊接或焊后热处理过程中，会出现很强的开裂倾向[4]。各种常规基高温合金及粉末镍基高温合金的相对焊接性如图8.1所示。

---

❶ 本章由 R. Thamburaj、R. F. Singer 和 G. H. Gessinger 共同编写。

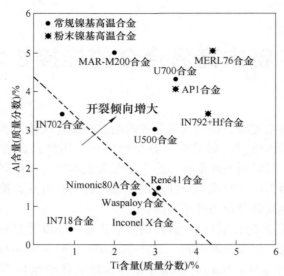

图 8.1 几种常规镍基高温合金及粉末镍基高温合金的相对焊接性[4]

Thamburaj 等人[5]对这两种类型开裂的原因及补救方法进行了综述。一般来说，为使开裂风险降至最低，母材应具有应用所允许的最小的晶粒尺寸，且焊接时采用所需求的最小输入热量。焊接前对母材进行过时效处理（导致软化和均匀化），以及在惰性气氛下进行焊后热处理，都是降低焊接开裂敏感性的有效方法。

尽管高合金化导致焊接困难，但由于粉末高温合金具有均匀细小的晶粒组织，其开裂风险要小于相应的铸造高温合金。Thamburaj 等人[6]对粉末高温合金 IN100、IN792+Hf 以及 IN713LC 的电子束焊接性进行了研究。他们发现在 900℃ 左右进行预热，6mm 厚的 IN792+Hf 合金板材的焊接开裂可得到消除。在这些温度区间进行预热处理后，IN100 和 IN713LC 合金的开裂程度也得到较大幅度的降低，但晶界熔化所加剧的一些细小的热影响区微裂纹的形成无法避免，如图 8.2 所示。

对于那些用常规工艺生产的几乎不可焊接的合金，尽管粉末冶金工艺能够有效地降低这些合金焊接开裂程度，但由于在焊接过程中在熔化区有气体放出，可能会导致出现其他问题。这些气体在粉末制取或固结过程中被带入，导致形成气孔，如图 8.3 所示。但实验表明[7]，如果通过严格控制工艺将固结材料的气体含量降至最低，这类气孔可能被降至无害的水平。

为减少原始颗粒边界碳化物析出程度，还需要对粉末冶金工艺条件进行控制，原始颗粒边界碳化物主要是由于原子偏析和粉末表面污染所引起的[8]。这些网状碳化物提供了一个易断裂路径，不仅恶化母材的力学性能，还会提高这些高强合金热影响区的开裂倾向[9]。

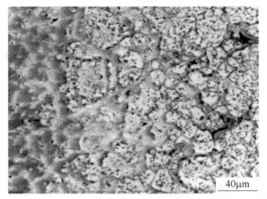

图 8.2 粉末高温合金 IN713LC 中热影响区微裂纹[7]

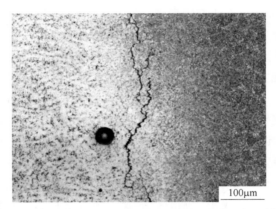

图 8.3 IN792+Hf 粉末高温合金中焊接熔化区气孔[6]

（经 Metal Powder Report Publishing Services 同意引用）

8.1.1.2 氧化物弥散强化合金的熔焊

在氧化物弥散强化合金熔焊过程中发生氧化物弥散强化相聚集现象[3]。而且，在凝固过程中形成的晶粒组织破坏了氧化物弥散强化合金中典型的粗大伸长晶粒[3]。均匀弥散的氧化物和粗大伸长晶粒是此合金具有优异的高温蠕变强度的必要条件。因而熔焊无法得到具有最佳高温持久强度的连接。熔焊更适合应用于仅要求低温强度的制件。

熔焊的不利影响在诸如 TD-Ni、TD-NiCr、IN853、MA754 和 MA6000 等镍基合金中表现得非常明显，导致高温强度大幅度降低[3]。钨极惰性气体保护焊影响最严重，其次是电子束焊和电阻点焊[10]。

对 TD-NiCr 合金进行电阻点焊，仅出现了少量的熔化，表现出了优异的持久性能，见表 8.1。但是出现了一些二氧化钍颗粒的聚集和沿熔核发生破坏的现象[10,11]。

表 8.1 氧化物弥散强化合金熔焊接头的持久性能

合金	焊接方法	$T/℃$	σ/MPa	τ/h	文献
TD-Ni	电阻点焊	1090	17.3	1000	[3]
TD-NiCr	电阻点焊	1090	17.3	>1000	[10]
		1090	41.4	100	[10]
MA956	电子束焊	983	20.7	1000	[3]
MA956	钇铝石榴石脉冲激光焊	1090	13.8	>1000	[14]
		1090	20.7	>180	[14]

最近，Franklin[12,13]在研究中发现，铁基氧化物弥散强化合金 MA956 比镍基氧化物弥散强化合金表现出二氧化钍颗粒聚集的倾向小。在铁基系合金中，在激光焊或电子束焊时弥散颗粒发生熟化，在镍基系合金中也会出现这种情况。Kelly[3,14]做了进一步的分析研究，证明了在电子束焊和激光焊的情况下，通过改变焊接区（焊缝腔）的方向，则会阻止与伸长晶粒长轴垂直的晶界的形成。对 MA956 合金进行钇铝石榴石（yttrium aluminium garnet，YAG）脉冲激光焊接时，可以达到与母材相近的高温性能。

Kelly[15]的研究表明，在 Fe-Cr-Al 氧化物弥散强化合金中，如 MA956 合金，添加质量分数为 0.5%~2.0%的 Hf、Nb 和 Ta，大幅度改善了熔焊可焊性。通过调整 Ta 含量，就保留弥散相、显微组织及力学性能而言，得到了最佳的结果。Ta 含量（质量分数）为 1.1%的电子束焊试样在 1093℃和 13.8MPa 条件下持久寿命达到 64.7h。显然，添加这些元素，通过合金熔化改善弥散强化相的润湿性以及阻止弥散颗粒的聚集，改善了焊缝组织。改型合金的另一个有利的特征，是一些母材晶粒穿过整个熔化区发生外延生长。而在未改型的 MA956 合金中，熔化区的中心部位是等轴晶组织，形成薄弱面。

8.1.2 钎焊

在真空或控制气氛下的高温钎焊也属于一种液相连接方法。与常规熔焊方法不同，钎焊使用填充金属（钎料），其熔化温度要低于母材。依靠毛细作用，钎料填充到相互紧贴的连接面之间的间隙。

钎焊能够连接大横截面和复杂轮廓的零件，避免常规熔焊方法的某些不足[16]。此外，钎焊具有使连接工艺更经济的潜力，因为在钎焊炉内可同时进行多处钎焊[17]。

8.1.2.1 粉末高温合金的钎焊

这类材料的钎焊主要是用 Au-Ni 合金或镍基合金做钎料。当对优良的抗氧化性和耐腐蚀性、良好的连接塑性以及最小的焊料/母材相互作用有要求时，才指定用到 Au-Ni 钎料。然而，Au-Ni 钎料的高成本限制了其使用。对多数钎焊应用来说，成本相对较低的镍基钎料则更受青睐[18]。

部分镍基钎料的成分见表 8.2。B 和 Si 元素的加入不仅会降低熔化温度，还会提高润湿性，这通常对钎焊接头的力学性能是有害的，因为这些元素会在钎缝或近缝区形成脆性的硼化物和硅化物，如图 8.4 所示[19]。因此在镍基高温合金中利用这些钎料得到的钎焊接头具有塑性差的特点。因过热会出现重熔的倾向[4]，不能在高温下使用此类钎料。在尽可能降低钎缝间隙[19]以及钎焊后扩散热处理的情况下[20]，钎焊接头的性能可提高到一定的程度。

表 8.2   几种高温合金钎焊常用的镍基钎料的成分[18]   （质量分数/%）

钎料牌号		钎焊温度	名义成分					
美国焊接学会	其他	/℃	Ni	Cr	Fe	Si	B	C
BNi-1a	AMS3776	1167	余量	14.0	4.5	4.5	3.0	最大值 0.1
BNi-2	AMS4777	1038	余量	7.0	3.0	5.0	2.9	最大值 0.1
BNi-3	AMS4778	1038	余量	—	—	4.5	3.0	最大值 0.06
BNi-4	AMS4779	1121	余量	—	—	3.5	1.9	最大值 0.06
BNi-5	AMS4782	1167	余量	19.0	—	10.5	—	—
—	PWA996	1167	余量	13.0	4.0	4.5	2.8	最大值 0.03

另外一个可能会对接头性能造成不利影响的因素是高的钎焊温度，较高的钎焊温度通常是为了降低 Ta、Ti 及 Nb 的氧化物含量[21]。如果母材是细晶组织，如粉末高温合金，在钎焊过程中晶粒发生大幅长大，导致中温强度严重降低。

在用镍基钎料钎焊具有极细晶粒的粉末高温合金时，还可能发生硅和硼异常的快速扩散，产生过量的接头孔洞[18]。另一方面，快速扩散能够缩短用于提高性能的随后扩散热处理时间。

镍基钎料在常温下几乎没有塑性，因而通常以粉末、膏或者塑性黏结粉末制成的板材等形式进行供货。鉴于粉末钎料会带来孔洞和其他问题[22]，研制出了塑性箔钎料。含硼的钎料，如 AMS4778，首先用箔片的传统制备方法生产出无硼的塑性箔片，然后在其表面进行硼扩散，直至达到所要求的浓度。这样硼以硼化物的形式存在整个扩散区内，箔片的中间部分保持塑性。

塑性箔钎料的制备工艺示意图如图 8.5 所示。尽管该工艺具有优势，但这种技术成本高，仅应用于某些钎料。此外，硼在箔片中分布不均匀，导致熔化温度发生局部变化[23]。

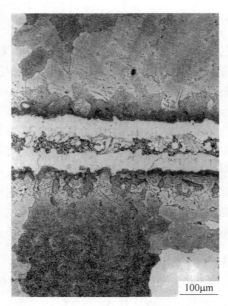

图 8.4 Nimocast713 合金钎焊接头显微组织中硼化物、硅化物
硬化相的聚集（文献［19］中第 83 页图）
（经 Deutscher Verlag für Schweisstechnik GmbH 同意引用）

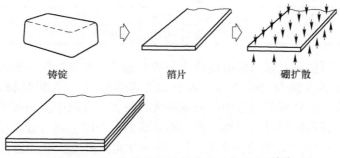

铸锭　　　　　　箔片　　　　　　硼扩散

图 8.5 制备塑性箔钎料的基本工序示意图[22]

另一种方法是将硼直接扩散到连接件的金属表面[22]。所需连接的零件加工成最终形状，通过扩散硼渗入配合面，得到适合钎焊的成分。这样，无需钎料即可实现连接，母材本身成为钎料。

8.1.2.2 氧化物弥散强化合金的钎焊

因氧化物弥散强化合金熔焊中存在问题，为确定这类合金的钎焊技术进行了大量的研究工作。Yount[11] 对 TD-Ni 和 TD-NiCr 合金的钎焊进行了早期研究，他研发出数种钎料（见表 8.3），并对其耐侵蚀性、抗氧化性以及扩散特性进行了评价。该研究和随后的研究指出，钎焊中存在的主要问题是在钎料/母材界面形成气孔、过度侵蚀和选择性氧化以及发生分层。这些问题一般与钎料和母材的成分有关。

表 8.3　氧化物弥散强化材料钎焊用钎料的成分　　（质量分数/%）

钎料牌号	钎焊温度/℃	Ni	Cr	Al	Pd	Au	Si	B	Mo	W	Fe	Co	Nb	Cu	其他	文献
PALNIRO1	1175	余量	—		25	50										[11]
PALNIRO7	1065	余量	—		9	70										[11]
Pd-Ni	1245	余量			60											[11]
J8100	1175	余量	19				10									[11]
CM50	1065	余量					3.5	1.9								[11]
NX77	1190	余量	5				7	1.0		1			1			[10]
NSB	1290	余量					2	0.8								[10]
TD-5	1315	余量	22				4		9			22	1.5			[11]
TD-6	1300	余量	16				4		17	5	4~7					[11]
TD-20	1300	余量	16				4		25	5						[11]
—	1160~1190	余量	19				10.0									[24]
—	1300	余量	16				4.3		25.5	4	17					[24]
—	1240	—									—	79	21			[24]
—	1200	10												90		[24]
B-2	1290	余量	19.8	4.2			0.6		30.1							[25]
NASA18	1280	余量	15.9	8.6			4.5		15.6							[25]
NASA21	1260	余量	16.4	7.0			5.4			12.6						[25]
NASA22	1320	余量	15.9	4.3			1.9			15.5						[25]
B-93	—	55	14	3.0			4.5	0.7	4	4		9.5			4.9Ti	[26]
H-33	—	17	19				8	0.8		4	51					[26]
RA333	—	45	25				1.5		3	3	18	3			1.5Mn	[26]
AM788	1260	21	22				2	2		14	余量				0.03La	[27]

　　由 Kirkendall （科肯德尔）效应引起的孔洞（见图 8.6）在 TD-Ni 合金中表现出的比在 TD-NiCr 合金中严重。使用诸如 TD-6 和 TD-20 钎料进行钎焊，孔洞数量可能减少。这是由于这些钎料中含有 Mo 和 W 元素，能够降低扩散速率。TD-6 钎料被认为最适合钎焊 TD-Ni 和 TD-NiCr 合金[3,9]。

　　通常，钎料中存在高含量的贵金属元素会导致 TD-Ni 及 TD-NiCr 合金的严重侵蚀[3]。在 IN853 合金中已经发现了这种趋势，IN853 合金用 60Pd-40Ni 钎料进

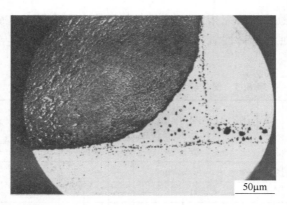

图 8.6 在静止空气中在 1200℃暴露 500h 后 TD-NiCr 钎焊接头组织，
显示出内氧化和孔洞，钎料为 TD-5（文献 [11] 中 875 页图 14）

（经 Gordon and Breach，Science Publishers 同意引用）

行钎焊后，遭受了严重的侵蚀[24]。如 TD-20 钎料中高含量的 Mo 也会引发 TD-NiCr 合金的过度侵蚀[11]。

Yount[11]证实，在使用含 Cr 和 Si 的钎料时，存在明显的钎料/TD-Ni 合金界面的选择性氧化。这归因于少量 Cr、Si 的扩散，从而降低 Ni 的抗氧化性。

TD-Ni 合金钎焊接头的分层现象如图 8.7 所示。钎料中的 C 向 TD-Ni 合金扩散，TD-Ni 合金随后与氧气发生反应，形成 CO 或 CO_2，这些气体的压力造成晶界分离，进而形成分层。而低 C 含量的钎料能够避免形成分层，使用诸如 TD-6 和 TD-20 钎料会更有效，这是因为这些钎料中的 Wo 和 Mo 能够降低 C 向 TD-Ni 合金的扩散速率[11]。

除上述问题外，在钎料/母材界面还有可能出现一定量的二氧化钍颗粒聚集。

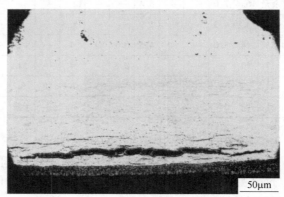

图 8.7 在静止空气中在 1093℃暴露 100h 后 J8100/TD-Ni
钎焊接头中出现分层（文献 [11] 中 872 页图 11）

（经 Gordon and Breach，Science Publishers 同意引用）

为了限制二氧化钍颗粒聚集，而调整连接工艺，接头的可靠性就无法得到保证。由于消除了二氧化钍颗粒周围的应变和相关的位错网，钎焊接头的力学性能在聚集出现前就会出现明显的下降[11]。

最近开发的 TD-NiCrAl、HDA8077 及 MA953 合金的钎焊必须格外关注。为了提高抗氧化性，这些合金含有 Al 元素，并能形成具有保护性的氧化膜。氧化膜主要影响钎料的润湿性和流动性，从而导致钎焊困难。TD-6、B-2、NASA18、NASA21 及 NASA22 钎料被认为适合 TD-NiCrAl 合金的钎焊。TD-6、B-2 及 NASA18 钎料在重熔温度、反应活性、润湿性及流动性方面本质上具有相当的钎焊特性[25]。

但经 Biley[26] 和 Kelly[27] 证实，TD-6 钎料似乎并不适合 HDA8077、MA754、MA953 及 MA956 合金的钎焊，因为它会导致在这些合金中形成一定的孔洞或侵蚀。TD-6 钎料所需的高钎焊温度（约 1300℃）可能是导致这些问题的原因。H-33钎料在钎焊 MA953 合金时给出了满意的结果，但不适合 MA956 合金的钎焊。HDA8077 和 TD-NiCrAl 合金用 B-93 钎料可以成功地进行钎焊。RA333 钎料似乎适合与 MA956 类似的合金的钎焊。用 AM788 钎料对 MA754 合金进行钎焊，显微组织的损伤最小。

对于氧化物弥散强化合金钎焊的强度，用 TD-6 钎料钎焊 TD-NiCr 合金得到了很好的结果。在 Yount 评估钎焊 TD-NiCr 合金的不同钎料中[11]，TD-6 钎料使TD-NiCr 合金在 1093℃ 的钎焊强度最高。然而，随后开发的 NASA18 和 NASAB-2钎料[28]（见表 8.4）具有更好的接头性能。在常温和 1093℃ 下的拉伸和持久试验中，使用 NASA18 钎料的钎焊接头强度与使用 TD-6 钎料的相当甚至更高，1093℃ 的钎焊接头的持久强度要比使用 TD-6 钎料的高出将近 50%。NASA18 钎料的这种相对优势可归因于较低的侵蚀性以及含有 8%（质量分数）的 Al，后者提高了强度和抗氧化性。在钎焊 TD-NiCrAl 合金时 TD-6、B-2 及 NASA18 钎料保证了相同的持久性能，即在 1093℃、100h 时持久强度为 21MPa[25]。

表 8.4 TD-NiCr 合金钎焊接头的持久性能对比[28]

钎料牌号	σ/MPa	τ/h	断裂位置
NASA18	34.5①	187.1	
	48.3①	49.5	
	62.1	5.1	钎焊焊缝和钎焊影响区
NASA B-2	34.5①	142.7	
	48.3①	46.4	
	62.1	0.003	钎焊影响区
TD-6	34.5	0.2	钎焊焊缝
	48.3	1.8	钎焊焊缝

①在这几组试验中试样并未断裂，而是以更高的应力继续试验。

用 AM788 钎料可以实现 MA754 合金的钎焊，钎焊接头在 982℃、1000h 的持久强度为 97MPa，而在 1093℃下、1000h 的持久强度为 34.5MPa。对于服役温度限制在 982℃的制件，可以使用较便宜的 B-93 钎料，其钎焊接头在 982℃的力学性能与使用 AM788 钎料的相当[27]。

在最近对 MA956 合金的研究中[3]，Kelly 证实，用 METGLAS BNi-1a 作为钎料可以得到可接受的持久性能（在 1093℃，1000h 持久强度为 34.5MPa）。使用相同的钎料将 MA956 合金和 Hastelloy X 合金钎焊在一起，其钎焊接头在 1093℃的持久性能与 Hastelloy X 合金的相同。在 10^{-6}Torr(1Torr = 133.322Pa) 真空下用 METGLAS 带钎焊时，在钎焊前焊件要进行磨光和丙酮擦拭处理。如果钎焊接头要在 1093℃下服役，钎焊后要在 1093℃下进行 2h 的扩散处理。

尽管取得了上述可喜的成果，但氧化物弥散强化合金的钎焊接头最高服役温度仍受限制。这主要归因于其根本上的缺点，即钎料不含有弥散强化颗粒或不具有高温强度所需的粗大的伸长晶粒组织。

8.2 固态连接

8.2.1 扩散连接（扩散焊）

扩散连接是一种将两个洁净的平整表面在高温下通过施加压力连接的固态连接方法。温度通常在 $(0.5 \sim 0.8) T_M$ 范围内。压力大小达到使配合面紧密接触，而又不引起宏观塑性变形。高温合金和氧化物弥散强化合金一般在真空或惰性气氛下进行扩散连接。通常用热压或热等静压来达到所需的压力。热等静压扩散连接的工序在图 8.8 中进行了表述[29]。

像其他固态连接技术一样，扩散连接最重要的优势是不发生熔化。偏析、开裂以及残余应力都得到有效的消除。弥散材料或纤维强化材料可以在不降低强化相的强化效果和保持晶粒组织的情况下进行连接，而且还可以进行大面积的连接。

据 Owczarski[30] 的研究，扩散连接过程分为三个阶段，如图 8.9 所示。第一个阶段大多瞬间发生，表面凹凸发生塑性流变，伴随表面氧化膜破裂或位移。在第二阶段，时间相关的蠕变变形使界面紧密接触。在最后阶段发生扩散过程，导致原始界面消失。这可能是借助于再结晶和穿过界面的晶粒长大，以及通过界面污染物的固溶或弥散，或者通过原子沿原始界面的简单扩散发生的。

Derby 和 Wallach[31] 提出了更加严谨的理论模型。利用这个模型，扩散连接过程的各个阶段和各种机制的相对作用可以通过时间、温度、压力、初始表面粗糙度以及初始表面纵横比来确定。图 8.10 所示的六种基本传质机制被认为是可能存在的。综合这些单独机制的作用，可对扩散连接过程的总速率进行预测。

虽然扩散连接工艺参数和材料性能对连接强度的影响难于进行概括性的说

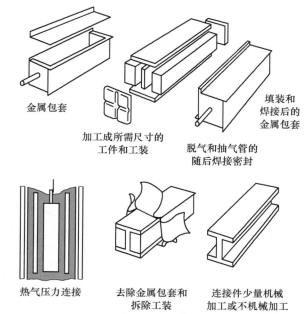

图 8.8　气压扩散连接示意图[29]

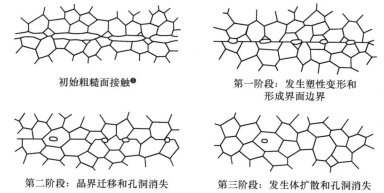

图 8.9　扩散连接三阶段机制模型[30]

明，但一些趋势还是比较明确的[32,33]：

（1）相对较小的温度变化会对过程动力学产生明显的影响。温度是影响最大的参数，因为它决定了接触面积的大小和扩散速率。

（2）增加保温时间和压力会使接头强度增加，并达到某一个极限，之后强度不再增加。

---

　❶　译者注：装配状态。

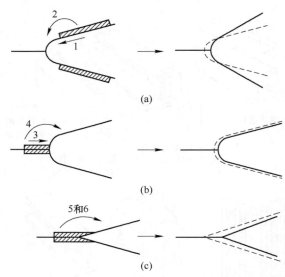

图 8.10 扩散连接过程示意图，显示出了六种传质机制的扩散路径[31]
(a) 表面源机制 (1 和 2)；(b) 连接区源机制 (3 和 4)；(c) 整体变形机制 (5 和 6)
(经 Metals Society 同意引用)

（3）对任一给定的温度和保温时间，增大压力通常会改善连接质量，但压力过大可能会引起开裂[34]。细晶粉末高温合金所需连接压力要远小于粗晶铸态合金的压力，这是由于细晶粉末高温合金在高温下具有较低的流变应力。在连接两种非常硬的合金时可以使用软的中间层（例如连接镍基高温合金时使用镍中间层），保证界面在不大的压力下有良好的接触。中间层的化学成分和厚度是控制接头力学性能的重要因素[35,36]。同时，中间层的热膨胀系数必须与母材的接近。

（4）太粗糙的表面会妨碍连接[33]，因此，为保证可靠的连接，需要一个最佳表面粗糙度[37]。

（5）在异种合金接头，出现由扩散速率不同产生的接头孔洞，形成脆性金属间相和低熔点相[32]。选取的连接条件要与母材的成分相匹配，这样可以使这些不利的影响降至最小。

尽管扩散连接方法原则上比较简单，但由于工装制造、焊前准备、工艺参数的控制带来的困难，在实践中是较为复杂的[30]。当复杂形状的低强度零件经受连接所必需的应力和温度时，存在过度变形的危险。工艺周期长是另一个明显的缺点。还需要进一步开发这种连接接头的无损检测技术，因为用常规的方法很难检测出这种接头中产生的缺陷[38]。

8.2.1.1 常规高温合金和粉末高温合金的扩散连接

高温合金扩散连接的难易程度明显地受到合金中（Al+Ti）含量的影响，因为这些元素会形成坚固的表面氧化物，阻碍扩散连接过程。Fe 含量过高会产生有害影响，而 Cr、Nb、Mo 及 Co 的影响比较小[39]。

　　在高温合金扩散连接时，Ti(C,N) 和 NiTiO₃ 颗粒沿着连接工件的界面优先析出，极大地降低了接头强度。在初始表面上偏析的 C 和/或 N 与合金中的 Ti 相结合，形成这些稳定的析出物。被这些析出颗粒钉扎的界面保持平面状，是裂纹形核的优先位置[35]。

　　在 H₂–HCl 气氛中进行连接表面处理，导致 Ti 和 Al 贫化，是一种防止此类析出的有效方法[40]。贫化能够进行是因为氯化钛和氯化铝要比氯化氢更加稳定，并且在高温下易挥发。图 8.11 说明了 HCl 表面处理对热等静压固结的 IN100 合金扩散连接特性的影响。在扩散连接区预处理的表面形成了很好的再结晶组织，而未处理的材料则出现了明显的 TiC 界面析出。另一种方法是使用金属箔或电镀涂层作为金属中间层将母材中的 Ti 和表面污染物隔离，降低污染物的浓度[35]。

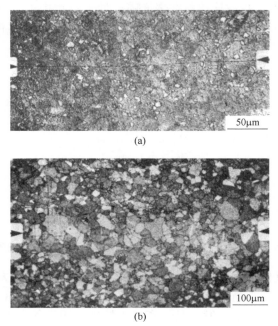

图 8.11　HCl 表面处理对热等静压固结的 IN100 合金扩散连接特性的影响
（a）无 HCl 表面处理，在 1473K、2MPa 下进行 4h 扩散连接，随后在 1473K 下进行 4h 退火处理；
（b）经 HCl 表面处理的扩散连接（文献［40］中图 11 和图 12）
（经 the Metals Society 同意引用）

　　这种析出现象似乎类同于高温合金粉末在固结过程中所产生的原始颗粒边界碳化物析出。在粉末高温合金中，特别是那些设计在热等静压固结状态使用的粉末高温合金，出现原始颗粒边界碳化物析出的趋势很小，易于进行扩散连接，这是由于这类合金的成分已经预先细心调配，以抑制 Ti(C,N) 析出。例如，挤压+等温锻造的 IN100 合金扩散连接时需要中间层，而热等静压固结的 MERL76 合金则不需要[18]。

在低于 γ′ 相固溶温度下扩散连接，镍中间层可能会导致形成由大量 γ′ 相颗粒组成的几乎连续的薄层，造成一些像 Ti(C, N) 析出相那样的不利影响。Ni-Co 合金中间层能够避免这类问题的产生，因为 Co 能够局部降低 γ′ 相固溶温度，阻碍 γ′ 相析出[35]。

8.2.1.2 氧化物弥散强化合金的扩散连接

在氧化物弥散强化合金扩散连接时，连接接头具有良好的高温强度。但到目前为止，虽然在 TD-Ni[42] 和 TD-NiCrAl 合金[43] 方面有一定的研究信息报道，但大多数的研究还是集中在 TD-NiCr 合金[10,11,34,41]。

在扩散连接商业 TD-NiCr 合金时，在连接界面处形成细小的再结晶晶粒组织，如图 8.12 所示。扩散连接前在表面喷砂处理过程中配合面通常经受冷加工变形，以及在连接过程中表面凹凸的强烈变形，这些都会引起再结晶现象，导致剪切断裂强度降低[10]。

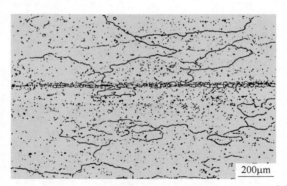

200μm

图 8.12 TD-NiCr 合金扩散连接接头处的再结晶组织[3]

连接前，通过修平表面凹凸以及用电解抛光或化学抛光方法去除加工硬化层，可以防止形成细小晶粒。但在这种情况下，因商业 TD-NiCr 合金的显微组织在焊接温度下很稳定，不会发生晶粒穿过连接界面明显长大。Holko 和 Moore[34] 研究表明，在"特殊处理"情况下对 TD-NiCr 合金进行扩散焊，这种问题得到了解决。特殊处理的材料主要是未经最终再结晶退火的 TD-NiCr 合金。在扩散焊过程中 TD-NiCr 合金发生再结晶，导致晶粒穿过连接界面强烈长大。

特殊处理的 TD-NiCr 合金经过用 600 目（23μm）砂纸打磨+电解抛光的表面处理，两步焊接（在 705℃，210MPa 下保温 1h+在 1190℃、15MPa 下保温 2h）后，其接头强度达到了母材的强度。但这种表面处理技术并不总是容易重现。而且连接周期长，还需要能承受高温的工具。

一种改进技术包括用 320 目（45μm）砂纸打磨+化学抛光的预连接表面处

理[41]。随后进行一步连接（在 760℃、140MPa 下保温 1h）和在 1180℃ 保温 2h 的焊后热处理。两步技术和改进技术得到的接头，其 1100℃ 的剪切应力断裂性能与母材相当。这种改进技术已经应用于特殊处理的 TD-NiCr 合金和商业合金的连接，得到了很好的效果。

在 TD-NiCr 合金和铸造合金 B1900 之间尝试进行了热等静压扩散连接，但这种接头没有通过热疲劳试验[29]，其具体原因作者尚未给出解释。

总之，在 TD-NiCr 合金扩散连接时接头强度主要取决于连接前母材合金的状态（商业合金或未再结晶合金）及表面处理方法。在化学抛光前用 320 目（45μm）砂纸打磨，可以降低板材的表面波度、厚度的不均匀性和表面粗糙度，保证了对特殊处理的 TD-NiCr 合金和商业 TD-NiCr 合金进行可重复的扩散连接，消除了过量的变形和未焊合区。通常建议在非氧化性气氛下进行在 1180℃ 保温 2h 的焊后热处理，以产生再结晶及穿过连接界面的晶粒长大[41]。

TD-Ni 合金的扩散连接不如 TD-NiCr 合金那样成功。经过各种表面处理的TD-Ni 合金，在热等静压连接的对接焊缝处存在再结晶区域，在该区域发生了二氧化钍的贫化和聚集。尽管在室温下接头强度能达到母材的强度，但导致在 1093℃ 下的力学性能变差。在 1093℃ 的拉伸试验中，使用钴合金和 Hastelloy X 合金中间层，接头强度系数分别为 100% 和 87%，但这些接头的持久性能很差[42]。

对特殊处理的 TD-NiCrAl 合金经电解抛光表面处理，用真空热压法实现扩散连接[43]。在温度 990℃、压力 69MPa、扩散焊时间 4h 的条件下得到了最佳的结果。TD-NiCrAl 和 TD-NiCr 合金接头在 1100℃ 下的缺口剪切应力断裂性能的对比，如图 8.13 所示。

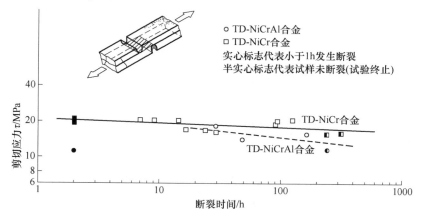

图 8.13　0.4mm 厚 TD-NiCrAl 和 TD-NiCr 合金板材的热压焊件
在 1100℃ 下的缺口剪切应力断裂性能[43]
（经 NASA 同意引用）

8.2.2 惯性摩擦焊

在这种焊接方法中，工件的一部分（旋转部分）用卡盘或夹头固定在一个可更换的飞轮上，飞轮安装在旋转轴上。工件的旋转部分通过旋转轴首先加速到预定的转速。焊接开始时，将工件的另一部分（非旋转部分）向旋转部分移动，并与其相接触，接触面上的压力保持恒定，同时关掉传动电源（或将飞轮与传动装置脱开）[44]。

可以用三阶段模型表征惯性摩擦焊的机制，如图 8.14 所示。第一阶段主要是干摩擦和磨损。此时扭矩快速达到峰值。同时温度也会急剧上升，引发材料的热软化，扭矩曲线略有下降。第二阶段表现出应变强化和热软化之间的平衡，扭矩水平实际上保持不变。在第三阶段，转速和温度持续降低，发生扭锻和强化，焊缝处材料逐渐强化使扭矩达到另一个峰值。从焊接界面中心，材料以螺旋路径流出产生不断扩大的热影响区，变形量持续增加。残余杂质或氧化物从焊接界面被排除，裸露出洁净的接触表面。在焊接停止后轴向压力通常维持很短的时间[45]，但在这段时间前连接就已经完成[46]。尽管一般认为这种连接是在固态下发生的，但根据 Adam[45] 的研究，可能形成部分界面熔化层。焊接参数对接头质量的影响归类总结在表 8.5 中[46]。Adam 还对惯性摩擦焊参数的影响做了进一步

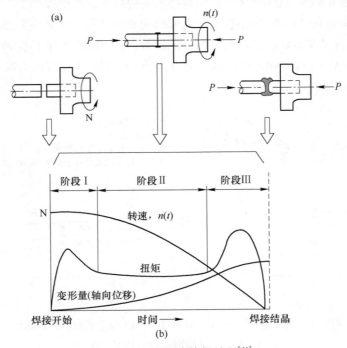

图 8.14　惯性摩擦焊过程[44]

（经 the American Welding Society 同意引用）

研究[47]。在飞轮能量低、轴向力大的情况下，Waspaloy 合金焊接接头表现出最高的抗拉强度和最长的蠕变断裂寿命。

表 8.5   惯性摩擦焊参数对圆截面工件接头质量的影响[46]

参数	最佳值的偏差	
	太大	太小
飞轮的质量	接头断裂，不完全连接	界面超温
转速	热影响区狭窄，热影响区超温	不完全连接，变形量不足
轴向力	接头断裂，变形量过大	界面超温，变形量不足，热影响区宽大

在焊接参数选择得当的条件下，惯性摩擦焊方法能够得到几乎不存在气孔和微裂纹的焊接接头。这种焊接是可再现的，在某些应用中焊接不合格率几乎为零[48]。

在航空发动机领域，摩擦焊常用于零件制造的初期，其目的是要留有足够的材料来承受高的轴向力和防止旋转所需的夹持力。在焊接时产生的任何几何尺寸的不匹配都可以在后续成品件的机械加工过程中进行校正。然而，摩擦焊接头的机械加工是比较困难的，尤其是当盘件和轴焊接到一起时。为了调整焊接造成的不同轴，必须对轴的内部，也可能对盘件进行焊后机械加工，然而这带来了进入成品组件内表面的问题[48]。

对低联结强度的惯性摩擦焊接头的检测，目前尚无令人完全满意的无损检测方法。因此，质量保证必须基于一个过程监控系统，能够检查每个组件的焊接参数是否在公差带范围[48]。

8.2.2.1   常规高温合金和粉末高温合金的惯性摩擦焊

IN718、René77、René95、U700 及 Waspaloy 合金属于变形高温合金中几种能够成功进行惯性摩擦焊的合金[46,49,50]。据报道，这几种合金的焊接接头的力学性能都比较优异，多数情况下几乎与母材相当。然而，在铸造高温合金焊接时，即便是采用惯性摩擦焊仍然存在一些基本问题[51]。在 MAR-M246 铸造合金和 IN718 合金连接时就遇到了困难，由于铸造组织的低热塑性，造成比变形高温合金难于进行塑性变形，导致了高的残余应力。这些不利因素以及铸造组织中粗大碳化物的存在，导致焊接接头开裂敏感性很高。

惯性摩擦焊已经应用于粉末高温合金，如 René95 合金[52]。因晶粒细小，粉末高温合金在焊接温度下具有足够高的塑性。而且，由于流变应力较低，可以显著降低焊接压力。

8.2.2.2   氧化物弥散强化合金的惯性摩擦焊

在 TD-Ni 合金相互焊接或 U700 与 TD-Ni 合金焊接时采用惯性摩擦焊并不成

功[53]。这种焊接方法固有的严重局部变形破坏了原始的织构组织，导致 TD-Ni 合金在焊后加热过程中产生了再结晶带。

8.2.3 其他固态连接技术

电阻点焊和爆炸焊通过工艺控制可以进行固态连接[11,43,54]。在适用的情况下，电阻点焊由于经济优势而具有吸引力，非常适合于批量生产。闪光对焊不完全是固态焊接过程，但产生的焊缝一般不具有铸造组织[3]。

不期望这些方法在制造粉末高温合金高性能部件方面有重大的应用，但由于在这些方法中抑制了熔化，使氧化物聚集降至最低，这些连接方法对氧化物弥散强化合金的连接是有益的。

与扩散焊的情况一样，特殊处理的 TD-NiCr 合金电阻点焊时，接头的剪切应力断裂强度达到了母材的剪切应力断裂强度。在商业 TD-NiCr 合金电阻点焊时穿过连接区的晶粒长大程度还不够。商业 TD-NiCr 合金固态电阻点焊接头的高温力学性能多少要比最小热输入熔化电阻焊的低。然而，固态连接方法仍然是比较好的，这是由于它保留了 TD-NiCr 合金的组织，保证了焊缝显微组织具有较好的可重现性[54]。

0.4mm 厚的特殊处理的 TD-NiCrAl 合金的板材其单点焊的连接质量良好[43]，这是因为穿过连接区存在明显的晶粒长大以及不存在细小的再结晶晶粒。但相比点焊同厚度的 TD-NiCr 合金板材，其剪切应力断裂强度低了很多，如图 8.15 所示。TD-NiCrAl 合金板材电阻缝焊没有给出满意的结果，因为连接区是个稳定的晶界，穿过连接界面不发生晶粒长大[43]。

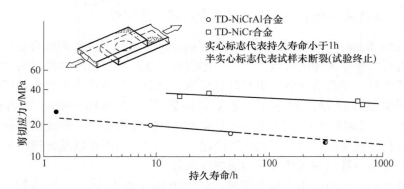

图 8.15　0.4mm 厚 TD-NiCrAl、TD-NiCr 合金板材电阻点焊接头 1100℃的剪切应力断裂性能[43]

（经 NASA 同意引用）

在爆炸焊商业 TD-NiCr 合金时，由于接头区存在严重的冷加工，在焊后热处理过程中沿焊接接头形成了细小的再结晶晶粒组织。因此，其1093℃的持久性能较差[11]。对 TD-NiCr 合金进行闪光对焊，在室温拉伸试验时沿母材发生断裂。但由于显微组织分层和二氧化钍颗粒聚集，持久强度只达到了母材的一半。1.25mm 厚的焊接合金板材在 1093℃、27MPa 下的持久寿命达到了 200h[3]。

8.3　瞬时液相连接

在该方法中，在连接件之间放置精选成分的薄中间层，在轻微压力下将连接件固定在一起。在真空或氩气气氛下将组件加热至连接温度。所发生的连接的四个阶段如图 8.16 所示。中间层先熔化，然后熔体填充贴合面之间的间隙，形成薄液态金属层。当保持在连接温度时，在液态中间层和母材之间发生合金元素的快速扩散。在界面区成分的变化使接头进行等温凝固，从而实现连接。等温凝固后焊缝的显微组织与母材的基本一致。等温凝固后在连接温度下继续保温一段时间，可以实现进一步均匀化[55]。

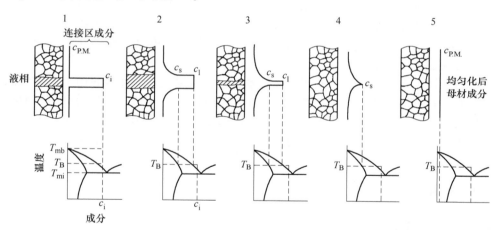

图 8.16　瞬时液相连接过程中等温凝固机制[55]

1—加热至连接温度：中间层熔化；2—母材溶化，液相浓度由 c_i 稀释至 c_l，然后开始等温凝固；

3—在温度 T_B，扩散导致连续凝固，溶质原子进入液相结束；

4—在温度 T_B，凝固结束，在连接区没有第二相形成；5—补充退火使连接区均匀化；

$c_{P.M.}$—母材成分；c_i—中间层成分；c_s—母材成分变化；c_l—中间层成分变化；

T_B—连接温度（等温凝固温度）；T_{mb}—母材的熔化温度；T_{mi}—中间层的熔化温度

因此，瞬时液相连接是一种"液相扩散连接技术（liquid-phase diffusion bonding technique）"，结合了炉内钎焊的制造简易性和固态扩散焊（solid-state diffusion welding）的高连接强度。已经开发出了几种与瞬时液相连接相类似的连接技术，主要有"活化扩散连接（activated diffusion bonding）"、"扩散钎焊（diffusion brazing）"及"共晶连接（eutectic bonding）"[30]。

在瞬时液相连接 U700 合金时，例如应用 Ni-15Cr-15Co-5Mo-2.5B 合金作为中间层材料。Cr、Co 及 Mo 含量与 U700 合金中的含量保持一致。中间层中不存在的 Al 和 Ti，在连接过程中向接头扩散[55]。

瞬时液相连接不需要使用太高的压力，因而也就不需要专用的工装。此外，由于在等温条件下发生凝固，避免了溶质偏析的不利影响。主要困难在于，中间层既要足够薄，以形成均匀的接头，同时又要足够厚，使工艺在实际过程中可以实现[55]。

据称，在大多数镍基、钴基及铁基高温合金连接时，连接强度可以达到基材合金的强度。然而，为达到能与固态扩散连接相当的接头质量和均匀化水平，可能在瞬时液相连接时需要更长的时间和/或更高的温度[18]。

目前为止，这种方法的商业化应用只适用于常规高温合金。当应用于粉末高温合金时，需要精心选择连接参数和中间层成分，因为就像在钎焊中，B 元素向细晶粉末高温合金中的快速扩散，产生接头孔洞[18]。

由于硼化物、铝化物及碳化物的存在使中间层变脆，造成难以成形。目前正在研究的一种方法是使用若干薄的塑性中间层，其每一层都不含这些硼化物、铝化物及碳化物[56]。将这些薄的中间层放置在一起，在连接过程中共同熔化。熔化后得到连接所要求的成分。

另一种正在研究的瞬时液相连接技术，包括至少在一个连接表面上电镀镍涂层，有时附加铬涂层[57]，使连接面的组成与母材相似。随后涂层进行部分硼化，使涂层中 B 含量（质量分数）达到 2%~4.5%，从而使其熔化温度低于高温合金的熔化温度。当组件加热至中间层熔化温度以上时，这种涂层作为中间层可以实现瞬时液相连接。

8.4 应用

8.4.1 整体转子系统

以前，燃气涡轮转子的压气机盘和涡轮盘是采用机械紧固技术进行装配的。但是这种装配方法在长期服役过程中会引发问题。此外，还增加了转子的质量、复杂性及成本。在理想条件下，转子应该是一体的，以保证尺寸的稳定性，减小质量以及最小的应力集中[46]。

通用电气公司采用成形和连接组合工艺生产 IN718 合金和 René95 粉末高温合金的整体转子[46,52]。该方法的示意图如图 8.17 所示。

扩散焊和瞬时液相连接也被认为是制造"鼓筒式"转子或整体多级转子有前途的方法。例如，采用扩散焊将单独盘件连接在一起，成功地制造出了粉末高温合金 IN100 的五级亚尺寸转子[18]。

8.4.2 双性能涡轮（dual-property turbine wheels）

小型整体带叶片的转子通常用精密铸造方法生产，精密铸造是小型复杂部件

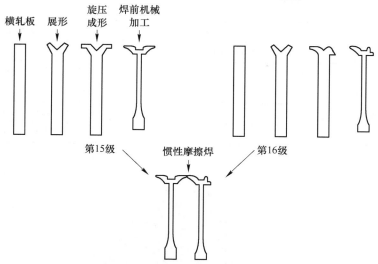

图 8.17 用横轧板制造整体转子方法的示意图[46]

最经济的生产方法。这种技术可能对盘和叶片的力学性能和承温能力有一定的限制。利用不同的工艺分别生产盘和叶片，然后用固态焊的方法将他们连接在一起，将显著提高转子的寿命和承温能力。

在底特律柴油机阿里逊公司（Detroit Diesel Allison），用热等静压扩散焊方法将 MAR-M246 合金的整体铸造叶片环和 PA101 合金的近净形盘连接在一起[58]。叶片环和盘通过热压连接在一起，用硼和硅改型的 MAR-M247 合金粉末钎料进行钎焊。真空钎焊（在 1218℃保温 30min+在 1093℃保温 10min+在 1149℃保温 1h）后，钎焊密封的叶盘组件在 1218℃ 和 103.4MPa 下进行 3h 的热等静压扩散连接，获得了优良的冶金连接，接头强度系数接近 100%，见表 8.6。用这种方式生产的涡轮如图 8.18 所示。

表 8.6　PA101/MAR-M246 双性能涡轮典型的力学性能[58]

试样类型	拉伸性能					持久性能			
	$T/℃$	$\sigma_{0.2}/MPa$	σ_b/MPa	$\delta/\%$	$\psi/\%$	$T/℃$	σ/MPa	τ/h	$\delta/\%$
PA101/MAR-M246 接头	20	—	881.1	—	—	649	758.3	977.2[①]	—
	649	—	886.6	—	—	704	654.9	123.8	
						760	517.1	254.8	—
						816	344.7	56.0	
PA101 母材	20	945.2	1472.6	15.3	14.1	643	861.8	98.4	5.3
	649	896.9	1315.4	10.3	13.0	760	586.0	69.6	10.0
	760	875.5	1087.9	11.4	15.3				

续表8.6

试样类型	拉伸性能				持久性能			
	$T/℃$	$\sigma_{0.2}/MPa$	σ_b/MPa	$\delta/\%$	$\psi/\%$	$T/℃$	σ/MPa	τ/h	$\delta/\%$
MAR-M246母材（铸造试棒）	20	790.7	839.7	4.4	4.1	760	723.9	49.0	6.6
						871	413.6	78.7	17.0
						927	268.9	151.6	15.3
						982	220.6	40.1	18.0

①试样停止试验。

图8.18 用热等静压扩散连接方法制造的双性能涡轮[58]

（经 the American Society for Metals 同意引用）

若单晶或定向凝固叶片用于双性能涡轮，叶片要单独生产，然后用夹具固定，钎焊成叶片环，最后将叶片环扩散连接至盘上。另一种方法不需要使用固定装置[59]，将部分固定叶片的组件作为涡轮的组成部分。这种技术包括：制造带榫头的叶片和其圆周带有定位槽的叶片支撑环，然后将叶片安装在这些槽内，最后进行钎焊，如图8.19所示；对支撑环内表面进行加工至露出叶柄后，将叶片环压装至盘上，在外面进行再次钎焊。通过随后热等静压将榫头、支撑环和盘焊接在一起，在相应的界面上产生冶金连接。

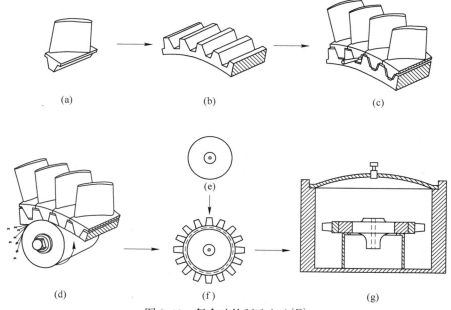

图 8.19   复合叶轮制造方法[59]

盘件的制造以及叶片连接到盘上，按照 Weaver 等人[60] 所描述的方法，可以同时进行。在这种方法中，最终机械加工的叶片插入到有精确的周向间隔的模具中，使叶片根部部分伸到确定盘件形状的模具型腔内。用高温合金粉末填充模具型腔，然后烧结，形成连续的整体，在烧结盘坯和叶片之间形成冶金连接。得到的整体组件再进行热等静压，使烧结转子部分完全致密化。

8.4.3   双性能涡轮盘（dual-property turbine disks）

双性能涡轮的制造正在积极地进行，关于把双合金理念推广到盘件上，在技术上是否可行，目前正在开展研究工作[61~63]。已经尝试了几种材料的组合，结果总结在表 8.7 中。

最有希望的一种组合是热等静压预固结的 AF115 合金轮缘+René95 合金松装粉末轮毂。表面清洁度是实现这类材料可靠的扩散焊接的一个重要影响因素。如果在连接前 AF115 合金的表面准备不充分，在焊后热处理过程中会出现淬火裂纹。尝试用两种不同的松装粉末制造复杂形状盘件尚未成功[61,63]。主要问题在于无法控制两种粉末之间的边界位置，导致粉末相互混合。虽然这种单步技术能改善工艺的经济性，但是应当选择最适宜的热等静压温度，以保证两种合金粉末满意的固结，在界面处形成可靠的冶金连接。只有少数的合金组合可能同时达到这种效果。

表 8.7 不同双合金组合方案对比

双合金部件	轮缘/叶片材料	盘体/轮毂材料	连接条件	结　果	文献
涡轮盘	真空预烧结 Rene95 合金①	Rene95 合金松装粉末	105MPa, 1165℃, 4h	热处理过程中在轮毂和轮缘之间出现淬火裂纹，轮缘材料抗拉强度不足	[61]
涡轮盘	LC Astroloy 松装粉末	MERL76 合金松装粉末	105MPa, 1120℃, 4h	轮毂和轮缘材料力学性能优异，但因粉末易掺于混合，制造复杂形状的盘件未能成功	[61]
涡轮盘	预热等静压 AF115 合金②	Rene95 合金松装粉末	105MPa, 1120℃, 4h	这种组合适合制造双合金盘，力学性能优异，接头质量高	[61]
涡轮盘	真空预烧结 PA101 合金③	MERL76 合金松装粉末	105MPa, 1120℃, 4h	力学性能不足	[61]
涡轮盘	LC Astroloy 粉末	MERL76 合金粉末	140MPa, 1120℃, 4h	长时高温暴露后界面上没有析出有害相	[62]
涡轮盘	LC Astroloy 粉末	Rene95 合金粉末	140MPa, 1120℃, 4h	长时高温暴露后界面上没有析出有害相	[62]
涡轮盘	NASA TRW VIA	Rene95 合金粉末	140MPa, 1120℃, 4h	长时高温暴露后界面上没有析出有害相	[62]
—	AF115 粉末	改型 IN100 合金粉末	100MPa, 1160℃, 3h	接头质量很高，但粉末发生大量混合，因而在宏观尺度上难于控制接头的位置和形状。良好的接头质量是由于压制成形过程中粉末颗粒的变形，导致表面薄膜的破环，提高连接强度，以及粉末混合使两合金在界面处形成机械互锁	[63]
—	预热等静压 AF115 合金④	改型 IN100 合金粉末	100MPa, 1160℃, 3h	接头质量不如粉—粉组合。多数试样在连接界面断裂，导致力学性能差。在界面处未发现孔洞，新相或异常显微组织。接头质量差归因于界面存在机械互锁和或在此连接条件下界面互扩散不充分	[63]
—	定向凝固共晶 γ/γ′-δ	IN100 合金粉末	100MPa, 1135~1230℃, 3h	因两种合金成分差异很大，在固结过程中合金元素发生快速互扩散，形成了新相和复杂组织。接头力学性能很差，在非常低的应力情况下在扩散区发生断裂	[63]
涡轮叶盘	铸态 MAR-M246 合金	预热等静压 PA101 合金④	104MPa, 1218℃, 3h	满意的力学性能（见表8.6）	[58]

① Rene95 合金在1265℃、6h 下预烧结。② AF115 合金在105MPa、1190℃、4h 下预烧结。③ PA101 合金1260℃、6h 下预烧结。④ 固结条件未知。

8.4.4 叠片涡轮（laminated turbine wheels）

航空研究制造公司（AiResearch Manufacturing Company，美国）利用将硼元素直接扩散到连接表面的方法来制造空冷叠片轴流式涡轮[22]。对每一个薄片进行光蚀刻来提供冷却通道，然后将一系列薄片堆叠在一起来制造涡轮。薄片将硼添加到连接表面。叠合的薄片层经固定，采用适当的连接工艺，得到的连接组件含有内部冷却通道，因而不需要铸造单独的叶片和将其固定在盘上。用这种方法制造的涡轮的基本轮廓，如图 8.20 所示。

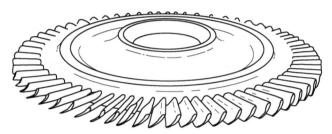

图 8.20 由薄片直接连接制造的涡轮轮廓[22]

（经 the American Welding Society 同意引用）

8.4.5 涡轮工作叶片和导向叶片

8.4.5.1 双性能涡轮工作叶片

有人提出[64]，大型工业燃气涡轮工作叶片可以基于双性能原理进行制造。叶冠部分可制造成粗晶组织，也可以是定向组织，以保证其高温性能，而叶身和榫头部分用粉末冶金方法制造成具有高抗拉强度的细晶显微组织。等静压连接作为制造这种结构的一种有潜力的方法，目前正在研究当中，比如将粉末高温合金 AP1、PA101 与定向凝固高温合金 René80H、MAR-M200+Hf 进行等静压连接[65]。

8.4.5.2 薄片涡轮工作叶片（wafer turbine blades）

快速凝固高温合金粉末的特性、性能和优点在前面已经提及过。目前正在研究利用这类合金制造空心涡轮叶片。通过连接若干个含有复杂冷却通道的平薄片制造空心涡轮叶片[66]。在 TZM 钼合金模具中通过真空等温热压进行薄片的连接。由板材制成薄片，用机械加工得到冷却通道，然后将薄片组装并连接在一起。随后热处理得到并行排列的晶粒组织，利用电化学加工得到最终叶片的内部冷却通道和空气动力学外形。这种方法使叶片具有很高的冷却效率，由薄片连接技术生产涡工作轮叶片能承受的燃气进口温度达 1800℃，如图 8.21 所示[67]。然而，需要进一步发展该项技术以降低这种叶片的制造成本。

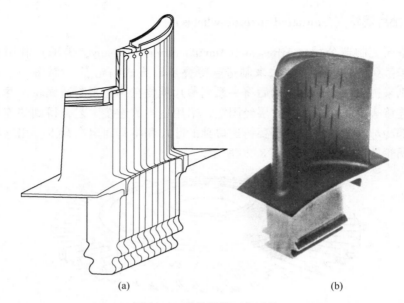

(a)　　　　　　　　　　　　　　　(b)

图 8.21　薄片涡轮工作叶片

(a) 示意图；(b) Ni-Al-Mo 合金制造的叶片[66]

(经 the Metallurgical Society of AIME 同意引用)

参 考 文 献

[1] Hicks, B., in G. W. Meetham (editor), *The Development of Gas Turbine Materials*, Applied Science Publishers, London, 1981, p. 229.

[2] Prager, M. and Shira, C. S. 'Welding of precipitation hardening nickel-base alloys', Welding Research Council Bulletin No. 128, February 1968.

[3] Kelly, T. J. 'Joining of oxide dispersion strengthened alloys, in *Proc. Conf. on Frontiers of High Temperature Materials*, International Nickel Company, New York, 1981.

[4] Owczarski, W. A. *Advanced Manufacturing Techniques in Joining of Aerospace Materials*, Lecture Series No. 91, AGARD, Neuilly-sur-Seine, France, 1976.

[5] Thamburaj, R., Wallace, W. and Goldak, J. A. *International Metals Reviews*, 28, 1983, p 1.

[6] Thamburaj, R., Wallace, W. and Goldak, J. A., in *Powder Metallurgy Superalloys*, Vol. 1, Metal Powder Report Publishing Services Ltd., Shrewsbury, England, 1980.

[7] Thamburaj, R. 'Welding of precipitation hardening nickel-base superalloys', M. Eng. Thesis, Carleton University, Ottawa, Canada, 1979.

[8] Davidson, J. H. and Aubin, C., in R. Brunetaud *et al.* (editors), *High Temperature Alloys for Gas Turbines* 1982, D. Reidel Publishing Co., Dordrecht, The Netherlands, 1982, p. 853.

[9] Boucher, C., Dadian, M. and Granjon, H., Final Report, COST - 50 Project No. F/5,

DGRST Contract No. 79 7 1418, Institut de Soudure, April 1981.

[10] Holko, K. H., Moore, T. J. and Gyorgak, C. A., in *Proc. Second Int. Conf. on Superalloys - Processing*, MCIC, Seven Springs, Pennsylvania, 1972.

[11] Yount, R. E., in G. S. Ansell *et al* (editors), *Oxide Dispersion Strengthening*, Gordon and Breach, New York, 1968, p. 845.

[12] Franklin, J. E. 'Fusion welding of alloy MA 956E by the electron beam and gas-tungsten arc processes', Internal Inco Report, August 6, 1976.

[13] Franklin, J. E. 'Electron beam welding of MA 956E', Internal Inco Report, August 19, 1975.

[14] Kelly, T. J. *Applications of Lasers in Materials Processing*, American Society for Metals, Metals Park, Ohio, 1979, p. 43.

[15] Kelly, T. J. 'The development of a weldable Fe-Cr-Al ODS alloy', paper delivered at 1982 AMS Metals Congress, St. Louis, Missouri, Oct. 23-28, 1982.

[16] Pattee, H. E. 'High temperature brazing', Welding Research Council Bulletin No. 187, September 1973.

[17] Chasteen, J. W. and Metzger, G. E. *Welding Journal*, *Research Supplent*, 58, April 1979, p. 111-s.

[18] Paulonis, D. F. and Owczarski, W. A. 'Joining of PM superalloys', paper presented at the PM Superalloy Technology Seminar, PM80, MPIF/American Powder Metallurgy Institute, June 1980.

[19] Stoll, W., in *Proc. First Int. Conf. on Welding in the Aerospace Industry - Design*, *Materials*, *Welding Methods*, *Maintenance*, Deutscher Verlag für Schweisstechnik GmbH, Düsseldorf, West Germany, 1978.

[20] Draugelates, U., Wielage, B. and Hartmann, K. H. *Welding Journal*, *Research Supplent*, 54. Oct. 1975, p. 344-5.

[21] Weiss, B. Z. ,Steffens, H. D., Engelhart, A. H. and Wielage, B. *Welding Journal*, *Research Supplement*, 59, Oct. 1979, p. 287-s.

[22] Doherty, P. E. and Harraden, D. R. *Welding Journal*, 56, Oct. 1977, p. 37.

[23] *US Patent* 4 250 229, 1981.

[24] Kenyon, N. and Hrubec, R. J. *Welding Journal*, *Research Supplement*, 53, April 1974, p. 145-s.

[25] Gyorgak, C. A., NASA TN D-8064, Sept. 1975.

[26] Bailey, P. G., NASA CR-135269, Oct. 1977.

[27] Kelly, T. J. *Welding Journal*, *Research Supplement*, 61, Oct. 1982, p. 317-s.

[28] Torgerson, R. T., NASA CR-121224, April 1973.

[29] Meiners, K. E., NASA CR-121090, Feb. 1972.

[30] Owczarski, W. A. and Duvall, D. S. 'Advanced diffusion welding processes', paper presented at Seminar on New Trends in Materials Processing, American Society for Metals, Oct. 19 - 20, 1974.

[31] Derby, B. and Wallach, E. R. *Metal Science*, 16, 1982, p. 49.

[32] Gerken, J. M. and Owczarski, W. A. *Welding Research Council Bulletin No.* 109, Oct. 1965.

[33] Owczarski, W. A. and Paulonis, D. F. *Welding Journal*, 60, 1981, p. 22.

[34] Holko, K. H. and Moore, T. J., NASA TN D-6493, Sept. 1971.

[35] Duvall, D. S., Owczarski, W. A., Paulonis, D. F. and King, W. A. *Welding Journal*, *Research Supplement*, 51, Feb. 1972, p. 41-s.

[36] Musin, R. A., Antsiferov, V. N., Belikh, Yu. A., Lyamin, Ya. V. and Sokolov, A. N. *Automatic Welding (USSR)*, 32, 1979, p. 38 (in English).

[37] Mohammed, H. A. and Washburn, J. *Welding Journal*, *Research Supplement*, 54, 1975, p. 302-s.

[38] Bartle, P. M. *Welding Journal*, 54, 1975, p. 799.

[39] Kaarlela, W. T. and Margolis, W. S. *Welding Journal*, *Research Supplement*, 46, 1967, p. 283-s.

[40] Billard, D. and Trottier, J. P. *Metals Technology*, 5, 1978, p. 309.

[41] Holko, K. H., NASA TN D-7153, Feb. 1973.

[42] Moore, T. J. and Holko, K. H. *Welding Journal*, *Research Supplement*, 49, 1970, p. 395-s.

[43] Moore, T. J., NASA TN D-7915, April 1975.

[44] Wang, K. K. and Lin, W. *Welding Journal*, *Research Supplement*, 53, June 1974, p. 233-s.

[45] Adam, P. *Schweissen und Schneiden*, 31, 1979, p. 279.

[46] Stalker, K. W. and Jahnke, L. P. 'Inertia welded jet engine components', ASME Paper 71-GT-33, 1971.

[47] Adam, P. *Schweissen und Schneiden*, 33, 1981, p. 123.

[48] Davies, A. N., in *Exploiting Friction Welding in Production*, The Welding Institute, Cambridge, England, 1979, p. 20.

[49] Weiss, C. D., Moen, L. J. and Hallett, W. M. 'Design considerations in inertia welding of turbocharger and gas turbine components', ASME Paper 71-GT-21, 1971.

[50] Doyle, J. R., Vozzella, P. A., Wallace, F. J. and Dunthorne, H. B. *Welding Journal*, *Research Supplement*, 48, 1969, p. 514-s.

[51] Adam, P., in D. Coutsouradis *et al.* (editors), *High Temperature Alloys for Gas Turbines*, Applied Science Publishers, London, 1978, p. 737.

[52] Sprague, R. A., private communication.

[53] Moore, T. J. *Welding Journal*, 51, 1972, p. 253.

[54] Moore, T. J., NASA TN D-7256, April 1973.

[55] Duvall, D. S., Owczarski, W. A. and Paulonis, D. F. *Welding Journal*, 53, 1974, p. 203.

[56] *British Patent* 1 549 610, Aug. 1, 1979.

[57] *US Patent* 4 208 222, Jun. 17, 1980.

[58] Ewing, B. A., in J. K. Tien *et al.* (editors), *Superalloys* 1980, American Society for Metals, Metals Park, Ohio, 1980, p. 169.

[59] *British Patent* 1 583 738, Feb. 4, 1981.

[60] *US Patent* 4 063 939, Dec. 20, 1977.

［61］ Kortovich, C. S. and Marder, J. M. , NASA CR-165224, Oct. 1981.

［62］ Harf, F. H. , NASA TM-82698, Sept. 1981.

［63］ Law, C. C. and Blackburn, M. J, *Progr. in Powd. Metallurgy*, 35, 1979, p. 357.

［64］ Schilling, W. F. *Metal Powder Report*, 37, April 1982.

［65］ Fairbanks, J. and Schilling, W. F. 'Development of a directionally solidified composite industrial gas turbine airfoil, in *Proc. Second Conf. on Advanced Materials for Directly Fired, Alternate Fuel Capable Heat Engines*, *Monterey*, *California*, August 1981.

［66］ Patterson, R. J. II, Cox, A. R. and van Reuth, E. C. *J. Metals*, 32, 1980, p. 34.

［67］ Cox, A. R. and Billman, L. S. 'Application of rapid solidification to gas turbine engines', ASME paper 82-GT-77, 1982.

9 粉末高温合金的实际应用与经济评价

粉末高温合金的应用取决于力学性能的改善和工艺路线的经济因素。

粉末高温合金的主要冶金优势在于：显微组织无偏析，晶粒均匀，晶粒度在大范围内可控以及热加工操作方便。粉末高温合金还具有通过完善合金成分进一步发展合金的可能，以及在中温和/或高温下具有更高的疲劳强度、屈服强度和蠕变性能。图9.1 给出了通过多种热机械加工技术，粉末高温合金原则上所能获得的显微

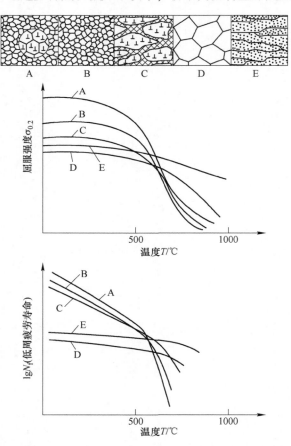

图 9.1　粉末高温合金中可能的显微组织及其对静态和动态力学性能的影响

A—细晶+冷加工组织；B—细晶组织；C—项链组织；D—粗晶组织；

E—粗大的拉长晶粒组织（氧化物弥散强化合金）

组织，以及显微组织对不同温度下的静态和动态力学性能的影响。每个组织都对应有一个最佳力学性能的温度范围，因此，也有一个实际应用的最佳范围。

随着大多数高温合金的发展，航空工业既是粉末高温合金发展的推动力，又是其最终的应用对象。

粉末高温合金目前应用于航空燃气涡轮发动机，也被考虑到未来将用于地面燃气涡轮。粉末高温合金技术发展的主要动力来源，是对在越来越高的温度下具有承温能力的涡轮材料的不断探索。

对粉末高温合金的最初需求起因于先进高温合金大型铸锭中严重的宏观偏析问题。这导致了高温合金粉末在航空发动机盘件上的首次应用，这也是它的主要应用领域。到目前为止，还没有与之相媲美的工艺对其挑战。粉末污染以及与之有关的高温低周疲劳性能降低的问题，使得新型铸造工艺重新受到关注，如真空电弧双电极重熔[1]。粉末盘合金已经在普惠公司和通用电气公司使用，即将被罗罗公司和其他发动机制造商使用。能用于盘件的合金有粉末高温合金 Astroloy（AP1）、改型 IN100、MERL76 以及 René95。用作盘件材料的粉末高温合金的举例如下。

普惠公司：用于 F-100-PW100 发动机的挤压+超塑性等温锻造 IN100 合金（1971 年）；用于 JT8D 发动机的热等静压固结的 LC Astroloy 合金（1977 年）；用于 JT9D-7R4 发动机的热等静压固结+挤压+超塑性等温锻造的 MERL76 合金（1980 年）。

通用电气公司：用于 T700 和 F404 发动机的热等静压固结+锻造的 René95 合金及热等静压固结的 René95 合金（20 世纪 70 年代末）。

目前，已经出现了大量用于生产和加工高温合金粉末的生产设备。表 9.1 列出了已经对外公开宣布或资料记录拥有可用的生产设备的一些公司名单。如果将研究设备的机构也列在内，这个名单还会更长。大量的生产设备既带来了问题也提出了挑战。考虑到目前粉末高温合金的需求，大概两个粉末生产商及数量相当的从事粉末固结的公司就能覆盖整个市场。另一方面，几家公司共同推动粉末高温合金的更多的应用，可能导致快速接受粉末冶金工艺，这可能使粉末冶金工艺成为与传统工艺路线如熔炼、铸造、锻造相当的主要制造路线。

表 9.1 美国和欧洲主要的粉末加工工艺

公 司	粉末制取	粉末固结
美国		
普惠公司（Pratt & Whitney）	快速凝固技术	热等静压，等温锻造，激光熔覆
均质金属公司（Homogeneous Metals）	溶气雾化	
通用电气公司（General Electric Co.）	氩气雾化	
特殊金属公司（Special Metals）	氩气雾化，离心雾化	热等静压

公 司	粉末制取	粉末固结
美国		
凯尔西-海因斯公司（Kelsey-Hayes）	氩气雾化	热等静压
核金属公司（Nuclear Metals）	旋转电极雾化	
坩埚公司（Crucible）	—	热等静压
环球独眼巨人公司（Universal Cyclops）	氩气雾化	大气压固结
卡梅隆铁厂（Cameron Iron Works）	—	挤压
威曼-高登公司（Wyman-Gordon）		热等静压，等温锻造，热模锻造
莱迪什公司（Ladish）		等温锻造
欧洲		
维金合金公司（Wiggin Alloys，英国）	氩气雾化	热等静压，锻造
奥斯普芮公司（Osprey，英国）	氩气雾化	喷射锻造
殷菲公司（Imphy，法国）	旋转电极雾化（CLET 法），氩气雾化	热等静压

常规粉末高温合金用于制造中温涡轮工作叶片和导向叶片在技术上是可行的，且具有一定的优势，但与常规工艺高温合金相比，目前受到高成本惰性气体雾化粉末和预成形坯的制约。

粗晶镍基粉末高温合金在高温航空涡轮工作叶片上的应用具有巨大的潜力。最显著的技术进步是由普惠公司开发的快速凝固技术[2]。它把高温合金合金化的新理念和生产更高效率冷却叶片的新方法结合了起来。所谓的 "薄片方法（wafer process）"[3] 是用薄板或薄片来制造涡轮叶片，这些薄板或薄片可沿径向或弦向排列。

高温合金涡轮工作叶片和整体叶轮一般用精密铸造生产。作为一种净成形方法，精密铸造在经济上具有优势。然而，铸件中孔隙的存在导致疲劳性能非常低[4]。采用粉末冶金技术，能够很好地克服这种技术缺陷。这也就是高强度整体涡轮叶盘采用粉末生产的原因[5]。

氧化物弥散强化合金用于涡轮的最热端具有很大的潜力，但尚未开发应用。目前，氧化物弥散强化合金在航空发动机上最显著的应用有：通用电气公司的F100 发动机的涡轮导向叶片（MA754 合金），如图 9.2 所示[6]；加勒特航空研究公司［Garrett AiResearch，联合信号公司（Allied-Signal）的前身，美国］的涡轮工作叶片（MA6000 合金）[7]；普惠公司设计的复杂燃烧室[8]。罗罗公司和其他发动机制造商一样，正在用 MA6000 涡轮叶片进行试验[9]。

从长远来看，粉末高温合金在地面燃气涡轮上的应用之路还很长。与在航空

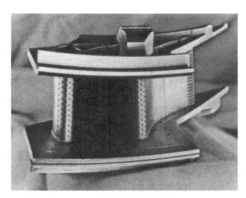

图 9.2 MA754 合金（Huntington 合金）的涡轮导向叶片
（经 International Nickel Company 同意引用）

发动机上的应用趋势基本相同，由于大多数盘件设计仍基于空气冷却，允许使用
更便宜的铁素体钢，因此地面燃气涡轮对粉末高温合金的需求并不大。

粉末冶金和热等静压成形作为加工工序已在一些复合部件的生产中被采
用[10]。第 8 章已经对其中一些应用进行了讨论。为规避地面涡轮用大尺寸工作
叶片或导向叶片的限制，需要实施一些重要的措施来制造几个合金连接在一起的
热端部件。在美国电力研究协会（EPRI）资助的计划中，通用电气公司正在为
大型电站涡轮研发混合工作叶片的制造方法（见图 9.3），将于 1983 年进行现场
试验。该方法的基本原理是在大型涡轮工作叶片的不同部位使用不同的材料。例
如，工作叶片榫头部分用锻造细晶粉末高温合金，以得到高抗拉强度和良好的高
周疲劳性能。另一方面，建议叶身采用定向凝固高温合金，以获得最佳的蠕变断
裂性能和低周疲劳性能。最后，对叶身进行耐腐蚀涂层处理。随后所有零件通过
热等静压连接在一起。

氧化物弥散强化合金在地面燃气涡轮工作叶片和导向叶片上的应用前景在
1981 年 IncoMAP（IncoMAP 是会议名称，由国际镍业公司赞助的，之后成为国
际镍业公司的注册商标）会议上进行了讨论[11]。在 800~900℃ 以上，相比于其
他高温合金，氧化物弥散强化合金具有最高的蠕变抗力。由于氧化物弥散强化合
金的持久曲线斜率较小，其服役时间越长，优势越明显。因地面燃气涡轮的设计
寿命达 50000~100000h（航空发动机为 5000~20000h），氧化物弥散强化合金在
地面燃气涡轮上应用比在航空发动机上更具有优势。

Fe-13Cr-3Ti-1.5Mo 合金系加入 1% 的 Y_2O_3 或 Ti_2O_3，形成的氧化物弥散强
化铁素体钢，最初用作快中子增殖反应堆的外壳材料，因其在快反应堆堆芯环境
下具有独特的性能：不存在肿胀、辐照蠕变和脆化，以及直到大约 750℃ 仍具有
良好的力学性能[12]。由于氧化物弥散强化铁素体的阻尼能力优于奥氏体材料，

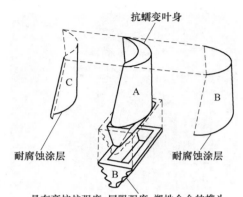

图9.3 混合（复合）涡轮工作叶片的制造方法[10]

（经 Climax Molybdenum Company 同意引用）

该类材料也被建议作为高温奥氏体不锈钢在中温应用时（约600℃）的替代材料[13]。这种材料若用于振动的涡轮工作叶片，在给定的激振力下振动应力幅会相对小一些。比较具有不同阻尼能力的材料寿命的一种方法是使用共振疲劳强度[14]，它包括阻尼能力和疲劳强度的影响。图9.4显示了对于给定的静态预加载，氧化物弥散强化铁素体钢表现出明显高的共振疲劳极限。

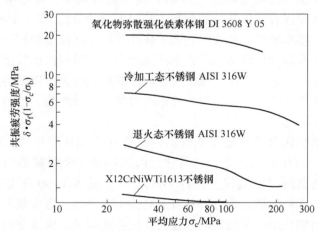

图9.4 在600℃和动态应变量 $1×10^{-3}$ 条件下氧化物弥散强化铁素体钢

（DT型合金）、奥氏体合金的共振疲劳强度与平均应力的关系[13]

氧化物弥散强化高温合金应用于航空涡轮和地面涡轮的速度，将在很大程度上取决于目前努力扩大机械合金化生产的成效[15]。此外，这还将取决于加工技术的发展和有效性，例如制造复杂形状部件的热模锻和扩散连接。

氧化物弥散强化合金的另外一个优点是，机械合金化方法几乎适用于任何成分的合金[16]，这将能制造出耐腐蚀性优良的新合金。研究表明，镍基体中存在的 Y_2O_3 弥散颗粒有助于提高基体合金的抗氧化性和耐腐蚀性[17]。

氧化物弥散强化高温合金具有优异的耐高温能力，使得这类合金在石化工业高温化学反应器中具有很好的应用前景。

因氧化物弥散强化铁素体合金 MA956 在 1000℃ 的不纯的氢气环境下具有优异的蠕变强度、抗氧化性和抗渗碳侵蚀性，该合金被建议用于气冷核反应堆高温热交换器[18]。该合金另一个潜在的应用是：在 500MW 燃油和煤油混合燃烧锅炉使用环境下，用作油喷烧器材料（见图 9.5），在该环境下金属的温度可达 1300℃[19]。

图 9.5　MA956 合金制造的油喷烧器 ［直径 2 英尺（50.8mm）］[19]

（经 Wiggin Alloys Ltd. 同意引用）

给出粉末高温合金经济评价的准确数据是比较困难的，这是因为少量实验粉末的高成本和工业生产粉末的低成本之间的差异比较大。据文献［20］报道，根据粉末的生产量，在雾化过程中制粉的费用为 3～5 美元/磅。IN100 粉末（−80 目/−180μm）的成本约为 22 美元/磅，而热等静压固结 IN100 合金预成形坯的成本约为 32 美元/磅。细粉（−325 目/−45μm）的成本比较高，收得率低于 20%。

与变形材料的成本相比，粉末的成本很重要，但更重要的是成品的成本。这种成本取决于材料的投入量，以及用超声波技术等对部件进行有效检验时所需的体积包络。影响通用电气公司粉末高温合金 René95 加工技术发展的经济因素是一个很好的例子[21]。尽管 IN718 合金是最早用于制造盘件合金，成本只有大约 8 美元/磅，但 René95 合金力学性能优异，已经取代 IN718 合金。变形合金 René95 的成本约为 12 美元/磅。等温锻造粉末高温合金 René95 的成本约为 30 美元/磅，真空电弧双电极重熔合金的成本预算约为 20 美元/磅。因变形合金 René95 生产给定形状的零件，所需较高的原材料投入量，粉末高温合金等温锻造将导致大幅度降低成本。仍处于试验阶段的真空电弧双电极重熔工艺将会进一步降低成本。

表9.2给出了三种最常见形状涡轮盘不同的最经济生产路线。对于每种形状盘件要对比考虑四种工艺路线。制造变形材料的常规路线的成本通常是最高的。粉末挤压成形+等温锻造适用于实心盘和空心盘。普惠公司开发的这种工艺方法（挤压+超塑性等温锻造）赋予合金最高的力学性能，但成本降低的潜力也最小，因为粉末固结方法的成本高。热等静压固结随后等温锻造的成本相对较低，这是因为固结成本低。力学性能取决于在锻造过程中产生的剪切应变量。热等静压近净成形降低成本潜力最大。对于管状件，热等静压是唯一能实现净成形的方法。热等静压固结制件的低周疲劳性能问题使得工业界倾向于更保守的加工路线。

表9.2 各种制造路线的相对成本

种类	形 状	加工路线			
		常规	挤压预成形坯+等温锻造	热等静压预成形坯+等温锻造	热等静压
实心盘		100	80~90		65
管形轴		100			60
空心盘		100		65~80	
成本降低潜力			10%~20%	20%~35%	35%~40%

对氧化物弥散强化合金的成本分析会更加困难。因为要将元素粉末和预合金粉末混合后进行机械合金化，粉末生产成本比雾化法高。在大型研磨机内进行大量粉末研磨，其实际成本可能很低。热处理态挤压棒材显微组织的重复性仍然是一个问题，会影响到材料的成本。MA754合金典型价格约为50美元/磅，而高合金化的MA6000合金成本价格为300美元/磅[22]，这主要是由于这种合金仍处于中试生产阶段。大规模应用后，这类合金的成本能将会降低至大约100美元/磅，这在技术上是可行的。

快速凝固粉末的成本和价格的核算未见报道，但应该与-325目（-45μm）的雾化粉末相接近。后续加工费用和其他高温合金粉末相当。对氧化物弥散强化合金和快速凝固合金，要考虑的一个成本因素是区域退火的成本。区域退火是为了得到伸长的晶粒组织。因为复杂成分合金的区域退火速率小于10cm/h，就要特别注意对成本因素进行控制。

参 考 文 献

［1］ Boesch, W. J. , Maurer, G. E. and Adasczik, C. B. , in R. Brunetaud *et al* （editors）, *High Temperature Alloys for Gas Turbines* 1982, D. Reidel Publishing Co. , Dordrecht, The Nether-lands, 1982, p. 823.

［2］ Cox, A. R. and van Reuth, E. C. *Metals Technology*, 7, 1980, p. 238.

［3］ Seller, R. , Dohlberg, D. and Calvert, G. , in *Proc. AIAA/SAE 13th Propulsion Conf.* , *Orlan-do*, *Florida*, 1977.

［4］ Hoffelner, W. *Metall. Trans.* , 13A, 1982, p. 1245.

［5］ Hughes, S. E. , Anderson, R. E. and Athey, R. L. , in H. H. Hausner, H. W. Antes and G. D. Smith （editors）, *Modern Developments in Powder Metallurgy*, Vol. 14, MPIF－APMI, Princeton, New Jersey, 1981, p. 131.

［6］ Bailey, P. G. , in J. S. Benjamin （editor）, *Frontiers of High Temperature Materials*, *Proc. IncoMAP Conf.* , *May* 1981, p. 57.

［7］ Hoppin, G. S. and Schweizer, F. A. , in J. S. Benjamin （editor）, *Frontiers of High Temperature Materials*, *Proc. IncoMAP Conf*, *. May* 1981, p. 75.

［8］ Henricks, R. J. , in J. S. Benjamin （editor）, *Frontiers of High Temperature Materials*, *Proc. IncoMAP Conf.* , *May* 1981, p. 63.

［9］ Meetham, G. W. , in J. S. Benjamin （editor）, *Frontiers of High Temperature Materials*, *Proc. IncoMAP Conf.* , *May* 1981, p. 70.

［10］ Sims, C. T. , in R. Q. Barr （editor）, *Alloys for the Eighties*, Climax Molybdenum Company, Greenwich, Connecticut, 1981, p. 155.

［11］ Gessinger, G. H. , in J. S. Benjamin （editor）, *Frontiers of High Temperature Materials*, *Proc. IncoMAP Conf.* , *May* 1981, p. 89.

［12］ Snykers, M. and Huet, J. －J. , in *Proc. Conf. on Creep Strength in Steel and High－Temperature Alloys*, The Metals Society, 1974, p. 237.

［13］ Huet, J. －J. , Coheur, L. , Lecomte, C. , Magnee, A. and Driesen, C. , in *P/M 82 in Europe*, *Int. Powder Metallurgy Conf.* , *June* 1982, Assoc. Italiana di Metallurgia, Florence, Italy, p. 173.

［14］ Mercier, O. and Gessinger, G. H. , in R. R. Hasiguti and N. Mikoshiba （editors）, *Proc. 6th Int. Conf. on Internal Friction and Ultrasonic Attenuation in Solids*, University of Tokyo Press, 1977, p. 799.

［15］ Benn, R. C. , Curwich, L. R. and Hack, G. A. J. *Powder Metallurgy*, 24, （4）, 1981, p. 191.

［16］ Benjamin, J. S. *Metall. Trans.* , 1, 1970, p. 2943.

［17］ Huber, P. and Gessinger, G. H. , in Holmes, V. D. R. and Rahmel, A. , （editors）, *Materials and Coatings to Resist High Temperature Oxidation and Corrosion*, Applied Science Publishers Ltd, London, 1978, p. 71.

［18］ Floreen, S. , Kane, R. H. , Kelly, T. J. and Robinson, M. L. , in J. S. Benjamin （editor）, *Frontiers of High Temperature Materials*, *Proc IncoMAP Conf.* , *May* 1981, p. 94.

[19] MacDonald, D. M. , in J. S. Benjamin (editor), *Frontiers of High Temperature Materials*, *Proc. IncoMAP Conf.* , *May* 1981, p. 101.

[20] Fox, C. , Homogeneous Metals Inc. , private communication, 1982.

[21] Sprague, R. A. , General Electric Co. , Evendale, Ohio, private communication, 1982.

[22] Benjamin, J. S. , International Nickel Co. , private communication, 1982.

附 录

附录 1 高温合金的名义成分

附表 1 高温合金的名义成分

(质量分数/%)

合金牌号	工艺	C	Ni	Cr	Co	Mo	W	Ta	Nb	Hf	Al	Ti	V	B	Zr	Fe	Mn	Si	其他
Nickel-base alloys																			
Astroloy	C&W	0.06	Bal.	15	17	5.3	—	—	—	—	4	3.5	—	0.03	—	—	—	—	—
LC Astroloy（API）	PM	0.023	Bal.	15.1	17	5.2	—	—	—	—	4	3.5	—	0.024	<0.01	—	—	—	—
D979	C&W	0.05	Bal.	15	—	4.0	4.0	—	—	—	1	3.0	—	0.010	—	27	0.25	0.20	—
Hastelloy X	C&W	0.10	Bal.	22	1.5	9.0	0.6	—	—	—	—	—	—	—	—	18.5	0.50	0.50	—
Hastelloy S	C&W	0.02	Bal.	15.5	—	14.5	—	—	—	—	0.2	—	—	0.009	—	1.0	0.50	0.40	0.02La
IN100	PM	0.18	Bal.	10.0	15.0	3.0	—	—	—	—	5.5	4.7	1.0	0.014	0.06	—	—	—	—
改型 IN100	PM	0.07	Bal.	12.4	18.5	3.2	—	—	—	—	5.0	4.3	0.8	0.02	0.06	—	—	—	—
IN600	C&W	0.08	Bal.	15.5	—	—	—	—	—	—	—	—	—	—	—	8.0	0.5	0.2	—
IN617	C&W	0.07	Bal.	22.0	12.5	9.0	—	—	—	—	1.0	—	—	—	—	—	—	—	—
IN625	C&W	0.05	Bal.	21.5	—	9.0	—	—	3.6	—	0.2	0.2	—	—	—	2.5	0.2	0.2	—
IN690	C&W	0.03	Bal.	30	—	—	—	—	—	—	0.2	—	—	—	—	9.5	—	—	—
IN706	C&W	0.03	Bal.	16.0	—	—	—	—	2.9	—	0.2	1.8	—	—	—	40	0.2	0.2	—
IN718	C&W	0.04	Bal.	19.0	—	3.0	—	—	5.1	—	0.5	0.9	—	—	—	18.5	0.2	0.2	—
IN X750	C&W	0.04	Bal.	15.5	—	—	—	—	1.0	—	0.7	2.5	—	—	—	7.0	0.5	0.2	—

续附表 1

合金牌号	工艺	C	Ni	Cr	Co	Mo	W	Ta	Nb	Hf	Al	Ti	V	B	Zr	Fe	Mn	Si	其他
MA754	ODS	0.05	Bal.	20.0	—	—	—	—	—	—	0.3	0.5	—	—	—	—	—	—	$0.6Y_2O_3$
MA6000	ODS	0.05	Bal.	15.0	—	2.0	4.0	4.5	—	—	4.5	2.5	—	0.01	0.15	—	—	—	$1.1Y_2O_3$
IN587	C&W	0.05	Bal.	28.5	20.0	—	—	—	0.7	—	1.2	2.3	—	0.003	0.05	—	—	—	—
IN597	C&W	0.05	Bal.	24.5	20.0	1.5	—	—	1.0	—	1.5	3.0	—	0.012	0.05	—	—	—	0.02Mg
IN792 (PA101)	PM	0.12	Bal.	12.4	9.0	1.9	3.8	3.9	—	—	3.1	4.5	—	0.02	0.10	—	—	—	—
Nimonic75	C&W	0.10	Bal.	19.5	—	—	—	—	—	—	—	0.4	—	—	—	3.0	0.3	0.3	—
Nimonic80A	C&W	0.06	Bal.	19.5	—	—	—	—	—	—	1.4	2.4	—	0.003	0.06	—	0.3	0.3	—
Nimonic81	C&W	0.03	Bal.	30.0	—	—	—	—	—	—	0.9	1.8	—	0.003	0.06	—	0.3	0.3	—
Nimonic90	C&W	0.07	Bal.	19.5	16.5	—	—	—	—	—	1.45	2.45	—	0.003	0.06	—	0.3	0.3	—
Nimonic105	C&W	0.13	Bal.	15.0	20.0	5.0	—	—	—	—	4.7	1.2	—	0.005	0.01	—	0.3	0.3	—
Nimonic115	C&W	0.15	Bal.	14.3	13.2	3.3	—	—	—	—	4.9	3.7	—	0.160	0.04	—	—	—	—
Nimonic263	C&W	0.06	Bal.	20.0	20.0	5.9	—	—	—	—	0.45	2.15	—	0.001	0.02	—	0.40	0.25	—
Nimonic942	C&W	0.03	Bal.	12.5	—	6.0	—	—	—	—	0.6	3.7	—	0.010	—	37	0.2	0.30	—
Nimonic PE11	C&W	0.05	Bal.	18.0	—	5.2	—	—	—	—	0.8	2.3	—	0.03	0.2	35	0.20	0.30	—
Nimonic PE16	C&W	0.05	Bal.	16.5	—	3.2	—	—	—	—	1.2	1.2	—	0.003	0.04	34.4	—	—	—
Nimonic PK33	C&W	0.04	Bal.	19.0	14.0	7.0	—	—	—	—	1.9	2.0	—	0.003	—	—	—	—	—
Pyromet860	C&W	0.05	Bal.	12.6	4.0	6.0	—	—	—	—	1.25	3.0	—	0.010	0.010	30.0	0.05	0.05	—
Rene41	C&W	0.09	Bal.	19.0	11.0	10.0	—	—	—	—	1.5	3.1	—	0.005	—	—	—	—	—
Rene95	C&W	0.15	Bal.	14.0	8.0	3.5	3.5	—	3.5	—	3.5	2.5	—	0.010	0.005	—	—	—	—
Rene95	PM	0.08	Bal.	12.8	8.1	3.6	3.6	—	3.6	—	3.6	2.6	—	0.010	0.053	—	—	—	—
TD-Ni	ODS	—	Bal.	—	—	—	—	—	—	—	—	—	—	—	—	—	—	—	$2.0ThO_2$

续附表 1

合金牌号	工艺	C	Ni	Cr	Co	Mo	W	Ta	Nb	Hf	Al	Ti	V	B	Zr	Fe	Mn	Si	其他
TD-NiCr	ODS	—	Bal.	20.0	—	—	—	—	—	—	—	—	—	—	—	—	—	—	2.0 ThO$_2$
Udimet400	C&W	0.06	Bal.	17.5	14.0	4.0	—	—	0.5	—	1.5	2.5	—	0.008	0.06	—	—	—	—
Udimet500	C&W	0.08	Bal.	18.0	18.5	4.0	—	—	—	—	2.9	2.9	—	0.006	0.05	—	—	—	—
Udimet520	C&W	0.05	Bal.	19.0	12.0	6.0	1.0	—	—	—	2.0	3.0	—	0.005	—	—	—	—	—
Udimet630	C&W	0.03	Bal.	18.0	—	3.0	3.0	—	6.5	—	0.5	1.0	—	—	—	18.0	—	—	—
Udimet700	C&W	0.08	Bal.	15.0	18.5	5.2	—	—	—	—	4.3	3.5	—	0.030	—	—	—	—	—
Udimet	C&W	0.07	Bal.	18.0	15.0	3.0	1.5	—	—	—	2.5	5.0	—	0.020	—	—	—	—	—
UnitempAF2 1DA	C&W, PM	0.35	Bal.	12.0	10.0	3.0	6.0	1.2	—	—	4.6	3.0	—	0.014	0.10	1.0 max	—	—	—
Waspaloy	C&W	0.08	Bal.	19.5	13.5	4.3	—	—	—	—	1.3	3.0	—	0.006	0.06	—	—	—	—
Waspaloy	PM	0.04	Bal.	19.3	13.6	4.2	—	—	—	—	1.3	3.6	—	0.005	0.048	—	—	—	—
AF115	PM	0.045	Bal.	10.8	15.0	2.8	5.7	—	1.7	0.7	3.8	3.7	—	0.016	0.05	—	—	—	—
MERL76	PM	0.015	Bal.	11.9	18.0	2.8	—	—	1.2	0.3	4.9	4.2	—	0.016	0.04	—	—	—	—
NASA II B-7	PM	0.12	Bal.	8.9	9.1	2.0	7.6	10.1	—	1.0	3.4	0.7	0.5	0.023	0.080	—	—	—	—
NASA II B-11	PM	0.08	Bal.	9.0	9.0	2.0	7.5	7.0	—	—	4.5	0.75	0.5	0.02	0.10	—	—	—	—
改型 MAR-M432	PM	0.14	Bal.	15.4	19.6	—	2.9	0.7	1.9	0.7	3.1	3.5	—	0.02	0.06	—	—	—	—
RSR103	PM	—	Bal.	—	—	15.0	—	—	—	—	8.4	—	—	—	—	—	—	—	—
RSR104	PM	—	Bal.	—	—	18.0	—	—	—	—	8.0	—	—	—	—	—	—	—	—
RSR143	PM	—	Bal.	—	—	14.0	—	6	—	—	6.0	—	—	—	—	—	—	—	—
RSR185	PM	0.04	Bal.	—	—	14.4	6.1	—	—	—	6.8	—	—	—	—	—	—	—	—
Alloy454	SC	—	Bal.	10	5	—	4	12	—	—	5	1.5	—	—	—	—	—	—	—

续附表1

合金牌号	工艺	C	Ni	Cr	Co	Mo	W	Ta	Nb	Hf	Al	Ti	V	B	Zr	Fe	Mn	Si	其他
IN853	ODS	—	Bal.	20	—	—	—	—	—	1.5	2.7	—	—	—	—	—	—	—	1.4 Y$_2$O$_3$
IN713C	C	0.12	Bal.	12.5	—	4.2	—	—	2.0	—	6.1	0.8	—	0.012	0.10	—	—	—	—
IN713LC	C, PM	0.05	Bal.	12.0	—	4.5	—	—	2.0	—	5.9	0.6	—	0.010	0.10	—	—	—	—
B1900	C	0.10	Bal.	8.0	10.0	6.0	—	4.0	—	—	6.0	1.0	—	0.015	0.10	—	—	—	—
B1914	C	<0.02	Bal.	10.0	10.0	3.0	—	—	—	—	5.5	5.25	—	0.015	—	—	—	—	—
B1925	C	<0.02	Bal.	12.0	8.5	1.75	4.5	4	—	—	3.5	4.0	—	0.10	—	—	—	—	—
Cast Alloy625	C	0.20	Bal.	21.6	—	8.7	—	—	3.9	—	0.2	0.2	—	—	—	2.0	0.06	0.20	—
Cast Alloy718	C	0.05	Bal.	19.0	—	3.0	—	—	5.2	—	0.6	0.8	—	0.06	—	18.5	0.20	0.20	—
IN100	C	0.18	Bal.	10.0	15.0	3.0	—	—	—	—	5.5	4.7	1.0	0.014	0.06	—	—	—	—
IN162	C	0.12	Bal.	10.0	—	4.0	2.0	2.0	1.0	—	6.5	1.0	1.0	0.020	0.10	—	—	—	—
IN731	C	0.18	Bal.	9.5	10.0	2.5	—	—	—	—	5.5	4.6	—	0.015	0.08	—	—	—	—
IN738	C	0.17	Bal.	16.0	8.5	1.7	2.6	1.7	0.9	—	3.4	3.4	—	0.010	0.10	—	—	—	—
IN792	C	0.12	Bal.	12.4	9.0	1.9	3.8	3.9	—	—	3.1	4.5	—	0.020	0.10	—	—	—	—
IN939	C	0.15	Bal.	22.4	19.0	—	2.0	1.4	1.0	—	1.9	3.7	—	0.009	0.10	—	—	—	—
MAR-M200	C	0.15	Bal.	9.0	10.0	—	12.0	—	1.0	—	5.0	2.0	—	0.015	0.05	—	—	—	—
MAR-M200	DS	0.13	Bal.	9.0	10.0	—	12.0	—	1.0	—	5.0	2.0	—	0.015	0.05	—	—	—	—
MAR-M246	C	0.15	Bal.	9.0	10.0	2.5	10.0	1.5	—	—	5.5	1.5	—	0.015	0.05	—	—	—	—
MAR-M247	C	0.16	Bal.	8.2	10.0	0.6	10.0	3.0	—	1.5	5.5	1.0	—	0.00	0.09	—	—	—	—
MAR-M241	C	0.15	Bal.	15.8	9.5	2.0	3.8	—	2.0	—	4.3	1.9	—	0.015	0.05	—	—	—	—
MAR-M432	C	0.15	Bal.	15.5	20.5	—	3.0	2.0	2.0	—	2.8	4.3	—	0.015	0.05	—	—	—	—

续附表 1

合金牌号	工艺	C	Ni	Cr	Co	Mo	W	Ta	Nb	Hf	Al	Ti	V	B	Zr	Fe	Mn	Si	其他
Nimocast75	C	0.10	Bal.	20.0	—	—	—	—	—	—	0.2	0.4	—	—	—	5.0	0.4	0.4	—
Nimocast80	C	0.07	Bal.	20.0	—	—	—	—	—	—	1.3	2.4	—	—	—	5.0	0.4	0.4	—
Nimocast90	C	0.09	Bal.	20.0	17.5	—	—	—	—	—	1.3	2.4	—	—	—	5.0	0.4	0.4	—
Nimocast242	C	0.34	Bal.	20.5	10.0	10.5	—	—	—	—	0.2	0.3	—	—	—	1.0	0.3	0.3	—
Nimocast263	C	0.06	Bal.	20.0	20.0	5.8	—	—	—	—	0.5	2.2	—	0.008	0.04	0.5	0.5	—	—
NX188	DS	0.04	Bal.	—	—	18.0	—	—	—	—	8.0	—	—	—	—	—	—	—	—
René77	C	0.07	Bal.	14.6	15.0	4.2	—	—	—	—	4.3	3.3	—	0.016	0.04	—	—	—	—
René80	C	0.17	Bal.	14.0	9.5	4.0	4.0	—	—	—	3.0	5.0	—	0.015	0.03	—	—	—	—
TAZ8A	C	0.12	Bal.	6.0	—	4.0	4.0	8.0	2.5	—	6.0	—	—	0.004	1.00	—	—	—	—
TAZ8B	DS	0.12	Bal.	6.0	5.0	4.0	4.0	8.0	1.5	—	6.0	—	—	0.004	1.00	—	—	—	—
TRW NASA VI A	C	0.13	Bal.	6.1	7.5	2.0	5.8	9.0	0.5	0.4	5.4	1.0	—	0.020	0.13	—	—	—	0.5Re
Udimet710	C	0.07	Bal.	18.0	19.0	3.0	1.5	—	—	—	2.5	5.0	—	0.020	0.05	—	—	—	—
WAZ20	DS	0.20	Bal.	—	—	—	20.0	—	—	—	6.5	—	—	—	1.50	—	—	—	—
Cobalt-base alloys																			
Haynes188	C&W	0.10	22.0	22.0	Bal.	—	14.0	—	—	—	—	—	—	—	—	3.0 max	1.25 max	0.40	0.08La
L605	C&W	0.10	10.0	20.0	Bal.	—	15.0	—	—	—	—	—	—	—	—	—	1.50	0.50	—
FSX414	C&W	0.25	10.0	29.0	Bal.	—	7.5	—	—	—	—	—	—	0.10	—	1.0	—	—	—
Haynes1002	C	0.60	16.0	22.0	Bal.	—	7.0	3.75	—	—	0.3	0.2	—	—	0.30	1.5	0.70	0.40	0.05La

续附表 1

合金牌号	工艺	C	Ni	Cr	Co	Mo	W	Ta	Nb	Hf	Al	Ti	V	B	Zr	Fe	Mn	Si	其他
MAR-M302	C	0.85	—	21.5	Bal.	—	10.0	9.0	—	—	—	—	—	0.005	0.20	—	—	—	—
MAR-M404	C	0.60	10.0	23.5	Bal.	—	7.0	3.5	—	—	—	0.2	—	—	0.50	—	—	—	—
WI52	C	0.45	—	21.5	Bal.	11.0	—	2.0	—	—	—	—	—	—	2.0	0.25	0.25	—	—
X40	C	0.50	10.5	25.5	Bal.	—	7.5	—	—	—	—	—	—	—	—	—	0.75	0.75	—
Iron-nickel alloys																			
Alloy901	C&W	0.05	42.5	12.5	—	5.7	—	—	—	—	0.2	2.8	—	0.015	—	36.0	0.10	0.10	—
A286	C&W	0.05	26.0	15.0	—	1.3	—	—	—	—	0.2	2.0	—	0.015	—	54.0	1.35	0.50	—
Discaloy	C&W	0.04	26.0	13.5	—	2.7	—	—	—	—	0.1	1.7	—	0.005	—	54.0	0.90	0.80	—
Haynes556	C&W	0.10	20.0	22.0	20.0	3.0	2.5	0.9	0.1	—	0.3	—	—	—	—	29.00	1.50	0.40	0.2N, 0.2La
IN800	C&W	0.05	32.5	21.0	—	—	—	—	—	—	0.4	0.4	—	—	—	46.0	0.8	0.5	—
IN801	C&W	0.05	32.0	20.5	—	—	—	—	—	—	—	1.1	—	—	—	44.5	0.8	0.5	—
IN802	C&W	0.4	32.5	21.5	—	—	—	—	—	—	—	—	—	—	—	46.0	0.8	0.4	—
IN807	C&W	0.05	40.0	20.5	8.0	0.1	5.0	—	—	—	0.2	0.3	—	—	—	25.0	0.50	0.40	—
IN903	C&W	—	38.0	—	15.0	—	—	—	3.0	—	0.7	1.4	—	—	—	41.0	—	—	—
IN904	C&W	0.05	32.5	14.5	—	—	—	—	—	—	0.8	2.3	—	0.03	0.20	35.0	0.20	0.30	—
N155	C&W	0.15	20.0	21.0	20.0	3.0	2.5	—	1.0	—	—	—	—	—	—	30.0	1.50	0.50	0.15N
V57	C&W	0.08	27.0	14.8	—	1.25	—	—	—	—	0.25	3.0	0.50	0.010	—	52.0	0.35	0.75	—
MA956	ODS	—	—	20.0	—	—	—	—	—	—	4.5	0.5	—	—	—	Bal.	—	—	0.5Y$_2$O$_3$

注：C—铸造；C&W—变形；PM—粉末冶金；ODS—氧化物弥散强化；DS—定向凝固；SC—单晶。

附录 2 注册商标及相关企业

CAP Universal Cyclops Specialty Steel Division，Cyclops Corporation 独眼巨人公司环球独眼巨人特殊钢分公司，美国

DS-Ni Sherritt-Gordon 舍利特-高尔顿公司，加拿大

Gatorizing United Technologies Corporation 联合技术公司，美国

Hastelloy Cabot Corporation 卡博特公司，美国

Haynes Cabot Corporation 卡博特公司，美国

Incoloy Inco Family of Companies 国际镍业公司，美国

Inconel Inco Family of Companies 国际镍业公司，美国

Layerglazing United Technologies Corporation 联合技术公司，美国

MAR-M Martin Marietta Corporation 马丁·玛丽埃塔公司，美国

METGLAS Allied Corporation 联合公司，美国

Nimocast Inco Family of Companies 国际镍业公司，美国

Nimonic Inco Family of Companies 国际镍业公司，美国

Osprey Osprey Company 奥斯普芮公司，英国

Pyromet Carpenter Technology Corporation 卡彭特技术公司，美国

René General Electric Company 通用电气公司，美国

René41 Teledyne Allvac 泰勒丹奥尔瓦克公司，美国

TD-Ni Fansteel 范斯蒂尔公司，美国

TD-NiCr Fansteel 范斯蒂尔公司，美国

Udimet Special Metals Corporation 特殊金属公司，美国

Unitemp Universal Cyclops Speciality Steel Division，Cyclops Corporation 独眼巨人公司环球独眼巨人特殊钢分公司，美国

Waspaloy United Technologies Corporation 联合技术公司，美国

附录3 中英文对照词语

超声波 Ultrasonic US

大气压固结 Consolidation by atmospheric pressure CAP®

等离子旋转电极法 Plasma rotating-electrode process PREP

低碳（用于合金命名） Low-carbon（in alloy designations） LC

低周疲劳 Low-cycle fatigue LCF

电子束熔化 Electron-beam melting EBM

电子束旋转法 Electron-beam rotating process EBRP

电力研究协会 Electric power research institute EPRI

电渣重熔 Electroslag remelting ESR

定向凝固 Directionally solidified DS

多晶区域退火 Zone-aligned polycrystals ZAP

粉末冶金 Powder metallurgy PM

高温低周疲劳 High-temperature low-cycle fatigue HTLCF

含 Ti 和 Zr 的钼合金 Molybdenum alloy containing titanium and zirconium TZM

聚乙烯醇 Polyvinyl alcohol PVA

抗拉强度 Ultimate tensile strength UTS

快速凝固速率（快速凝固技术） Rapid solidification rate（synonymous with RST, rapid solidification technique） RSR

快速凝固等离子沉积 Rapid solidification plasma deposition RSPB

临界分切应力 Critical resolved shear stress CRSS

欧洲科技研究合作计划 Cooperation in scientific and technical research COST

欧洲科技研究合作计划中关于燃气涡轮机材料项目 Materials for gas turbines COST 50

热等静压 Hot isostatic pressing HIP

热机械加工 Thermomechanical processing TMP

热塑性加工 Thermoplastic processing TP

热影响区 Heat-affected zone HAZ

热诱导孔洞 Thermally induced porosity TIP

溶氢雾化法 Dissolved-hydrogen process DHP

扫描电子显微镜 Scanning electron microscopy SEM

烧结铝粉 Sintered aluminium powder SAP

声发射　Acoustic emission　AE

双悬臂梁　Double cantilever beam　DCB

瞬时液相　Transient liquid phase　TLP

特殊处理　Specially processed　SP

透射电子显微镜　Transmission electron microscopy　TEM

无损评价　Non-destructive evaluation　NDE

形变热处理　Thermomechanical treatment　TMT

旋转电极法　Rotating-electrode process　REP

选区衍射　Selected area diffraction　SAD

氩气雾化　Argon atomization　AA

氧化钍弥散　Thoria dispersion　TD

氧化物弥散强化　Oxide-dispersion-strengthened　ODS

液体渗透检测　Fluid penetrant inspection　FPI

因故退役　Retirement for cause　RFC

由克勒索-卢瓦尔公司开发的一种旋转电极法　Creusot Loire electrode tournante CLET

原始粉末颗粒边界　Prior particle boundary　PPB

真空电弧双电极重熔　Vacuum arc double-electrode remelting　VADER

真空电弧重熔　Vacuum arc remelting　VAR

真空感应熔炼　Vacuum induction melting　VIM

索 引

A

B

C

H

I

J

K

L

S

W

X

Y